U0363626

“三生”空间统筹优化理论框架、技术方法与实践途径

付晶莹　林　刚　江　东◎著

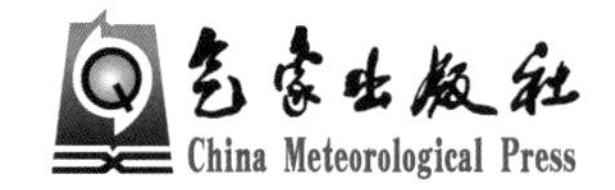

内 容 简 介

科学布局生产空间、生活空间、生态空间（“三生”空间），是加快形成绿色生产方式和生活方式、推进美丽中国生态文明建设的关键举措。然而，目前“三生”空间的相关理论研究和地方实践仍处于探索阶段。相关研究和工作多侧重于政策及管理办法的制定或某单一空间的评价分析，缺乏全域范畴的“三生”空间综合集成研究与应用案例。本书面向美丽中国建设和新时期国土空间开发与优化战略需求，聚焦“三生”空间优化的理论体系和技术框架构建，以“三生”空间分类与识别、“三生”空间评价与优化为主题，对“三生”空间的理论内涵、分类识别、冲突优化研究进行了系统梳理，创新提出了“三生”空间统筹的科学基础与优化途径，提供了全国、区域、市县等多尺度的应用案例集。本书将为破解我国生态文明建设过程中“三生”空间共赢等重大问题、科学推进美丽中国建设与经济社会可持续发展提供重要理论支撑与科学依据。

图书在版编目（CIP）数据

“三生”空间统筹优化理论框架、技术方法与实践途径 / 付晶莹，林刚，江东著. -- 北京：气象出版社，2022.9

ISBN 978-7-5029-7832-7

Ⅰ. ①三… Ⅱ. ①付… ②林… ③江… Ⅲ. ①空间规划—研究—中国 Ⅳ. ①TU948.2

中国版本图书馆 CIP 数据核字(2022)第 190081 号

“三生”空间统筹优化理论框架、技术方法与实践途径

“SANSHENG” KONGJIAN TONGCHOU YOUHUA LILUN KUANGJIA、JISHU FANGFA YU SHIJIAN TUJING

出版发行：气象出版社

地　　址：北京市海淀区中关村南大街 46 号　　邮　　编：100081

电　　话：010-68407112（总编室）　010-68408042（发行部）

网　　址：http://www.qxcbs.com　　E-mail：qxcbs@cma.gov.cn

责任编辑：张盼娟　蔺学东　　终　　审：吴晓鹏

责任校对：张硕杰　　责任技编：赵相宁

封面设计：楠竹文化

印　　刷：北京地大彩印有限公司

开　　本：787 mm × 1092 mm　1/16　　印　　张：16.25

字　　数：318 千字

版　　次：2022 年 9 月第 1 版　　印　　次：2022 年 9 月第 1 次印刷

定　　价：120.00 元

目　录 Contents

第1章 “三生”空间概念内涵

1.1 “三生”空间研究进展

“三生”空间（生产空间、生活空间、生态空间）概念源于党的十八大报告。报告提出了将优化国土空间开发格局作为生态文明建设的首要举措，以及“促进生产空间集约高效、生活空间宜居适度、生态空间山清水秀”的目标要求。“三生”空间概念的提出与发展，是应用需求牵引下人类对生存空间的再认知，是对国土空间自然属性与社会属性的再思考。党的十八届三中全会、2013 年中央城镇化工作会议以及 2015 年中央城市工作会议均提出，应该划定生产、生活、生态空间开发管制边界，促进“三生”空间优化。2019 年，中共中央、国务院发布《关于建立国土空间规划体系并监督实施的若干意见》，将科学布局生产空间、生活空间、生态空间作为加快形成绿色生产生活方式、推进生态文明建设、建设美丽中国的关键举措，突出了“三生”空间划定在国土空间规划中的重要地位。2020 年 11 月，习近平总书记在江苏考察时强调，建设人与自然和谐共生的现代化，必须把保护城市生态环境摆在更加突出的位置，科学合理规划城市的生产空间、生活空间、生态空间，处理好城市生产生活和生态环境保护的关系，既提高经济发展质量，又提高人民生活品质。

学术界理念与国家政策需求的不谋而合，使得兼顾生产、生活、生态的强综合性国土空间规划逐渐成为核心规划，作为生态文明建设理念下国土空间开发与治理最直接、最重要的目标与表现，以及实现国土空间开发格局优化的重要抓手，“三生”空间结构及其组成要素识别与优化研究，已成为当前学术前沿和国土空间规划亟须解决的实践问题（江东 等，2021）。

中国以可持续发展为目标的“三生”空间从生产、生活、生态三个维度划分与协调土地空间，与其他国家的空间类型划分相比更具综合性。由于“三生”空间综合分区方式形成于中国综合型空间规划体系，相关研究也集中在国内。国外没有“三生”空间的概念，但早期提出的国土空间优化、重视环境保护等发展思想与“三生”空间的理念不谋而合。法国、荷兰、德国、日本等国家的空间规划体系较为成熟，典型的国家规划早期多以区域经济发展型空间规划、土地利用型体系为主，在经济发展到一定阶段后，逐渐转向综合型体系。该体系下，空间分区趋向整体性、系统性以及综合性方向发展，弥补了以往对人文、社会以及生态方面关注较少的缺陷。早在 1984 年，国内便有学者（许涤新，1984）提出了人类与自然进行物质交换过程中存在的生产、生活、生态三者间的辩证关系。随后，“三生”理念开始出现在社会学和生态学的研究范畴，直到 2002 年，“三生”才开始逐渐被应用于地理学研究。而当时的研究也仅仅是以“三生”的字面意思为导向而非研究的核心问题，并没有对其科学内涵做更多解释。自党的十八大报告首次从国家战略的高度明确了“三生”空间的发展要求，“三生”空间便成为国土空间规划和城市规划的实践主体和研究热点（图 1.1）。目前，“三生”空间的相关理论研究和地方实践仍处于探索阶段。学者们从不同领域对“三生”空间的内涵、分类、功能识别与空间优化进行研究，主要包括“三生”空间的理论内涵、“三生”空间用地的分类体系、“三生”空间的承载力分析、基于“三生”空间的农业

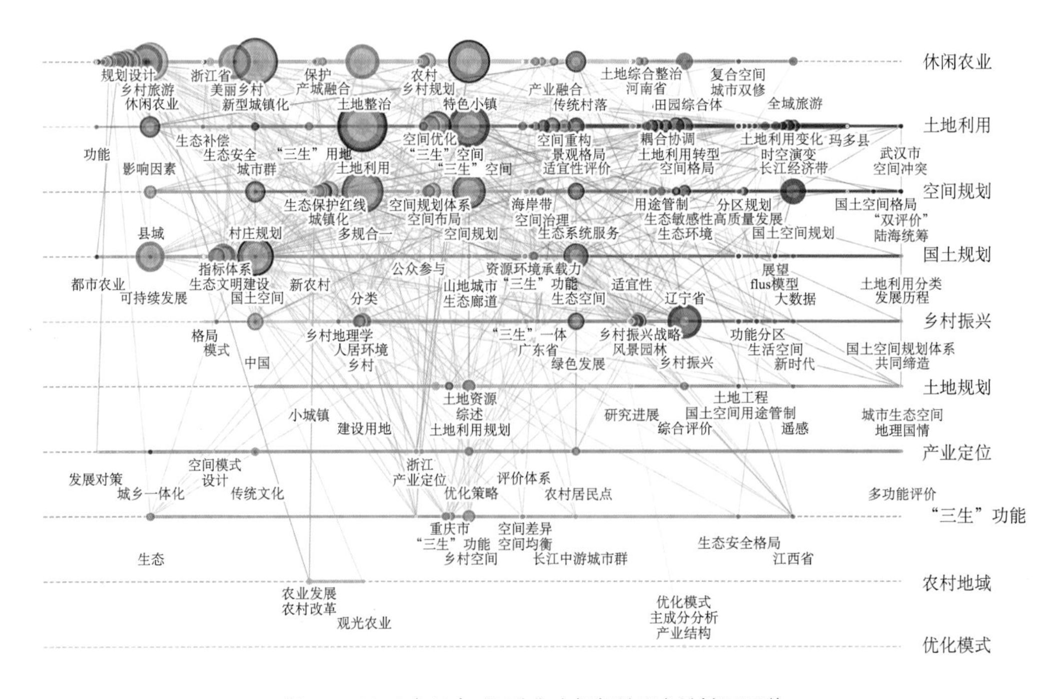

图 1.1　2012 年以来“三生”空间相关研究关键词图谱

工程与土地整理、“三生”空间功能的定量识别、基于“三生”空间的乡村重构与空间优化布局，以及划定基本农田保护红线、生态保护红线、城镇开发边界等，现阶段的研究缺乏全域范畴的“三生”空间综合集成研究，在“三生”空间统筹优化的技术思路与应用实践上尚缺乏系统性和综合性（刘燕，2016）。

要科学合理规划城市的生产空间、生活空间、生态空间，处理好城市生产生活和生态环境保护的关系，首先需要从理论上明确究竟何为“三生”空间、“三生”空间之间具有怎样的内在关系等基本问题。厘清“三生”空间的内涵、定义统一的“三生”空间概念，是开展空间优化的基础，然而目前相关的理论研究尚在初期探索阶段，诸多研究仍未明确或合理地表达不同空间的内涵；同时，不同学者对相关理论的认知也存在较大差异，导致无法形成科学、合理且统一的“三生”空间界定方法，对国土空间开发与城市用地规划实践进行指导。未来，可借鉴国际空间规划以及现有“三生”空间研究成果，以可持续发展、人地系统耦合、系统科学、空间均衡以及共同体等理论为指导，深度挖掘“三生”空间的形成机理，深入揭示“三生”空间系统内部的人口、资源、生态、环境与经济社会发展之间的竞争与协同作用和反馈机制，识别“三生”空间系统内部各子系统及各要素之间的非线性动力学效应，科学界定“三生”空间概念与内涵，厘清不同空间尺度下“三生”空间尺度差异性和功能复合性，在此基础上，尝试建立多层次、多级别的“三生”空间分类与识别方法体系（黄金川 等，2017）。

1.2 “三生”空间定义

“三生”空间即生产空间、生活空间、生态空间，涵盖了地上生产活动、居民的物质及精神生活保障、物质能量流动及生态环境调节等的由土地、经济、能源、资源、生态等系统或要素耦合的多功能性产物。其中，生态空间是基础，支撑生产和生活空间实现自身功能，是协调人地关系乃至实现区域可持续发展的关键。三者既相互独立，又相互关联，具有共生融合、制约效应。

“三生”空间在人类文明发展历程和人地关系演化的过程中逐步形成。原始社会时期，原始自然空间以生态空间为主，该空间以诸多自然要素为本底，形成所有空间的背景，人类的需求仅有最原始生存需求，即食物需求，这些需求由原始自然生态空间供给。进入农业社会后，为了满足解决基本温饱的需求，人类对原始自然生态空间开展一系列的活动，从原始生态空间中不断索取所需的商品和服务，土地生产功能被逐渐开发利用，并产生功能区集聚效应，由此，改变了原始自然生态空间的形态，加入人为活动的生态空间形成农业空间；日益增长的人口对居住空间需求量不断加大，农业空间的居住功能得以开发，并集聚形成农村生活空间；农业生产空间在满足人类物质需求的同时，也发挥着一定的空气净化、水土保持等生态功能，由此，形成了人工干预下的农业生态空间。进入工业社会后，人类生产和生活需求层次逐渐提高，居住空间进一步集聚形成城镇生活空间，而社会精细化分工引发以生产工业产品和服务业产品的第二、三产业功能不断集聚，从而形成城镇生产空间。其中，城镇的生产空间发挥着解决就业的功能，与农业生产空间一并构成了生产空间。另外，在需求性人工干预下，发挥着空气净化、水源净化、防尘防噪、景观美学等一系列生态功能的空间成片状、网状集聚，成为新型的城镇生态空间。随着城镇化、工业化、生态文明的推进，人类对土地空间的需求进一步升级，“三生”空间各自发挥的功能呈现多样化趋势，如随着城镇居民生活质量的提高，亲近自然、“归园田居”的享受性需求进一步升级，农业生产空间逐渐具备休闲、娱乐功能，与粮食生产功能并存；城镇空间中，农业在城镇空间中扮演着解决低收入群体就业、维系城市生态、降低城市密度的重要作用，农业生产功能的集聚，使城镇生产空间中出现了“一产”空间。在不同需求下，人类改造、征服原始土地，形成不同功能集聚的空间，多样性的需求使得这些空间所拥有的功能通常不唯一；由于人类活动强度、需求特征、地域分异等的差异，导致不同区域的“三生”空间格局存在差异，这一形成机制，体现了人地关系在不同阶段变化的本质。

“三生”空间定义的明确是开展空间优化的基础，现有研究尚未形成统一对国土空间开发与城市用地规划实践进行指导的“三生”空间界定方法。目前对“三生”空间的理解主要包括以下内容。

生产空间整体上指进行农业、工业、商业等生产经营活动的场所和空间载体，但不同空间尺度的生产空间范围存在差异。区域空间的农业、工业以及商业等生产经营活动的场所均构成生产空间。城市生产空间则主要包括工业生产空间及商业服务业空间。乡村范围的生产空间是乡村从事农业生产与非农业生产活动的场所，但乡村地区的非农业生产也即工商业活动范围很有限，乡村生产空间可以指代农业生产空间。因此，不同空间尺度下生产空间的范围并不一致，具体地区的生产空间也存在较大差异，应该具体地区具体分析。

生活空间主要限定在城市层面，一般不在区域层面单独讨论，不同研究对生活空间界定的视角也存在差异。一是从静态的角度列举生活空间的要素与类型，其中，居住空间是维持生活的基本空间，突出生活空间是居住用地为主的物质实体空间。二是从动态的角度提出生活空间是动态活动的空间或场所，即生活活动空间。生活活动空间强调以居住地为中心的相对活动空间，包括居住、购物消费、休闲、社交等活动形

成的空间，突出生活空间的社会性与文化性。生活活动空间既包括基本的生活空间，即便利店、中小学校、社区卫生服务站等“日常生活空间”，是“十五分钟生活圈”涉及的空间范围；也包括非日常的生活空间，即博物馆、商业综合体等城市大型的生活服务设施。同时，部分研究认为，一方面，生活空间是居民活动场所的总和，工作单位是城市居民生活的基本组织，居民生产劳动的空间（即工作空间）也应该纳入生活空间范围；另一方面，乡村生活空间整体也包括居住、就业、消费以及休闲娱乐等空间，但乡村地区生活活动空间的丰富度与规模显著低于城市地区，乡村就业空间也由于乡村产业结构的特殊性呈现出与城市就业空间有较大的差异。

生态空间一般指区域中国土空间的生态空间，“三生”空间研究一般从功能的角度提出，国土空间中承载相应生态功能的空间是生态空间。国外并未将生态空间作为独立概念明确界定，对自然用地、生态用地有一定讨论；中国相关政策文件则多次通过用地或空间列举的形式界定生态空间范围，见表 1.1。相关研究对生态空间的理解主要包括三种视角：一是从生态要素视角，提出生态要素的空间统称为生态空间。生态要素空间是具有自然属性、具有人工生态景观特征以及部分具有农林牧混合景观特征的空间，包括多种类型用地或空间场所。二是从生态功能角度，将具有一种或多种生态功能的用地或空间作为生态空间。生态功能包括保护和稳定区域生态系统，调节生态环境和提供生物支持等生态服务，以及提供生态产品等，其中，生态空间对居民健康影响的研究较多。三是基于用地或空间的主体功能确定生态空间。部分类型用地具有生产、生活或生态等多种功能，生态空间是以提供生态服务为主体功能的地域空间。

表 1.1 中国相关政策对生态空间的说明

政策文件	年份	生态空间范围
《全国生态环境保护纲要》	2000	生态用地包括具有重要生态功能的草地、林地和湿地
《全国土地利用总体规划纲要（2006—2020 年）》	2008	生态用地包括具有重要生态功能的耕地、园地、林地、牧草地、水域和部分未利用土地等
《全国主体功能区规划》	2010	生态空间包括绿色生态空间及其他生态空间。绿色生态空间包括天然草地、林地、湿地、水库水面、河流水面、湖泊水面，其他生态空间包括荒草地、沙地、盐碱地、高原荒漠等
《自然生态空间用途管制办法（试行）》	2017	自然生态空间涵盖需要保护和合理利用的森林、草原、湿地、河流、湖泊、滩涂、岸线、海洋、荒地、荒漠、戈壁、冰川、高山冻原、无居民海岛等

因此，目前学术界对“三生”空间的主流观点可总结为，生产空间是以生产功能为主导的空间，主要向人类提供生物质产品和非生物质产品以及服务的空间。生活空

间是以生活功能为主导的空间，是人类为了满足居住、消费、娱乐、医疗、教育等各种不同需求而进行各种活动的空间。生态空间是以生态功能为主导，提供生态产品和服务的空间，主要承担生态系统与生态过程的形成、维持人类生存的自然条件及其效用。

1.3 “三生”空间内涵

改革开放以来，工业化和城镇化的快速推进给国土空间格局合理布局与开发带来前所未有的影响和冲击。伴随着工业化进程的加速，城乡建设用地不断扩张，农业和生态空间受到挤压，环境污染严重，生态系统退化，城镇、农业、生态空间矛盾加剧，国土空间可持续发展面临严峻挑战和危机，如何协同社会经济发展与生态环境保护已是中国可持续发展研究的核心议题。优化国土空间开发格局，促进生产空间集约高效、生活空间宜居适度、生态空间山清水秀，实现国土空间融合发展理念得到中国政府部门和学术界广泛关注。

党的十八大从全局和战略高度提出把生态文明建设放在突出地位的“五位一体”战略。同时指出，要将优化国土空间开发格局作为生态文明建设的首要举措，促进生产空间集约高效、生活空间宜居适度、生态空间山清水秀。作为国土空间格局优化的主体，“三生”空间成为各级主体功能区规划落实、空间规划体系构建和国土空间开发保护制度完善的重要基础。随后，党的十八届三中全会深入探讨了全面深化改革的若干重大问题，并通过了《中共中央关于全面深化改革若干重大问题的决定》。该决定提出，加快生态文明制度建设，建立空间规划体系，划定空间开发管制界限，落实用途管制。2019 年 5 月，《中共中央　国务院关于建立国土空间规划体系并监督实施的若干意见》明确了国土空间规划的主要目标，指出“到 2035 年，全面提升国土空间治理体系和治理能力现代化水平，基本形成生产空间集约高效、生活空间宜居适度、生态空间山清水秀，安全和谐、富有竞争力和可持续发展的国土空间格局”。

对于“三生”空间基本内涵的定义，不同学者从不同角度对其进行论述。有学者从国家规划的顶层设计出发，将“三生”空间与主体功能区划相对应，认为生产空间对应重点开发区和优化开发区，主要发挥生产功能，兼顾承载生活功能；生活空间对应限制开发区，主要发挥生活功能，兼顾承载生产和生态功能；生态空间对应禁止开发区，主要发挥生态功能，兼顾承载生产和生活功能。但主体功能区划仅对国家和省级行政区进行了规定，基本的评价单元为县级行政区，无法对更小尺度的空间区域实施管控，空间落地实施较难，欠缺统筹能力。

从“三生”空间功能的角度，武占云（2014）首次明确了“三生”空间的基本内涵，认为各个空间承载着为自身提供相应产品及服务等功能，如农业生产空间提供农产品，生活空间提供公共服务，生态空间保障区域生态安全等，生产、生活和生态空间共同构成国土空间。同样强调国土利用的主导功能，朱媛媛等（2015）对上述定义进行了丰富，认为生产空间承载人类一切生产经营活动；生活空间为城市及农村居民提供生活居住、生活消费和休闲娱乐的场合；而生态空间是处于宏观稳定状态的某物种所需要或占据的环境总和，提供了人类必需的生态产品。通过分析“三生”空间内涵界定的争议，江曼琦等（2020）从“三生”空间具有不同的空间尺度、“三生”空间界定以空间功能为标准、存在复合功能空间、存在非“三生”空间等四个角度讨论了“三生”空间范围的界定，并基于区域、城市空间尺度的用地分类划定了“三生”空间范围。李广东等（2016）认为，生态、生产和生活三种空间涵盖生物物理过程、直接和间接生产以及精神、文化、休闲、美学的需求满足等，是自然系统和社会经济系统协同耦合的产物。此外，相关学者（刘燕，2016）对“三生”空间的关系进行了阐述，认为生活空间是“三生”空间的核心，生态空间是“三生”空间的基础，支撑生产与生活空间实现自身功能，而生产空间为生活空间和生态空间提供必要的物质需求与技术支撑。

从现有研究来看，以往人们主要从建筑学、城市规划学、地理学等学科视域出发，对“三生”空间的内涵进行了一定探究，提出了以下三种较具代表性的观点（许伟，2022）。

一是以空间的功能为依据界定“三生”空间，可以称之为空间功能论，这是目前学术界的主流观点。例如，黄安等（2020）认为，生产空间是以生产功能为主导的空间，主要向人类提供生物质产品和非生物质产品以及服务的空间。生活空间是以生活功能为主导的空间，是人类为了满足居住、消费、娱乐，医疗，教育等各种不同需求，而进行各种活动的空间。生态空间是以生态功能为主导，提供生态产品和服务，主要承担生态系统与生态过程的形成，维持人类生存的自然条件及其效用的空间。由于空间往往并不只有单一的功能，而是同时叠加多重功能，因而又有人提出空间主导功能论。例如，黄金川等（2017）提出，生产空间是以提供工业品、农产品和服务产品为主导功能的区域；生活空间是以提供人类居住、消费、休闲和娱乐等为主导功能的区域；生态空间是以提供生态产品和生态服务为主导功能的区域。不难发现，无论是空间功能论还是空间主导功能论，其实质都是以空间所承载或表现出的某种功能为依据来界定“三生”空间的，从总体上来说它们都属于空间功能论。这种空间功能论有利于人们在思想认识上厘清“三生”空间各具特色的功能，但它有一个极大的困难，即在理论上似乎可以明确“三生”空间各自的功能区别，但在实践中几乎没有只具有单一功能（包括主导功能）的空间。事实上，只要是有人类活动的空间，都同时具备“三生”空间的所有功能，叠加性、交织性是空间功能固有的特点。这是因为，人类只能生存于生态空间中，而在生态空间中存在的人类又必须同时为了生活而生产，这些在生态空间中展开的人类生活和生产活动，必然同时赋予生态空间以生活和生产方面的多重功能。即使是空间主导功能论，看似通过“主导”一词区分了“三生”空间各自的主导用途，但深入考察就会发现，很多空间主导功能本身也是叠加的。例如，乡村农业耕种空间，依据主导功能，既可以被划入生产空间，也可以被划入生态空间。因为它不仅提供大米、小麦、蔬菜、水果等物质产品，同时也提供氧气，吸收二氧化碳，参与生态系统和生态过程的形成，而大米、小麦、蔬菜、水果等物质产品本身就是生态系统中的重要环节和重要组成部分。再如，城市中的咖啡厅等休闲娱乐空间，相对于消费者来说，其主导功能显然应属于生活空间，但相对于经营者来讲，其主导功能理应属于生产空间。可见，这种空间功能论在实践中难以清晰分出“三生”空间的边界。其原因在于，空间功能本身是叠加、交织、多样和流变的，具有复杂的不确定性和变动性。因此，以原本就无法确定的空间功能为依据界定“三生”空间，必然造成空间边界难以划分的问题。

二是以用地性质为依据界定“三生”空间，可以称之为空间用地论或空间场所论。例如，扈万泰等（2016）认为，在城市区域，生产空间主要指工业、物流仓储、公用设施、商务、教育科研办公等用地；生活空间主要指居住及生活服务设施等用地；生态空间主要指公园、自然保护区及其他非城镇建设用地等。而在农村区域，生产空间主要指农业生产所涉及的农林用地；生活空间主要指农村居民点用地；生态空间则是自然保护区、生态林地及其他非建设区域等。朱媛媛等（2015）认为，生产空间是主要用于生产经营活动的场所，包括一切为人类提供物质产品生产、运输与商贸、文化与公共服务等生产经营活动的空间载体；生活空间是人们居住、消费和休闲娱乐的场所；生态空间是处于宏观稳定状态的某物种所需要或占据的环境总和。这种空间用地论或空间场所论有很强的可操作性，便于实际划定“三生”空间的边界，有利于实践中的空间识别操作。但是，它也有一个困境，即空间显然不仅仅只是用地或场所，如果仅依据用地或场所的性质来界定空间，就会对空间做出片面化的理解。例如，生态空间不仅包含地面空间，还包含地面以外又不直接占用地面的一切自然空间区域。再如，对当下十分流行的网购、线上消费来说，若按照上述空间用地论或空间场所论，线上贸易既不能被划入生产空间，也不能被划入生活空间，因为它们主要占用的不是土地，而是虚拟的网络空间。但是，网络空间显然已经成为生产空间和生活空间的重要组成部分，这早已是不容争辩的事实，它既可以，也应该同时属于生产空间和生活空间。因此，以用地性质为依据界定“三生”空间，无法涵盖全部“三生”空间。

事实上，无论是空间功能论还是空间用地论，它们都把“三生”空间表现出来的功能或用地性质等现象当成了“三生”空间的本质，其所揭示出的要么是“三生”空间的功能内涵，要么是“三生”空间的用地性质内涵，都没有揭示出“三生”空间的本质内涵，即“三生”空间之所以为“三生”空间的内在规定性。从总体上说，它们都只停留在“三生”空间的现象层面来讨论“三生”空间的本质问题。

三是以人的实践活动为依据界定“三生”空间，可以称之为空间实践论。刘燕（2016）从马克思主义实践观出发，依据人的实践活动界定“三生”空间的内涵。她认为，生活空间是人类进行吃穿住用行以及从事日常交往活动的空间存在形式，是延续和培育劳动者的主体场域；生态空间是维持劳动主体生命活动的栖居之地，主要界定了人类活动的地形地貌、活动区域、地理位置等场域内容；生产空间是劳动活动的空间存在形式，是生产什么、如何生产的空间场域和空间结果。这种以人的实践活动为依据界定“三生”空间的方法，克服了空间功能论和空间用地论那种仅仅把空间理解为具有某种特定功能的空间场所和片面地理解空间的弊端，将空间理解为人的实践活动的场域和结果，从各种叠加、交织、多样、流变的空间功能和用地性质的现象中，抓住了空间功能得以生成的前提和原因。可以说，这种界定“三生”空间内涵的方法，在更深的层次上揭示出了“三生”空间的本质。但遗憾的是，在概括提炼“三生”空间内涵时，这种空间实践论用人的吃穿住用行以及日常交往活动的空间存在形式界定生活空间，用人的劳动活动的空间存在形式界定生产空间，但却仅仅用“维持劳动主体生命活动的栖居之地”来界定生态空间。显然，在概括和揭示生态空间的内涵时，这种空间实践论没能将以人的实践活动为依据的主张贯彻到底，没能概括出生态空间究竟是人的什么样的实践活动的空间场域，因而也就没能揭示出生态空间的本质内涵。

依据人的实践活动来揭示“三生”空间的内涵：生产空间是人类进行物质资料和精神资料生产与再生产的空间场域，依据产业形态，大体可以将其分为农业生产空间、工业生产空间和服务业生产空间；生活空间是人类进行自我生产与再生产的空间场域，人类自我生产与再生产包括除物质资料和精神资料生产与再生产以外的、维持人自身的生存和繁衍所进行的一切活动；生态空间是人类实践活动所涉及的整个自然界运动、变化的空间场域，是经过人类实践活动的不同程度的改造并与人类发生这样那样的关系，或多或少地打上了人类活动印记的那部分自然界运动、变化的空间场域。人类实践活动所不能及的自然界运动、变化的空间场域，不能被称为生态空间。这是因为，首先，人类实践活动所不能及的自然界是否存在无法被确证，也就无法谈论其运动、变化的空间场域问题，即无所谓生态空间的问题；其次，即使人类实践活动所不能及的自然界存在，由于其运动、变化的空间场域对人来说是无意义的，所以也就没有被称为生态空间的意义和必要。正如马克思所说，任何一个对象对我的意义（它只是对那个与它相适应的感觉才有意义）都以我的感觉所及的程度为限。被抽象孤立地理解、被固定为与人分离的自然界，对人说来也是无。事实上，习近平总书记强调要科学合理规划的生态空间，也只能是指能够被人的实践活动所把握和改造的生态空间，而超越了人的实践活动、在人的实践之外的，显然不是要研究的生态空间。

依据被人类实践活动改造程度的不同，可以将生态空间分为以下两种类型。一是已经与人的实践活动发生某种联系但基本上仍然保持原始状态的那部分自然界运动、变化的空间场域，可以称为原始生态空间。例如，人们通过超声波探测器所考察的深海空间，通过专业望远镜观察到的宇宙太空，远远欣赏的人迹未至的山域、林域等。原始生态空间基本保持了自在自然的原貌，但它们不同于自在自然，已经成为人们认知、评价和审美的对象。二是已经被人类加工改造过的那部分自然界运动、变化的空间场域，可以称为人化生态空间。例如，农民通过开垦土地、牧民通过饲养牲畜、工人通过伐木建造房屋进行生产生活的空间等。这种人化生态空间与生产空间和生活空间之间必然会存在某种重合和交织。这是因为，人们正是在也只能在生态空间中进行生产生活，生产空间和生活空间也只能在生态空间中展开。空间功能论和空间用地最终都无法明确"三生"空间的边界，就是因为"三生"空间的边界是重合在一起的。

正确把握"三生"空间的关系是科学合理构建"三生"空间的又一重要前提。但是，由于对"三生"空间内涵理解上的混乱，以往人们对"三生"空间关系的把握也出现了偏差。人们普遍认为，"三生"空间之间是彼此联系、相互影响、相互作用的关系。其中，生态空间是前提和基础并具有先在性，生产空间和生活空间是在生态空间中生成的。在进一步探讨生产空间与生活空间的关系以及"三生"空间各自具体的地位和作用时，人们又提出了以下两种不尽相同的观点：第一种观点认为，生活空间是核心，生态空间是基础，生产空间是保障。例如，黄安等（2020）提出，生态空间无时无刻不向人类提供供给、调节、文化传承和支持等各种生态产品和服务；生产空间是人类生存的保障，生产空间为人类提供产品和服务，解决生存和生计等问题；生活空间是核心，是人类生存的主体场域，从生产空间中不断索取一切所需的物质产品，从生态空间中索取非物质的生态产品和服务，生产和生态空间均以构建宜居适度的生活空间为主要目的。第二种观点则认为，生产空间是根本，生活空间是目的，生态空间是保障。例如，朱媛媛等（2015）提出，生产空间是根本，决定着生活空间、生态空间的状况；生活空间是目的，空间优化的归宿是生活空间的更加美好；生态空间为生产空间、生活空间提供保障，若生态空间恶化，生产空间将受到制约，生活空间也会受限。对比上述两种观点不难发现，人们使用“核心”“基础”“保障”“根本”“目的”等概念来阐释“三生”空间各自的地位和作用，所依据的主要是“三生”空间的功能。换言之，人们把握到的实际上是“三生”空间功能的关系，而不是“三生”空间本身的关系。正是由于空间功能本身具有叠加性、交织性、多样性和流变性的特点，人们在把握“三生”空间的关系时，因各自侧重的空间功能和作用的不同，对同一空间的地位和作用就得出了不尽相同的认识。

纵观不同学者对“三生”空间内涵的诠释可见，“三生”空间是一种功能空间，根据地域空间为人类提供的各类产品和服务进行划分，对“三生”空间的认知以土地利用功能为基础。“三生”空间既是一种更具综合性的国土空间分区方式，又标识着优化国土空间应达到的目的。从人地关系视角看，“三生”空间之间存在以下的关系（图 1.2）：生态空间是人类生存的基础，是生产空间和生活空间形成的“底图”，是最原始的空间，生态空间无时无刻不向人类提供供给、调节、文化传承和支持等各种生态产品和服务。人类活动从生态空间中不断攫取用于生产和生活的产品与服务，并形成集中的空间场所，从而形成生产空间和生活空间。生产空间是人类生存的保障，为人类提供产品和服务，解决生存和生计等问题。生活空间是核心，是人类生存的主体场域，生活空间宜居适度，关系着人类生活的幸福程度；人类活动联动生产和生态空间，从生产空间中不断索取一切所需的物质产品，从生态空间中索取非物质的生态产品和服务，生产和生态空间均以构建宜居适度的生活空间为主要目的。随着认知的进一步深入，人

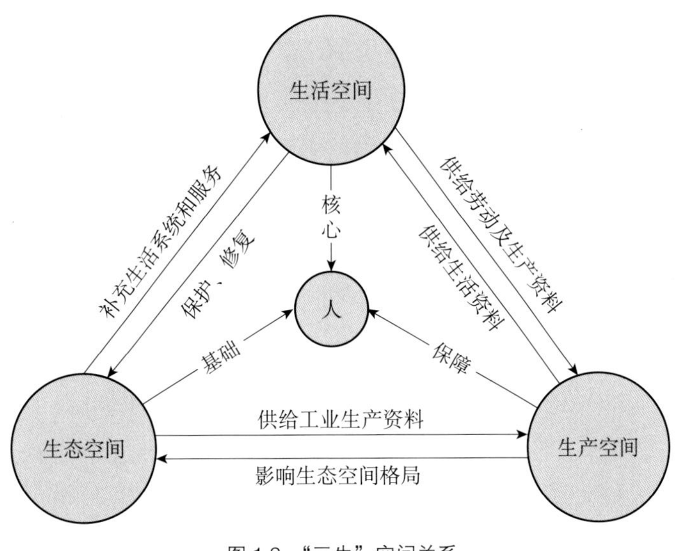

图 1.2 “三生”空间关系

类活动从生活和生产空间中不断供给保护和修复生态空间的政策、方案、资料等。

从本质上讲，"三生"空间是人的"三生"空间，是人类实践活动的空间场域。因此，还需要从人类的实践活动入手来把握"三生"空间的关系。

首先，"三生"空间之间是共生共灭的关系。"三生"空间之间这种共生共灭的关系是与人类的产生与灭绝相统一的。在人类尚未从自然界中分化出来以前，是不存在"三生"空间的。如前所述，"三生"空间从本质上说是人类实践活动的空间场域，没有从事实践活动的人类的出现，就无所谓人类实践活动空间场域的问题，也就无所谓"三生"空间的问题；反之亦然。当人类不复存在时，人类的实践活动就会消失，也就无所谓人类实践活动空间场域的问题，即无所谓"三生"空间的问题。所以，"三生"空间之间是共生共灭的关系，它们与人类的关系同样如此。

其次，"三生"空间之间是彼此交融、不可分割的关系。一方面，生产空间和生活空间与生态空间之间是彼此交融、不可分割的。如前所述，人们的一切生产生活活动都必须在生态空间中开展，因此，生产空间与生活空间必然处于生态空间之中，它们与生态空间相互交融、无法分割。正如马克思说，人靠自然界生活。这就是说，自然界是人为了生存而必须与之不断交往的，无法想象人们能在生态空间以外生产生活。另一方面，生产空间与生活空间之间也是彼此交融、不可分割的。马克思、恩格斯指出，人们为了能够"创造历史"，必须能够生活。但是为了生活，首先就需要衣食住以及其他东西。因此，第一个历史活动就是生产满足这些需要的资料，即生产物质生活本身。同时这也是人们仅仅为了能够生活就必须每日每时都要进行的（现在也和几千年前一样）一种历史活动，即一切历史的一个基本条件。正是人们这种为了生活必须进行的生产和再生产活动，使得生活空间和生产空间之间天然地具有一种彼此交融和不可分割的关系。生产空间就是人们的生活空间，人们在生产空间中生活着，生产方式造就了人类的消费、出行、休闲、娱乐、生育等生活方式，生产活动的成果决定着人类的生活消费内容。同时，生活空间就是人类的生产空间，生活的重要内容之一就是生产，人类在生活空间中从事生产活动，生活空间的气候特征、资源禀赋、环境状况以及人口的数量、质量和结构等都直接影响着人类的生产内容、生产方式和生产结果（许伟，2022）。也正因如此，在现实中难以找到可以把生产空间与生活空间截然分开的那条边界。几乎所有的城市规划在实践中无一例外地会遭遇识别和划定"三生"空间边界的难题，正是它们之间彼此交融、不可分割关系的明证。

第2章
“三生”空间分类识别与格局演化

2.1 “三生”空间分类体系

“三生”空间分类是对“三生”空间内涵的细化和延伸，决定着“三生”空间格局的分布和演变的方向。“三生”空间分类过程中应遵循以下基本原则。

（1）科学性和可操作性原则。“三生”空间的分类应按照一定的逻辑关联进行科学系统化分类，且分类规则相对稳定，不宜经常变更。与此同时，“三生”空间分类具有强烈的目的性和应用性，在注重“三生”空间分类科学性的同时，也要重视分类的可操作性。因此，分类过程要充分考虑在实践中的可行性，不能过于复杂，应科学性建构“三生”空间分类体系。

（2）整体性和层次性原则。空间是一个多功能、多成分的复合区域，生产、生活、生态功能在空间上存在复杂层次关系，所以，在构建“三生”空间分类体系时，要梳理整合三种功能的联系与界限，有层次地搭建分类框架。

（3）因地制宜原则。由于不同区域的自然地理环境、经济社会发展状况均会有所不同，在建立“三生”空间分类体系时，不可生搬硬套其他区域体系。在实际分类过程中，要充分分析区域的具体情况，因地制宜地筛选出分类依据，科学且合理地建立“三生”空间分类体系。

除上述原则外，在构建“三生”空间分类体系过程中还须明确三个问题。一是空间功能识别的异质性问题。由于空间功能是相对需求而言的，随着社会经济发展人们对空间的需求呈现出明显的阶段性和区域性特征，因此，“三生”空间功能识别应基于区域社会经济发展对空间的异质需求。二是空间功能识别的归并性问题。由于空间除了具有生产、生活和生态功能（简称"三生功能"）以外，还具有文化教育、景观鉴赏、地理科普等功能（统称为"其他功能"），在依据空间多功能性分类识别"三生"空间用地时既要充分考虑每一种功能实现的可能，还要顾及分类体系在国土空间功能规划中的实用性，因此，在土地利用功能识别过程中还须依据空间满足的需求属性将"其他功能"适当归并到"三生功能"中。三是空间功能识别的尺度性问题。由于在不同尺度单元下地理对象会呈现出不同的空间属性，结合各尺度的研究需求和数据情况，对生产、生态和生活三大基本功能进行梳理整合，形成全球—国家—县（市、区）的多尺度"三生"空间分类体系。

2.1.1 全球尺度

全球"三生"空间格局反映全球地表覆盖功能性的分布状况，而全球"三生"空间的分类体系则直接决定了"三生"空间的格局分布。目前，全球的"三生"空间研究中尚无统一的分类标准，大多是基于土地利用的功能进行重分类来完成的。已有的全球"三生"空间分类方法是以 GlobeLand30 土地覆盖 / 土地利用数据集为基础，依据土地覆盖 / 土地利用的主要功能，归并出生产空间与生态空间，并结合 SEDAC（Socioeconomic Data and Applications Center）人口密度数据集对应的生活空间，最终得到全球的"三生"空间分类体系。其中，GlobeLand30 是中国研制的 30 米空间分辨率全球地表覆盖数据，也是中国向联合国捐赠的重要地理信息公共产品。该数据涵盖 2000、2010、2020 年三个时间段，包括 10 个一级土地类型：耕地、林地、草地、灌木地、湿地、水体、苔原、人造地表、裸地以及冰川和永久积雪。SEDAC 人口密度数据由 2000、2010、2020 年的人口估计组成，并根据联合国世界人口展望报告以及对三个年份国家人口总数进行了调整。"三生"空间分类体系如表 2.1 所示。依据该体系，通过以下三个步骤完成全球"三生"空间分类。

表 2.1 全球"三生"空间分类体系

一级类	二级类	数据来源
生产空间	1－农业生产空间	GlobeLand30：耕地
	2－工业生产空间	GlobeLand30：人造地表（去除 SEDAC 确定的生活空间范围）
生活空间	3－城镇生活空间	SEDAC：人口密度大于 1500 人 /km^2 的空间
	4－农村生活空间	SEDAC：人口密度为 300～1500 人 /km^2 的空间
生态空间	5－林地生态空间	GlobeLand30：林地、灌木地
	6－草地生态空间	GlobeLand30：草地
	7－水域生态空间	GlobeLand30：湿地、水体、冰川和永久积雪
	8－其他生态空间	GlobeLand30：苔原、裸地

第一步，基于 GlobeLand30 土地覆盖数据，划定生态空间与生产空间范围。首先，划定生态空间，包括林地生态空间、草地生态空间、水域生态空间、其他生态空间四个二级类。将乔木覆盖且树冠盖度超过 30% 的土地（包括落叶阔叶林、常绿阔叶林、落叶针叶林、常绿针叶林、混交林，以及树冠盖度为 10%～30% 的疏林地）和灌木覆盖且灌丛覆盖度高于 30% 的土地（包括山地灌丛、落叶和常绿灌丛，以及荒漠地区覆盖度高于 10% 的荒漠灌丛）划分为林地生态空间。将天然草本植被覆盖，且盖度大于 10% 的土地，包括草原、草甸、稀疏草原、荒漠草原，以及城市人工草地等划分为草地生态空间。将位于陆地和水域的交界带，有浅层积水或土壤过湿的土地（包括内陆沼泽、湖泊沼泽、河流洪泛湿地、森林 / 灌木湿地、泥炭沼泽、红树林、盐沼等），陆地范围液态水覆盖的区域（包括江河、湖泊、水库、坑塘等）以及由永久积雪、冰川和冰盖覆盖的土地（包括高山地区永久积雪、冰川以及极地冰盖等）划分为水域生态空间。将裸地和苔原划分为其他生态空间。其次，划定生产空间，包括农业生产空间和工业生产空间两个二级类。将用于种植农作物的土地（包括水田、灌溉旱地、雨养旱地、菜地、牧草种植地、大棚用地），以种植农作物为主间有果树及其他经济乔木的土地，以及茶园、咖啡园等灌木类经济作物种植地划分为农业生产空间。将由人工建造活动形成的地表，包括城镇等各类居民地、工矿、交通设施等（不包括建设用地内部连片绿地和水体）划分为工业生产空间（此处仅为大致工业生产空间，由于其间含有生活空间范围，因此实际分类中须进一步剥离此处工业生产空间中生活空间的范围）。

第二步，参考 GHSL（European Commission-Global Human Settlement Layer）发布的城市化分类标准，将人口密度为 300～1500 人 /km^2 的单位格网定义为农村生活空间，将人口密度大于 1500 人 /km^2 的定义为城镇生活空间，并依据该标准将 SEDAC 人口密度空间分布数据进行相应的“三生”空间类型划分。

第三步，基于以上两步分类结果，将第二步分类结果镶嵌至第一步分类结果上，未被第二步中生活空间覆盖的工业生产空间即为最终的工业生产空间范围。最后，输出第一步、第二步合并数据，即为全球“三生”空间分类成果数据集（图 2.1）。

2.1.2 国家尺度

在国家尺度上，依据“三生”空间的科学内涵将土地利用功能映射到“三生”空间类型，主要包括三种分类方法（表 2.2）。第一种分类方法根据土地利用的多功能性（同一斑块的土地可能同时包含多重功能，如耕种农作物的土地同时包含生产功能和生态功能），构建以三种功能为主体的评价体系进行功能赋值，识别优势功能来设定空间类型。第二种分类方法则依据直接将现有的土地利用分类方法衔接归并为“三生”空

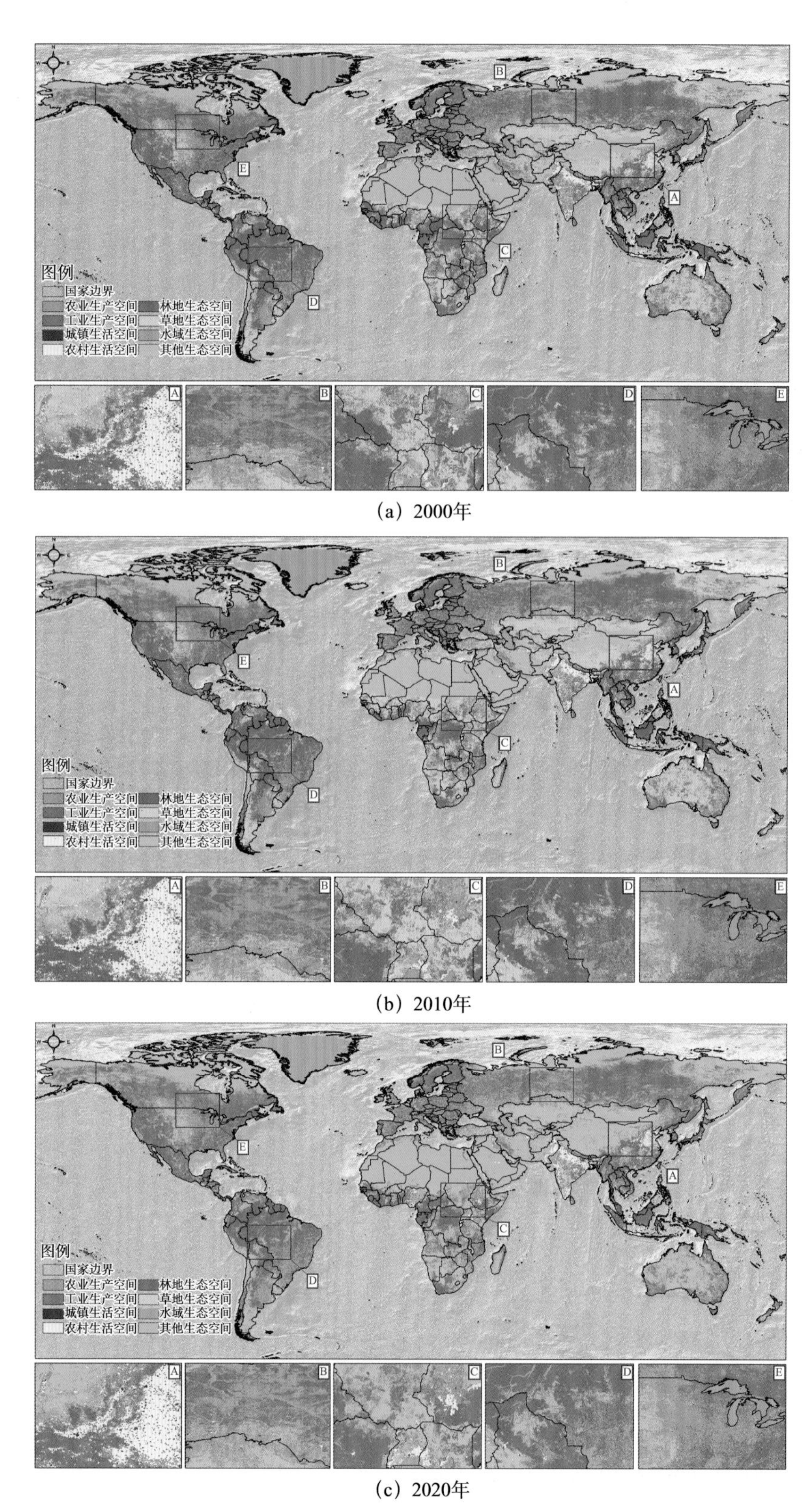

（a）2000年

（b）2010年

（c）2020年

图 2.1　全球“三生”空间格局分布

间，这种分类方法不再受评价体系人为选择指标的限制。第三种分类方法则是根据对空间的适宜性评价来完成的。从分类数量上来看，研究人员主要将“三生”空间分为四类或三类。张红旗等（2015）认为，应强调空间利用中的生态功能，并将“三生”空间分为生态空间、生态生产空间、生产生态空间和生活生产空间；更多的研究人员则认为三类空间是相互协同发展的关系，不应过分强调某一类功能，因而划分为生产空间、生活空间、生态空间三类。在此基础上，王昆（2018）结合夜间灯光数据、三区三线规划等对各类空间边界进行了修正。整体来看，依据“三生”空间的功能内涵，直接将土地利用类型分为四类“三生”空间的分类方式确保更少的人为干预，也更为简单和通用，是目前主要的分类方式。

表 2.2 国家尺度上“三生”空间分类方法

分类依据	分类数目	一级类	二级类	相关文献
土地利用的多功能性	三类	生态空间、生产空间、生活空间	调节功能空间；生存与健康物质供给空间、原材料生产空间、能源矿产生产空间、间接生产空间；承载与避难空间、物质生活保障空间、精神生活保障空间	李广东 等，2016
	三类	生态空间、生产空间、生活空间	生态用地空间、半生态用地空间、弱生态用地空间；生产用地空间、半生产用地空间、弱生产用地空间；生活用地空间、半生活用地空间、弱生活用地空间	刘继来 等，2017
土地利用的主导功能	四类	生态空间、生态生产空间、生产生态空间、生活生产空间	重点调节生态空间、一般调节生态空间、生态容纳空间；牧草用地空间、用材林地空间、渔业养殖用地空间；耕地空间、园地空间；城镇建成区、农村生活区、工业生产区	张红旗 等，2015
适宜性评价	四类	生态空间、生产空间、生活空间、复合空间	重点生态功能区、禁止开发区、其他生态区；基本农田保护区、交通运输用地、独立工矿用地；建设用地	王昆，2018

2.1.3 县（市、区）尺度

在县（市、区）尺度上，“三生”空间的划分主要从土地利用、生态系统和景观价值三个视角来完成，其中多数研究以土地利用为划分依据。划分方法大致可分为量化分类法、空间功能分类法和规划分类法（表 2.3）。

（1）量化分类法通过建立评价指标体系，运用综合指标评价、叠置分析等方法实现区域“三生”空间的量化分类。此方法能够精确识别“三生”空间的主导功能，但指标量化、评价体系构建和数据标准化等方面较为复杂，并且难以进行多主体的集成表达，应用难度较大。如朱媛媛等（2015）利用基于 NPP 的生态空间评估模型构建了

"三生"空间区划的指标体系，定量划定了湖北省五峰县的"三生"空间范围。李广东等（2016）以杭州市为例，从土地功能、生态系统服务和景观功能的综合视角构建了城市生态－生产－生活空间功能分类体系并定量测度不同空间的功能价值量，据此确定了空间功能主导类型，进而划分"三生"空间。曹根榕等（2019）依据城市 POI（Point of Interest）数据，采用网格分析法、样方比例法、层次分析法和 GIS 空间分析法，识别和分析了上海市的"三生"空间。

表 2.3　县（市、区）尺度上"三生"空间分类方法

分类方法	优点	缺点	具体方法	相关文献
量化分类法	可以精确识别"三生"空间的主导功能	指标量化、评价体系构建和数据标准化较复杂，难以进行多主体的集成表达	借鉴生态服务评估方法，利用层次分解法构建评价体系	朱媛媛 等，2015
			以土地利用多功能性为基础，整合生态系统功能体系和景观功能体系，利用定量测度的方法构建评价体系	李广东 等，2016
			基于城市 POI 数据，采用网格分析法、样方比例法、层次分析法和 GIS 空间分析法构建评价体系	曹根榕 等，2019
空间功能分类法	可以与其他分类规划体系很好地衔接	评价主观性较强	依据土地利用的产业、社会和管理属性对"三生"空间功能进行细化	邹利林 等，2018
			采用定性及定量方法对土地利用功能类型的组成、结构比例以及空间分布特点进行静态和动态评价	党丽娟 等，2014
			根据社会经济发展状况，以土地利用主导功能为依据进行划分	武占云 等，2019
规划分类法	分类结果目的性强	需要大量规划成果支持	借鉴生态红线划定、非建设用地规划、产业空间布局等专业规划，结合业务部门专业技术方法，划定"三生"空间范围	康盈 等，2014
			结合主体功能区划、土地利用总体规划、城乡规划等，划分县域"三生"空间范围	王婧媛，2017

（2）空间功能分类法以土地利用的主导功能为分类依据，对土地利用现状空间数据重新分类。此方法能够较好地实现"三生"空间与其他分类规划体系的衔接，在实践过程中较容易操作，是最常用的"三生"空间划分方法。缺点是评价主观性较强，不同学者对"三生"空间的理解和应用不同，会导致"三生"空间划分的差异。如邹利林等（2018）依据土地利用的产业、社会和管理属性将县域土地划分为 17 个二级类，提出了"三生"空间分类表达的单一功能和双重功能两种范式。党丽娟等（2014）通过对土地利用类型进行功能归并，提出了包括生活空间、生产空间、生态空间、生产－

生态复合空间、生活－生态复合空间的 5 个一级类、20 个二级类和 61 个三级类的分类方案。武占云等（2019）认为，居住用地和公共服务设施用地可视为生活空间，工业、商业和物流仓储用地可视为生产空间，公园、生态绿地和绿道、水系等可视为生态空间，据此以中国 661 个县级以上城市为研究样本构建了“三生”空间分类体系。

（3）规划分类法以各种规划数据为基础，叠加得到区域“三生”空间划分结果。此方法需要大量规划成果支持，实施难度大，目前应用较少。如康盈等（2014）借鉴深圳、广州、天津等城市在生态红线划定、非建设用地规划及产业空间布局方面开展的规划，提出了以城乡规划技术为基础，结合国土、环保、发改委等部门专业技术方法，建立“三生”空间划定技术体系。有研究人员（江曼琦 等，2020；扈万泰 等，2016）探讨了在城乡全域、城镇区、乡村不同视角下“三生”空间的对象，结合规划体系提出了依托不同规划来划定“三生”空间的工作重点和技术路径。王婧媛（2017）以周至县为例，结合当前“多规合一”工作，依据主体功能区规划、土地利用总体规划、城乡规划等各专项规划的基础资料，划分了县域“三生”空间范围。

县（市、区）的自然环境、社会经济发展水平、发展方向等在不同区域差异明显，因而县（市、区）尺度“三生”空间分类体系构建过程中，在遵循科学性、可操作性、整体性、层次性的基础上，更加注重因地制宜性。因此，在不同发展阶段或发展类型的县（市、区）中，“三生”空间分类方式也有所差别，见表 2.4。如在快速城镇化地区，土地利用效能表现出“三生”功能的主次和高低，因此，需要在“三生”空间一级分类基础上，对空间的功能性强度加以区分。而在海滨城市中，渔业养殖用地、港口码头用地是其特有的用地类型，因此，要结合这些特定用地的功能性，将其归并到“三生”空间分类中。

表 2.4 不同县（市、区）类型的“三生”空间分类体系

县（市、区）类型	分类数目	一级类	二级类	相关文献
超大型城市	三类	生态空间、生产空间、生活空间	无	谢译诣 等，2021
省会城市	三类	生态空间、生产空间、生活空间	生产主导型、生活主导型、生态主导型、生产－生活优势型、生态－生产优势型、生态－生活优势型、“三生”均衡型	崔树强，2019
快速城镇化地区	三类	生态空间、生产空间、生活空间	强生态空间、中生态空间、弱生态空间；强生产空间、中生产空间、弱生产空间；强生活空间、中生活空间、弱生活空间	贾琦，2020

续表

县（市、区）类型	分类数目	一级类	二级类	相关文献
海滨城市	四类	生态空间、生态生产空间、生产生态空间、生活生产空间	重点调节生态空间、一般调节生态空间、生态容纳空间；牧草用地空间、用材林地空间、渔业养殖用地空间；耕地空间、园地空间；城镇建成区、农村生活区、工业生产区	于莉 等，2017
	三类	生态空间、生产空间、生活空间	保护利用空间、特殊利用空间、未利用空间；农林牧渔生产空间、港口码头空间、临海工业空间、矿产能源空间；城镇建设空间、旅游娱乐空间	胡恒 等，2017
	三类	生态空间、生产空间、生活空间	重点保护生态空间、一般保护生态空间；农渔业生产空间、工矿业生产空间、交通运输空间；居住空间、商服业空间、公共管理与服务空间	温荣伟，2017

此外，县（市、区）作为行政管理的基本单元，往往也是实现国土空间有效管控和制定国土空间规划的最小单元，在提倡可持续发展和加快生态文明建设的大背景下，生产、生活和生态空间的统筹优化为国土空间的优化提供了新的思路和途径。对于“三生”空间优化来说，需要明确开发的优先等级。在县（市、区）尺度上，要按照生产－生活－生态功能先进行一级分类，再根据所发挥的重要性进行二次分类。面向“三生”空间优化分类所需的数据，除土地利用数据外，还包括自然保护区边界、一级河流空间分布、生态功能保护区、生态功能服务重要性（水源涵养功能重要性、防风固沙功能重要性、土壤保持功能重要性、生物多样性维持与保护功能重要性、洪水调蓄功能重要性）数据、生态系统敏感性（酸雨敏感性、冻融侵蚀敏感性、沙漠化敏感性、盐渍化敏感性、石漠化敏感性、土壤侵蚀敏感性）数据、国内生产总值（GDP）以及净初级生产力等数据，如表 2.5 所示。

根据土地利用的主要功能，结合地区发展要求，面向“三生”空间优化的分类体系以土地利用数据集为基础，并按照以下规则进行“三生”空间的二级类划定。得到县（市、区）尺度上面向“三生”空间优化的分类体系，见表 2.6。

（1）按照生态功能的强弱对生态空间做进一步细分，分为限制性生态空间、重点生态空间、一般生态空间、可容纳生态空间四个二级类。其中，限制性生态空间是指发挥重要的生态功能需要进行限制性保护的区域，包括国家自然保护区、生态服务极重要地区、一级河流、生态极敏感区以及水域等。

表 2.5 面向“三生”空间优化的数据集

序号	数据名称
1	多时期土地利用 / 土地覆被遥感监测数据
2	自然保护区边界数据
3	一级河流空间分布数据
4	生态功能保护区
5	生态服务功能重要性数据
6	生态系统敏感性数据
7	国内生产总值
8	净初级生产力

表 2.6 县（市、区）尺度上面向“三生”空间优化的分类体系

一级类	二级类	主要土地利用类型或区域
生态空间	限制性生态空间	国家自然保护区、生态服务极重要地区、一级河流、生态极敏感区以及水域等
	重点生态空间	高覆盖草地、中覆盖草地、有林地
	一般生态空间	灌木林地、疏林地、低覆盖草地
	可容纳生态空间	沼泽地、裸岩石砾地
生产空间	重点农业生产空间	GDP 或 NPP 高于均值的耕地和其他林地
	一般农业生产空间	GDP 或 NPP 低于均值的耕地和其他林地
	工业生产空间	其他建设用地
生活空间	城镇生活空间	城镇建设用地
	农村居民生活空间	农村居民点

（2）按照生产功能的不同，将生产空间分为工业生产空间和农业生产空间。以经济价值（GDP）和生态价值（NPP）为主要依据，将农业生产空间进一步细分为重点农业生产空间和一般农业生产空间。GDP 和 NPP 评估后高于 GDP 或 NPP 平均值的耕地和其他林地，作为重点农业生产空间，反之作为一般农业生产空间。

（3）按照生活功能的强弱，将生活空间分为城镇生活空间和农村居民生活空间。

2.2 “三生”空间格局演变

随着经济社会的发展，空间的利用类型不断发生调整，“三生”空间的格局也随之变化。目前，对“三生”空间格局分布的研究，涉及对生态、生产、生活单类空间的增减情况分析，以及对多类空间的整体变化分析。而一定时间段内“三生”空间格局演变的分析，则侧重于数量结构变化和空间结构变化两个方面。

“三生”空间格局研究的重点包括空间分布的分析和空间分布相关性的分析，见表 2.7。研究表明，在山区或丘陵地区，生活空间多分布在各地级市中心，生态空间多分布在高海拔山区，生产空间则多在盆地或山麓。而在大中型城市，生活空间作为主导空间分布在城区，生产空间作为次要空间分布在河流或湖泊周围。在此基础上，学者们进一步分析了“三生”空间布局的空间相关性，如集聚性、优势度、集中化等。陈仙春等（2019）以滇中城市群为例分析了格局的空间相关程度，结果表明，在研究区的市域尺度上，“三生”空间的结构呈现出多样化，集中化程度分布整体较低，但差异不明显，而优势度整体较高，各州（市）的区位特征不明显。

表 2.7 “三生”空间格局研究的重点

研究类型	侧重点	研究单元	研究尺度	相关文献
空间分布	多类空间的整体分布	格网	国家	张红旗 等，2015
		格网	省	王剑 等，2021
		县	区域	周鹏，2020
	单类空间的分布	格网	国家	刘继来 等，2017
		格网	省	肖蕊，2021
		格网	市	贾琦，2020
空间分布的相关性	空间功能均衡性分析	街道	区域	边振兴，2016
	空间功能集聚性分析	县	区域	陈仙春 等，2019

“三生”空间格局演变分析集中在数量结构变化和空间结构变化两个方面，涵盖了多类区域，如省级、市级、县（市、区）级等，见表 2.8。在数量结构变化方面，研究人员最初多探讨在一定时间段内每类空间的增加或减少情况，变化情况因研究区域和时间跨度的选择而存在差异。例如，在全国层面上，我国近 30 年内生产空间和生活空间增加，生态空间减少。在黄河流域，近 40 年区域内生产空间减少，生活空间增多，生态空间面积则稳定波动。而在典型的资源型城市中，生产空间、生活空间和生态空间的扩张分别在开采阶段、生态恢复早中期最为迅速，生活空间的扩张在任何阶段都是不断增加的。在此基础上，同样有研究人员分析了“三生”空间格局演变的空间相关性。例如，谢译诣等（2021）对北京市 2000—2020 年“三生”空间演变格局的结果表明，北京市的生产空间和生活空间具有较强的空间集聚性。此外，在单纯描述每类空间面积增加的基础上，部分学者（杨清可 等，2018）详细阐述了空间变化的转移路径。例如，1990—2018 年，青海省的生产空间多转换为生态空间，生活空间多转换为生产空间，生态空间则维持内部转换态势。在空间结构变化方面，学者们则详细分析

了各类空间数量变化的发生区域。例如，沈思考（2020）发现，2000—2015 年南流江流域新增的生活空间主要位于城市中心或主干道周围。

表 2.8 “三生”空间格局演变研究的重点

演变类型	侧重点	研究尺度	相关文献
数量结构	一定时间段内每类空间的增加或减少情况	全国	赵筱青 等，2019；肖蕊 等，2021
		省	李明薇 等，2018
		区域	宋永永 等，2021；金星星 等，2018
		城市	Tao et al.，2021
	格局演变的空间相关性	城市	谢译诣 等，2021
		省	崔家兴 等，2018
		市	崔树强，2019
		县	王考 等，2018
		区域	黄曼，2019
	空间变化的转移路径	省	王剑 等，2021；龚亚男 等，2020
		市	贾琦，2020；罗刚 等，2018
		区域	李科 等，2020
空间结构	各类空间数量变化的发生区域	区域	沈思考，2020；时振钦 等，2018

总体上来看，目前对“三生”空间演变特征的研究多聚焦于区域尺度，演变特征则由于区域大小、区域位置、研究时段的不同而存在差异。

2.3 “三生”空间格局演化驱动机制

“三生”空间作为一个耦合系统，其格局的演变是系统内部各要素变化的综合表现。目前，“三生”空间演变驱动机制的研究主要集中在两个方面：驱动作用模拟与分析和关键驱动因子识别。

2.3.1 驱动作用的模拟与分析

驱动作用的模拟与分析方法是决定“三生”空间演变驱动机制研究结果可信度和可解释性的关键，目前主要包括定性方法和定量方法两类。基于区域自然地理条件、发展特征、政策规划等现实条件定性地阐述“三生”空间演变的可能因素是最初主要的研究方式，如石河子市受西部大开发战略的影响较大（陈文皓，2019），而长沙市受自然环境、社会经济、公共政策等多种因素影响（崔树强，2019）。与此同时，也有研究人员尝试将定性定量相结合或以半定量的方法揭示可能的影响因素，如沈思考（2020）利用缓冲区分析这种半定量的方式分析了南流江流域的驱动因素，结果表明路网密度影响了生产空间布局，退耕还林政策影响了生态空间分布，发展规划则影响了生活空间布局。驱动机制的定量研究方法可以归纳为两种：统计学方法和基于机器学习的方法，见表 2.9。

表 2.9　驱动机制研究方法

	研究方法	相关文献	研究区	时间尺度	空间尺度
统计学方法	主成分分析	赵瑞 等，2021	京津冀都市圈	2000—2018 年	城市群
	多元线性回归	张佰发 等，2020	黄河流域	1970—2015 年	城市群、市、县
	逻辑回归	朱海伦，2020	山东省东营市垦利区	2013—2017 年	城市
	偏最小二乘回归	董建红 等，2021	甘肃省	1980—2018 年	省
	地理探测器	宋永永 等，2021	黄河流域	1980—2018 年	县域
		周鹏 等，2020	太行山区	1980—2015 年	县域
	地理加权回归模型	李欣 等，2019	江苏省扬中市	—	村域
基于机器学习的方法	人工神经网络	Basse et al.，2014	孟加拉国西南沿海地区	1990—2000 年	区域
		Rahman et al.，2017	欧洲跨边境区域	1989—2015 年	区域
	支持向量机	Xiong et al.，2008	湖北省	1986—2000 年	省
	随机森林	Zhai et al.，2020	美国康涅狄格州和马萨诸塞州	—	州
	遗传算法	Almeida et al.，2012	巴西圣保罗州	1988—2000 年	城市
	增强回归树	Pazur et al.，2020	斯洛伐克	1986—2010 年	国家
	最大熵模型	Arnici et al.，2017	意大利阿尔卑斯山	1976—2001 年	区域

2.3.1.1　统计学方法

定量的研究方法包括主成分分析、多元线性回归、逻辑回归、偏最小二乘回归、地理探测器、地理加权回归模型等。

（1）主成分分析（Principal Component Analysis）

主成分分析是一种降维的统计学方法，原理是将原来变量重新组合成一组新的相互无关的变量来代替原来的变量，同时尽可能多地保留原始变量所表达的信息。从中筛选出第一主成分、第二主成分等作为“三生”空间演变的第一驱动因子、第二驱动因子等。赵瑞等（2021）采用主成分分析方法的结果表明，人口的快速增长和经济的迅猛发展促进了京津冀“三生”空间功能布局的调整。

（2）多元线性回归（Multiple Linear Regression）

多元线性回归是简单直线回归的推广，即反映一个因变量与多个自变量的关系，原理是用梯度下降法对最小二乘法计算的误差函数进行优化。其中，因变量符合正态分布，并且需要排除变量间的多重共线性，数学模型见式（2.1）。张佰发等（2020）采用多元回归分析方法的结果表明，黄河流域近 50 年的演变主要受人口规模和经济发展的影响。

$$y = \beta_0 + \beta_1 x_1 + \cdots + \beta_p x_p + \varepsilon \tag{2.1}$$

式中：y 为因变量；x_1，…，x_p 为 p 个自变量；β_0 为常数项；β_1，…，β_p 为偏回归系数；ε 为随机误差，又称为残差（residual），是 y 的变化中不能用自变量解释的部分，服从正态分布。

（3）逻辑回归（Logistic Regression）

逻辑回归是一种广义线性回归方法，适合于因变量为二分类或多分类的情况。此时，因变量不符合正态分布而遵循伯努利分布，利用最大似然法估计方程和检验。其实质是发生概率与未发生概率的对数值，数学模型见式（2.2）。朱海伦（2020）采用逻辑回归方法的结果表明，研究选取的驱动因子（高程、距水系距离、人口、地区生产总值、距道路距离、距居民点距离、距市中心距离）对不同空间类型演变影响的程度有所差异，对生态空间和生活空间的影响较大，对生产空间的影响较小。

$$\log\left(\frac{P_i}{1-P_i}\right) = \beta_0 + \beta_1 x_{1,\ i} + \beta_2 x_{2,\ i} + \cdots + \beta_n x_{n,\ i} \tag{2.2}$$

式中：P_i 为可能发生事件 i 的概率；$x_{1,\ i}$，$x_{2,\ i}$，…，$x_{n,\ i}$ 为自变量；β_0 为常数项；β_1，…，β_n 为系数。

（4）偏最小二乘回归（Partial Least Squares Regression）

偏最小二乘回归分别将因变量和自变量投影到一个新矩阵，从而避免受到数据非正态分布、变量多重共线性的影响，提高了自变量对因变量的解释效应。董建红等（2021）采用该方法以甘肃省为例揭示了各类空间生态环境质量演变的驱动力，结果表明，政策措施、技术等都促进了生态环境的向好发展，而人口、社会发展则在一定程度上加剧了生态环境压力。

（5）地理探测器（Geodetector）

地理探测器是一种探测空间分异性并揭示其背后驱动力的统计学方法，原理是如果某个自变量对某个因变量有重要影响，则自变量和因变量的空间分布应具有相似性（王劲峰 等，2017）。该方法适用于自变量与因变量均为类型量的情况，并且对小样本量的研究更为可靠，目前应用在公共健康（儿童死亡率风险评估）（Hu et al.，2011）、区域规划（乡村聚落空间分布特征及优化重构分析）（Yang et al.，2016）、环境（毛乌素沙地景观空间格局及其影响因素）（Liang et al.，2016）等不同领域。宋永永等（2021）采用该方法分析了黄河流域近几十年空间演变的驱动因素，结果表明，城镇化、生态保护措施是国土空间格局演变的主要因素。周鹏等（2020）则将该方法应用于太行山区，研究结果表明，在近 40 年太行山区国土空间的演变中，自然条件是基础性决定条件，交通条件和社会经济发展是重要因素，而国家政策是主要的外在驱动力。

（6）地理加权回归模型（Geographically Weighted Regression）

地理加权回归模型是普通线性回归模型的扩展，将数据的地理位置嵌入回归参数，利用局部加权最小二乘法进行逐点参数估计，进而改进了普通线性回归模型中空间非平稳性的问题，数学模型见式（2.3）。李欣（2020）采用该方法分析了经济发达区土地利用功能的演化机理，结果表明，社会经济对演化的影响较大，而自然地理的影响较小。

$$y_i = \beta_0(u_i,\ v_i) + \sum_{k=1}^{p} \beta_k(u_i,\ v_i)x_{ik} + \varepsilon_i \qquad i = 1,\ 2, \cdots,\ n \tag{2.3}$$

式中，y_i 为第 i 个点的因变量值，β_k 是第 i 个点上的第 k 个回归参数，$(u_i,\ v_i)$ 为第 i 个点的坐标，x_{ik} 为位置 i 处的自变量，ε_i 为第 i 个点的随机误差。

2.3.1.2　基于机器学习的方法

“三生”空间系统是一个涵盖经济、社会、环境的多维度复杂系统，系统的作用机制并不是简单的线性关系，统计学方法在要素识别、机制阐述等方面体现出一定局限性。近年来，伴随着计算机计算能力的提升和数据采集技术的发展，机器学习模型成为解决系统内部多重非线性问题的有效方法，并成功模拟了与“三生”空间演变相关的复杂系统。目前用到的主要方法包括人工神经网络（Artificial Neural Networks，ANN）、支持向量机（Support Vector Machine，SVM）、随机森林（Random Forests，RF）、遗传算法（Genetic Algorithms，GA）、增强回归树（Boosted Regression Trees，BRT）、最大熵模型（Maximum Entropy，MaxEnt）等。

（1）人工神经网络（ANN）

基于 ANN 的模型可以识别所有参数，并且验证输入数据后生成高质量趋势图，同时它可以在数据遗漏、缺失等情况下运行，因此，人工神经网络成为近 10 年分析土地利用变化驱动要素最常用的方法。为了提升模拟精度，研究人员通常将其与其他模型相结合（Xu et al.，2010；Zhang et al.，2014）。MohanRajan 等（2020）将 ANN 算法耦合 CA 模型（MC-ANN-CA）模拟了印度贾瓦迪山的非森林和森林覆盖变化，并与 CA-

logistic 回归耦合模型的模拟精度做了比较，结果表明，MC-ANN-CA 模型对坡度、坡向、距离等空间变量的模拟正确率更高。同样，Basse 等（2014）利用 ANN 方法改进 CA 模型分析了不同因素（如经济、政治、环境、生物物理、制度和文化）对土地利用变化的多重作用，结果表明，ANN 技术有助于改进基于元胞自动机的土地利用模型的校准。而 Rahman 等（2017）利用 ANN 方法与 CA 模型揭示了 1989—2015 年阿苏苏尼土地利用变化情况。

（2）支持向量机（SVM）

基于统计学习理论中的结构风险最小化原理，支持向量机将最优分离超平面思想与核函数方法相结合，解决了有限样本下的机器学习问题（Qian et al.，2020）。Xiong 等（2008）建立了基于 SVM 算法的模型，分析了耕地面积变化的驱动要素，结果表明，SVM 模型具有自学习和自适应的智能特性，能够解决小样本、非线性函数等土地利用变化的实际问题。但 SVM 依赖于模型参数设定，针对特定数据集往往要设定新的参数（Rienow et al.，2015），并且 SVM 不能反映驱动要素的相对权重。

（3）随机森林（RF）

随机森林算法是一个包含多个决策树的分类器，并且其输出的类别是由个别树输出类别的众数而定。它可以处理大量的输入变量，在决定类别时，可以评估变数的重要性。例如，Zhai 等（2020）定量评价了美国康涅狄格州和马萨诸塞州近年来土地利用 / 覆盖变化的决定因素，并对驱动力的重要性进行排序。但基于 RF 算法的模型往往存在过拟合的情况，数据的微小变化就可能导致模型的不稳定，如果某种土地利用类型占主导时，模拟结果可能会产生较大偏差。

（4）遗传算法（GA）

遗传算法作为一种辅助启发式工具，通过非参数方法来细化和优化估计土地利用变化的概率。它可以处理大量的参数，优化离散变量和连续变量，提供最优参数列表，并且也适用于并行计算机。Almeida 等（2012）成功采用 GA 算法优化的贝叶斯校准模型对几个基础设施变量进行参数化，建立基于随机转移规则的元胞自动机模型，对空间土地利用转移概率进行了估计。

（5）增强回归树（BRT）

增强回归树算法是基于分类回归树算法的一种自学习方法。该方法通过随机选择和自学习方法产生多重回归树，显著提高了模型的稳定性和精度（Xin et al.，2008）。模型可以通过设置伯努利分布或高斯分布的拟合函数来分别实现对分类型或连续型因变量的模拟，也可以同时将分类型或连续型协变量输入模型，与此同时，模型的输出可以在生成驱动要素相对贡献的基础上，进一步展示具体驱动因素对因变量的响应情况，这为揭示诸多研究问题背后的机制提供了可行性方法。Pazur 等（2020）构建了基于增强回归树的模型，分析了斯洛伐克在从国家控制经济向开放市场经济（1986—2000 年）过渡时期和随后加入欧盟（2000—2010 年）期间造成农业用地变化的社会经济和生物物理决定因素。

（6）最大熵模型（MaxEnt）

最大熵模型由于具有一般机器学习方法解决系统非线性问题优势的同时可以对变量贡献有较强的解释能力而受到越来越多的关注。MaxEnt 最初是一个研究物种潜在空间分布的模型，遵循最大熵原理，确保近似值满足未知概率的任何约束（Jaynes，1982）。它可以同时处理连续变量和分类变量（Phillips et al.，2006；Merow et al.，2013），并且在数据有限的情况下，比其他方法具有更大优势，因此，被广泛应用于物种潜在分布、灾害风险预测等领域（Baldwin，2009；Lombardo et al.，2016；Jiang et al.，2018；Siahkamari et al.，2018；Rahmati et al.，2019；Cabrera et al.，2020），也有学者将 MaxEnt 模型运用于土地利用变化动态分析（Arnici et al.，2017），指出意大利阿尔卑斯山附近的土地利用变化与气候变化相关。

此外，还有学者比较了多种耦合模型之间的模拟精度，如 Qian 等（2020）提出了一种时空邻域特征学习的混合元胞自动机模型 PST-CA，并将其与 logistic 回归（LR）-CA、支持向量机（SVM）-CA、随机森林（RF）-CA 和常规 ANN-CA 四种传统模型进行比较，结果表明，在次区域尺度上改进的 PST-CA 模型优于其他四种模型，整体精度提高近 5%。但是该模型能否在大尺度及小区域等范围内对土地利用动态模拟具备同样的高精度还有待进一步研究。

总体来说，面对复杂系统时，机器学习算法为模拟系统内部变化的非线性作用机制提供了更为可信的方法，而最终模型的选择由模型结果可解释度、输入变量类型、操作的难易程度等来决定。如最大熵模型和增强回归树模型不仅可以识别影响因变量的关键驱动力，并且可以对具体的响应机制做出解释。与此同时，两个模型都可以处理分类型因变量，但最大熵模型的操作更为简便，数学原理更易懂；而当因变量为连续型时，最大熵模型不再适用，可以考虑采用增强回归树模型进行模拟。

2.3.2 关键驱动因子识别

“三生”空间是一个多重要素综合作用的耦合系统，目前的研究表明，自然地理要素、社会经济要素及政策约束等外部环境要素在不同程度上影响了“三生”空间格局的变化，见表 2.10。

表 2.10 驱动要素研究

	驱动要素	相关文献	研究区	时间尺度	空间尺度
自然地理类	海拔、坡度、地形起伏度、年降水量	时振钦 等，2018	横断山区	1990—2015 年	区域
	海拔、年平均气温	宋永永 等，2021	黄河流域	1980—2018 年	县域
	坡度、土壤侵蚀	Bakker et al.，2005	希腊西部	1886—1996 年	区域
	坡度、海拔	Pasaribu et al.，2020	印度尼西亚西爪哇	—	城市
	海拔	Zhang et al.，2020	广东省广州市	1990—2015 年	公里网格
社会经济类	人口增长	Alexander et al.，2015	全球	1961—2011 年	国家
	人口增长	Prabhakar，2021	亚洲	1961—2015 年	国家
	农村人均住房面积	Song et al.，2014	中国	1996—2005 年	国家
	人口规模	张佰发 等，2020	黄河流域	1970—2015 年	城市群、市、县
	人口增加	赵瑞 等，2021	京津冀	2000—2018 年	城市群
	城市化和工业化	Dong et al.，2020	内蒙古自治区	1990—2005 年	省
	固定资产投资、交通通达度	罗刚，2019	重庆市	2006—2016 年	县域
	人口密度	都来，2020	内蒙古自治区多伦县	1995—2007 年	区域
	经济发展水平	李欣，2020	江苏省	1995—2015 年	公里网格
	交通条件	梁溶方，2020	西江千户苗寨	1998—2019 年	区域
外部环境类	国际贸易	Meyfroidt et al.，2013	全球	1960—2010 年	全球
	政策改革	Prishchepov et al.，2012	欧洲	1990—2000 年	国家
	能源开发	Trainor et al.，2016	美国	—	国家
	全球钢铁需求	Sonter et al.，2014	巴西	1990—2010 年	国家
	西部大开发战略	陈文皓，2019	新疆维吾尔自治区石河子市	2000—2015 年	区域
	政策改革	Swette et al.，2021	落基山脉	1940—2021 年	区域

注：—表示无对应内容，后同。

（1）自然地理类

自然地理类要素是区域发展的基础性因素。相关研究结果表明，在一些区域，自然地理环境制约了“三生”空间的格局或演变过程。在横断山区，海拔、坡度、地形起伏度、降水等自然因素对“三生”空间格局具有明显的约束（时振钦 等，2018）。在黄河流域，近 40 年内海拔对生活空间和生态空间的约束作用逐渐增强，年平均气温对生产空间的影响程度也在显著增强（宋永永 等，2021）。对空间利用类型而言，研究表明，海拔、坡度、土壤侵蚀等自然地理因素同样在一定程度上影响了空间功能的变化（Bakker et al.，2005；Pasaribu et al.，2020；Zhang et al.，2020）。

（2）社会经济类

社会经济类要素直观地反映了人类的生产生活强度。诸多研究表明，在一些区域，社会经济类要素相比于自然地理类要素对空间格局演变的影响更为强烈，例如在重庆市（罗刚，2019）、内蒙古自治区多伦县及一些经济发达区（都来，2020；李欣，2020）等。具体而言，在黄河流域，虽然自然地理因素制约了“三生”空间的演变，并且影响程度在不断增强，但目前人口规模和社会发展仍是空间格局变化的主导因素（张佰发 等，2020）。在京津冀地区，人口增加和经济发展推动了“三生”空间的变化（赵瑞 等，2021）。而在内蒙古自治区，近 30 年“三生”空间的变化主要受到城市化和工业化的影响（Dong et al.，2020）。在全球或亚洲地区，近些年的人口增长驱动了生产空间的变化（Alexander et al.，2015；Prabhakar，2021）。对我国的农村居民点而言，人均住房面积是主要的推动要素（Song et al.，2014）。与此同时，交通条件也影响了“三生”空间的变化，如在西江千户苗寨（梁溶方，2020）、横断山区（时振钦 等，2018）、南流江流域（沈思考，2020）等地。

（3）外部环境类

外部环境（如政策、技术、规划、贸易等）也在一定程度上影响了“三生”空间格局的演变，并且在不同区域的影响程度也呈现出差异。如在石河子市，研究人员发现西部大开发战略对空间格局变化的影响较大（陈文皓，2019）。在京津冀都市圈，农业技术水平和农业效益也是主要的影响因素（赵瑞 等，2021）。国外对土地利用变化的研究同样表明，制度更迭同样造成土地利用的变化（Prishchepov et al.，2012；Swette et al.，2021）。此外，研究人员预测，到 2040 年，能源扩张将导致美国超过 80 万 km^2 的土地格局发生变化（Trainor et al.，2016）。事实表明，在全球化的背景下，针对空间布局的问题，不应仅仅在已有研究区内寻找潜在的驱动要素，也应加强对地理上分离的社会－生态系统之间联系的研究，如全球的钢铁需求引起了巴西的土地利用方式结构的变化（Sonter et al.，2014），国际贸易对部分地区（特别是国际贸易较多的地区）的土地利用也会引起广泛变化（Meyfroidt et al.，2013）。

总体来说，“三生”空间格局演变及土地利用变化都受到了自然地理、社会经济、政策约束等方面不同程度的影响，这种影响因区域所处位置、研究区面积、变化类型、社会发展阶段等不同而表现出驱动要素的差异。然而，驱动力的强弱在所选指标中是相对而言的，这意味着少量的潜在驱动要素将大大降低结果的可信度，而目前缺少基于多源数据的研究，同时也缺乏对数据的相关性或多重共线性等的分析，这对模拟精度及驱动要素重要性排序至关重要。

第3章 “三生”空间适宜性评价

3.1 “三生”空间适宜性评价方法及评价结果

“三生”空间适宜性指的是一定技术条件下土地作为某一类空间的适宜程度。本章采用最小累积阻力模型（MCR）方法，基于对“三生”空间开发、保护、空间承载力等的综合考量，根据自然、社会经济、政策规划等综合条件，对云南省镇雄县“三生”空间进行适宜性评价。主要步骤为：①确定生产、生活、生态空间适宜性评价各自的扩展源；②建立适宜性评价指标体系，确定各评价因子的权重，通过多因子加权求和建立综合阻力面；③计算扩展源到综合阻力面的成本距离，得到最小累积阻力面，即“三生”空间的适宜性评价结果。

3.1.1 最小累积阻力模型

最小累积阻力模型（Minimal Cumulative Resistance，MCR）最早由 Knaapen 等于 1992 年提出，用于对物种扩散的研究，反映物种在穿越异质景观时所克服的阻力（Knaapen et al.，1992）。之后由我国学者俞孔坚（1998）引入并修改，成为测算物质流从源地到目的地的穿越异质景观运动过程中克服阻力、累积耗费最小代价的模型，反映的是一种异质景观之间的空间可达性。最小累积阻力模型由源、阻力面、阻力系数等三部分组成，其数学表达式如下：

$$\mathrm{MCR} = f_{\min}\sum_{i=1}^{m}\sum_{j=1}^{n}(D_{ij} \times R_i) \tag{3.1}$$

式中，MCR 表示最小累积阻力面值；$f_{\min}$ 是一个单调递增的未知函数，反映空间中任一点的最小阻力与其到所有源的距离和景观基面特征的关系；D_{ij}

是物种从源 j 到空间某一点所穿越的某景观基面 i 的空间距离；R_i 为景观 i 对某物种在源 j 运动过程的阻力系数。MCR 值越小，表示源 j 在阻力面体系下越容易扩张。本章将土地转为某一类“三生”空间的过程看作是该类“三生”空间对其他空间的竞争过程，这种空间类型变化必须通过克服阻力来实现，这样就可以通过模拟从源到汇克服阻力做功的水平过程来评价其适宜性。

3.1.2 扩展源的确定

源（Source）是最小累积阻力模型中物质向外扩散的起点，具有同质性、集聚性及扩展性的特征。对于生产空间，由于耕地保护政策和工业用地变动较灵活的特点，借鉴国务院印发的《关于建立粮食生产功能区和重要农产品生产保护区的指导意见》以及镇雄县“两区”划定工作要求，本章选取坡度在 15° 以下、集中连片面积大于 30 亩 * 的耕地作为最小累积阻力模型的扩展源。对于生活空间，镇雄县目前城镇化水平低，生活空间稀少，因此，选择人口聚集和社会经济活动的中心、现状城镇用地和农村居民点作为扩展源。对于生态空间，扩展源需要提供重要的生态系统服务功能。参考前人研究（王传胜 等，2007）和镇雄县县情，选取镇雄县重要的生态空间，包括集中连片度大于 0.4 km^2 的有林地、河渠、水库坑塘、湿地、一级饮用水源保护区和自然与历史文化保护区作为扩展源。

3.1.3 评价指标体系的构建

生产、生活、生态空间对自然资源、社会经济等条件的需求不同，因此，分别构建生产、生活、生态空间适宜性评价指标体系。本章遵循以下原则构建“三生”空间评价指标体系。

（1）系统性。“三生”空间是一个复杂综合的系统，适宜性评价须涉及多个层面，评价指标体系要有清晰的结构性。

（2）针对性。从影响“三生”空间的多种影响因子中，分别筛选对生产、生活和生态空间适宜性影响较大的主导因子，忽略一些次要因子。

（3）可操作性。评价指标数据来源要相对稳定可靠，所选取的指标尽量接近官方统计部门的统计结果。

（4）可比性。选取指标应具有普遍性的代表意义，对应的指标值在不同的地区具有可比性。

---

* 1 亩≈666.7 m^2。

考虑镇雄县“三生”空间开发实际情况，在借鉴相关研究成果（农宵宵 等，2020）、咨询有关专家和综合协调多类专项规划的基础上，从自然因素、区位因素、社会经济因素和政策因素四个方面选取 45 个阻力评价因子（表 3.1、表 3.2 和表 3.3）。自然因素反映了土地利用的背景条件，是决定土地利用适宜性的基本因素。区位因素反映了土地利用的空间驱动力。社会经济因素代表了土地利用的社会经济驱动力。政策因素表明了土地利用未来的规划发展方向。

表 3.1 生产空间适宜性评价指标

因素	具体阻力因子	单位	性质（正负向）
自然因素	农业用地平均斑块面积	—	+
	地形位指数	—	-
	土壤有机质含量	%	+
	土壤 pH	—	
	与水系的距离	m	-
区位因素	与村庄的距离	m	-
	与县级以上公路的距离	m	-
	与县乡公路的距离	m	-
社会经济因素	人均农作物播种面积	km^2/人	+
	耕地面积占比	—	+
政策因素	城镇职能结构	—	
	重点产业功能区	—	
	工业园区	—	

表 3.2 生活空间适宜性评价指标

因素	具体阻力因子	单位	性质（正负向）
自然因素	土地利用类型	—	
	地形位指数	—	-
	土壤侵蚀程度	—	-
	与地质灾害点的距离	m	+
	与水系的距离	m	-
区位因素	与城镇的距离	m	-
	与村庄的距离	m	-
	与铁路的距离	m	-
	与县级以上公路的距离	m	-
	与县乡公路的距离	m	-

续表

因素	具体阻力因子	单位	性质（正负向）
区位因素	路网密度	km^{-1}	+
社会经济因素	土地城市化率	%	+
	人口密度	人 / km^2	+
政策因素	饮用水源保护区	—	
	城镇职能结构	—	
	城镇等级结构划分	—	

表 3.3　生态空间适宜性评价指标

因素	具体阻力因子	单位	性质（正负向）
自然因素	土地利用类型	—	
	土壤侵蚀程度	—	-
	景观破碎度	—	-
	与水系的距离	m	-
	与水功能保护区的距离	m	-
	森林覆盖率	%	+
	年平均降水量	mm	+
	生物丰度指数	—	+
	NPP 植被净初级生产力	g/（cm^2·a）	+
区位因素	与城镇的距离	m	+
	与村庄的距离	m	+
	与工矿用地的距离	m	+
	与道路的距离	m	+
社会经济因素	污水集中处理率	%	+
政策因素	水源保护区	—	
	生态治理项目	项	+

3.1.3.1　自然因素

（1）土地利用类型。理论上讲，所有土地在适当条件下，都可以进行空间转变，但不同类型土地之间的转换技术难度和经济支出相差甚远。现状土地利用方式与需要评价的“三生”空间类型越贴近，转变阻力越小，适宜性越强。

（2）景观破碎度。基于土地利用现状数据，在 Fragstats 4.2 中计算面积加权平均形状指数（AWMSI）和平均斑块面积（MPS），用于反映景观破碎度。景观破碎度反映人类活动对生态系统的干扰程度。AWMSI 值越大，斑块形状越复杂，景观越破碎。

MPS 值越小，景观越破碎。使用 AWMSI 和 MPS 分别作为生态空间和生产空间适宜性的评价因子。

（3）地形位指数。在人为活动明显的空间中，地形是影响土地开发利用的重要因素。低平地区的建设条件便利，投资成本相对降低，更便于人们在此聚集，适宜作为生产空间和生活空间。高程和坡度是影响建设活动两种最主要的地形因子。对于坡度，虽然国家出台的《城市用地竖向规划规范》（CJJ 83—1999）等规定要求坡度 25° 以上土地不种植农作物、不进行建设活动，但由于镇雄县山高坡陡，基本无坝区平地，因此，单一使用坡度因子衡量“三生”空间适宜性对镇雄县具体情况不够适用。此外，地形条件对空间分布的约束往往表现为高程和坡度的综合作用，因此，综合高程和坡度，组合成地形位指数，用于生产、生活空间适宜性评价，反映地貌条件的总体空间差异。计算公式如下：

$$T = \log\left[\left(\frac{E}{\overline{E}}+1\right)\times\left(\frac{S}{\overline{S}}+1\right)\right] \tag{3.2}$$

式中，T 为地形位指数，E 和 $\overline{E}$ 分别代表空间任一点的高程值和该点所在区域的平均高程值，S 与 $\overline{S}$ 分别代表空间任一点的坡度值和该点所在区域的平均坡度值。高程低、坡度小的地方地形位指数小，而高程高、坡度大的地方地形位指数大，其他组合情况的地形位指数则居于中间。指数越大，地貌条件越差。

（4）土壤。土壤因子包括土壤侵蚀程度、有机质含量和 pH。土壤侵蚀程度越高，土地的生产能力越弱，同时也影响土质和土壤结构类型特征，因此，可以作为生活空间和生态空间适宜性评价因子。土壤有机质含量和 pH 对土壤肥力状况及其生产特性有重要作用，直接反映土壤质量的高低。土壤有机质含量越高，土地综合生产能力越高，越适宜作为生产空间。适宜的 pH 同理。

（5）气象条件。自然气象条件与植物生长、人类活动息息相关，尤其是农业生产。其中水热组合条件是影响生产的重要气象因素，选取年平均降水量和年平均气温作为评价生产空间和生态空间适宜性的气象条件。

（6）水系。评价因子包括与水系距离、饮用水源地保护等。与水系距离越近，生态适宜性越强，同时也越利于人类活动，生产、生活空间的适宜性同样越强。水源地保护是生态保护的重要内容，可以作为生态空间和生活空间的评价因子。水源保护区是重要的生态空间，而生活空间应远离水源保护区。赤水河和白水江是镇雄县重要水功能保护区，离水功能保护区越近，生态适宜性越强。

（7）植被覆盖。使用森林覆盖率和 NPP 衡量植被覆盖情况。植被覆盖度越高，土地的生态功能越强，作为生态空间的适宜性越强。

（8）生物丰度指数。生物丰度指数衡量区域内生物多样性的丰富程度，可以作为生态空间适宜性的评价指标。参考《生态环境状况评价技术规范》（HJ/T 192—2015），计算方法如下：生物丰度指数 = 0.35 × 林地面积占比 + 0.21 × 草地面积占比 + 0.28 × 水域湿地面积占比 + 0.11 × 耕地面积占比 + 0.04 × 建设用地面积占比 + 0.01 × 未利用地面积占比。

（9）地质灾害点。镇雄县存在滑坡、崩塌、泥石流和地面塌陷等地质灾害类型。地质灾害易发区是生活空间开发利用的限制区。距离地质灾害点越近，越不适宜生活空间的扩展。

3.1.3.2 区位因素

（1）与城镇、村庄距离。城镇、村庄是乡镇的经济文化中心，能够对周围的一定范围辐射其区域经济优势。离城镇、村庄距离越近，居民生活越便捷，越适宜作为生产、生活空间，但对生态环境影响越大，越不适宜作为生态空间。

（2）与工业用地距离。工业用地作为主要的污染来源之一，影响生态空间的适宜性。

（3）交通。交通因子包括与道路距离和路网密度。完善的县域公路交通网络，可减少生产运输成本，提高生产经济效益。距离道路越近，交通越便利，越适宜作为生产空间和生活空间，越不适宜作为生态空间；距离道路越远，交通越不便利，越不适宜作为生产空间和生活空间，越适宜作为生态空间。将道路分为公路和铁路，公路又分为县级以上公路和县乡公路。不同类型道路对“三生”空间适宜性的影响不同。路网密度为一定范围内交通道路的总长度与土地面积的比值，综合反映区域交通的便利性。

3.1.3.3 社会经济因素

（1）农业。农业因素包括人均农作物播种面积与耕地面积占比，用于衡量区域农业发展现状。两个指标的值越大，越适宜作为生产空间。

（2）人口。通过人口密度来衡量人口对于生活空间适宜性的影响。通过对镇雄县实地调研收集得到镇雄县的各乡镇（街道）的人口数据，然后计算人口密度。通常人口密度大的地区对人类活动具有集聚作用，更可能转化为生活空间。

（3）城市化率。用城乡用地面积占总用地面积的比例衡量。城市化率越高，人口聚集程度越高，经济越发达，越适宜作为生活空间。

（4）污染物。考虑数据可获得性，采用污水集中处理率作为生态空间适宜性评价的限制因子。污水集中处理率越高，对生态环境破坏越小，生态适宜性越强。

3.1.3.4 政策因素

政策因素包括城镇定位定级、产业规划、水源保护和生态治理。通过未来的政策和规划直接判断不同乡镇某类“三生”空间发展的适宜性大小。

为消除各指标数量和量纲的差异，本章采用分等定级的方式对各类指标做标准化处理。根据各个指标在不同量纲上对“三生”空间的适宜程度进行栅格重分类，并给每一级别赋予阻力分值，分值越低表示阻力越小，即区域转为某类“三生”空间越容易。量化和等级分配时，根据具体指标性质与需求，定量划分的阻力因子分级参考已有研究（姜晓丽 等，2019；张俊艳，2019；杨惠，2018；付野 等，2019；Zou et al., 2019；赵筱青 等，2019；孙莹莹，2019；叶英聪，2018；王昆，2018；普鹍鹏 等，2017；李秀全，2017）和政策文件，定性划分的阻力因子分级方法为自然断点法。由此镇雄县生产、生活、生态空间适宜性评价指标体系构建完成（表 3.4、表 3.5 和表 3.6）。

表 3.4　生产空间适宜性评价指标体系

因素	具体阻力因子	阻力分级与赋值				
		20	40	60	80	100
自然因素	农业用地平均斑块面积	更大	大	中	小	更小
	地形位指数	更小	小	中	大	更大
	土壤有机质含量 /%	＞4.0	3.0～4.0	2.0～3.0	1.0～2.0	≤1.0
	土壤 pH	6.5～7.5	5.5～6.5	4.5～5.5		≤4.5
	与水系的距离 /m	≤200	200～500	500～1000	1000～2000	＞2000
区位因素	与村庄的距离 /m	≤500	500～1000	1000～1500	1500～2000	＞2000
	与县级以上公路的距离 /m	≤200	200～500	500～1000	1000～1500	＞1500
	与县乡公路的距离 /m	≤100	100～250	250～500	500～1000	＞1000
社会经济因素	人均农作物播种面积	更大	大	中	小	更小
	耕地面积占比	更高	高	中	低	更低
政策因素	城镇职能结构	现代农业型、工业型		综合型		商贸型
	重点产业功能区	农业、工业		综合	生态	物流
	工业园区	大	小			

表 3.5 生活空间适宜性评价指标体系

因素	具体阻力因子	阻力分级与赋值				
		20	40	60	80	100
自然因素	土地利用类型	城乡、工矿、居民用地	未利用地	耕地	草地	林地、水域
	地形位指数	更小	小	中	大	更大
	土壤侵蚀程度	轻度	中度	强烈	较强烈	极端
	与地质灾害点的距离 /m	＞2000	1000～2000	500～1000	200～500	≤200
	与水系的距离 /m	≤200	200～500	500～1000	1000～2000	＞2000
区位因素	与城镇的距离 /m	≤250	250～500	500～1000	1000～2000	＞2000
	与村庄的距离 /m	≤200	200～500	500～1000	1000～1500	＞1500
	与铁路的距离 /m	0～1000	1000～1500	1500～2000	2000～2500	＞2500
	与县级以上公路的距离 /m	≤500	500～1000	1000～2000	2000～3000	＞3000
	与县乡公路的距离 /m	≤300	300～500	500～1000	1000～1500	＞1500
	路网密度	更大	大	中	小	更小
社会经济因素	土地城市化率	更高	高	中	低	更低
	人口密度	更大	大	中	小	更小
政策因素	饮用水源保护区			三级保护区	二级保护区	一级保护区
	城镇职能结构	工业型、商贸型	综合型	现代农业型		
	城镇等级结构划分	中心	重点镇	一般镇	其他	

表 3.6 生态空间适宜性评价指标体系

因素	具体阻力因子	阻力分级与赋值				
		20	40	60	80	100
自然因素	土地利用类型	林地、水域	草地	耕地	未利用地	城乡、工矿、居民用地
	土壤侵蚀程度	轻度	中度	强烈	较强烈	极端
	景观破碎度	更好	好	中	差	更差
	与水系的距离 /m	≤1000	1000～2000	2000～3000	3000～4000	＞4000
	与水功能保护区的距离 /m	≤100	100～250	250～500	500～1000	＞1000
	森林覆盖率	更高	高	中	低	更低
	年平均降水量	更高	高	中	低	更低
	生物丰度指数	更高	高	中	低	更低
	NPP 植被净初级生产力	更高	高	中	低	更低

续表

因素	具体阻力因子	阻力分级与赋值				
		20	40	60	80	100
区位因素	与城镇的距离 /m	＞2000	1000～2000	500～1000	250～500	≤250
	与村庄的距离 /m	＞1000	500～1000	250～500	100～250	≤100
	与工矿用地的距离 /m	＞2000	1000～2000	500～1000	250～500	≤250
	与道路的距离 /m	＞500	200～500	100～200	50～100	≤50
社会经济因素	污水集中处理率	更高	高	中	低	更低
政策因素	水源保护区	一级水源	二级水源	三级水源		
	生态治理项目	3	2	1		

3.1.4 指标权重的确定

权重的确定方法主要可分为主观赋权法、客观赋权法和组合赋权法三类。主观赋权法以专家主观判断为基础，由决策者根据评价指标的重要程度来赋权，完全依据决策者的专业知识和经验，具有较强的主观性（宋冬梅 等，2015）。常见的主观赋权法有层次分析法、德尔菲法、非结构三角模糊数法等。客观赋权法在评价指标数据的基础上，通过客观的计算形成权重，避免了人为因素的干扰，在处理统计数据上有较好的应用效果（郑晨，2019）。但客观赋权法只按指标内部差异大小赋权，有时不能充分呈现指标间的重要程度，可能使评价结果与实际不符。常见的客观赋权法有熵权法、主成分分析法、CRITIC 法等。组合赋权法结合多种赋权方法得到最终的权重。为综合主观赋权法与客观赋权法的优点，本节采用主观赋权法与客观赋权法相结合的组合赋权法确定权重。其中，主观赋权法采用系统性较好、简洁实用的层次分析法，客观赋权法采用常用的熵权法。

层次分析法通常根据任意两个指标之间的相对重要程度，产生标度为1～9的矩阵，权重的计算为求解判断矩阵的特征向量。对赋权结果计算随机性比率 CR，进行一致性检验，$CR < 0.1$ 则结果合理。将前文构建的镇雄县生产、生活、生态空间适宜性评价指标体系分为目标层、准则层和指标层三个层次。目标层为镇雄县生产、生活、生态空间适宜性评价，准则层为自然因素、区位因素、社会经济因素和政策因素，指标层为三类空间适宜性评价选取的具体阻力因子。通过层次分析法计算出准则层和指标层各个指标的权重，权重结果均通过一致性检验。层次分析法权重结果如表 3.7、表 3.8

和表 3.9 所示。

表 3.7 生产空间适宜性评价层次分析法权重结果

目标层	准则层	准则层权重	指标层	指标层权重
生产空间适宜性评价	自然因素	0.4393	农业用地平均斑块面积	0.1059
			地形位指数	0.2491
			土壤有机质含量	0.0977
			土壤 pH	0.1606
			与水系的距离	0.3867
	区位因素	0.3107	与村庄的距离	0.4263
			与县级以上公路的距离	0.2483
			与县乡公路的距离	0.3254
	社会经济因素	0.1465	人均农作物播种面积	0.5000
			耕地面积占比	0.5000
	政策因素	0.1036	城镇职能结构	0.5590
			重点产业功能区	0.3522
			工业园区	0.0888

表 3.8 生活空间适宜性评价层次分析法权重结果

目标层	准则层	准则层权重	指标层	指标层权重
生活空间适宜性评价	自然因素	0.3312	土地利用类型	0.3927
			地形位指数	0.2744
			土壤侵蚀程度	0.0709
			与地质灾害点的距离	0.1453
			与水系的距离	0.1167
	区位因素	0.4337	与城镇的距离	0.2969
			与村庄的距离	0.2164
			与铁路的距离	0.0736
			与县级以上公路的距离	0.1471
			与县乡公路的距离	0.0975
			路网密度	0.1685
	社会经济因素	0.1294	土地城市化率	0.5000
			人口密度	0.5000
	政策因素	0.1057	饮用水源保护区	0.4934
			城镇职能结构	0.1958
			城镇等级结构划分	0.3108

表 3.9 生态空间适宜性评价层次分析法权重结果

目标层	准则层	准则层权重	指标层	指标层权重
生态空间适宜性评价	自然因素	0.5241	土地利用类型	0.2504
			土壤侵蚀程度	0.0503
			景观破碎度	0.0874
			与水系的距离	0.1452
			与水功能保护区的距离	0.1694
			森林覆盖率	0.0750
			年平均降水量	0.0329
			生物丰度指数	0.0874
			NPP 植被净初级生产力	0.1020
	区位因素	0.3431	与城镇的距离	0.1309
			与村庄的距离	0.2261
			与工矿用地的距离	0.3853
			与道路的距离	0.2577
	社会经济因素	0.0778	污水集中处理率	1.0000
	政策因素	0.0550	水源保护区	0.7500
			生态治理项目	0.2500

熵权法根据每个指标的变异程度确定指标的权重。熵最初是一个热力学概念，1948 年由 Shannon 首次引入信息论，称为信息熵。指标的信息熵越小，其提供的信息量越大，熵权也越大。设共有 n 个评价单元，m 个评价指标，熵权法确定权重的步骤如下（张合兵 等，2015）。

（1）对第 j 个评价单元的第 i 个评价指标值 x_{ij} 进行标准化，计算方法为

$$y_{ij}=\begin{cases}\dfrac{x_{ij}-\min x_{ij}}{\max x_{ij}-\min x_{ij}}, & x_{ij}\text{为正向指标}\\[2ex] \dfrac{\max x_{ij}-x_{ij}}{\max x_{ij}-\min x_{ij}}, & x_{ij}\text{为负向指标}\end{cases} \tag{3.3}$$

式中，y_{ij} 是 x_{ij} 的标准化值，$\max x_{ij}$ 和 $\min x_{ij}$ 分别是第 i 个评价指标的最大值和最小值。因此，所有指标值都将在 [0，1] 范围内。

（2）对 y_{ij} 进行标准化，计算第 j 个评价单元的第 i 个指标在第 i 个指标的所有评价单元中所占比重 p_{ij}，计算方法为

$$p_{ij}=\frac{y_{ij}}{\sum_{j=1}^{n}y_{ij}} \tag{3.4}$$

（3）计算评价指标的熵值 e_i，计算方法为

$$e_i = -k\sum_{j=1}^{n} p_{ij} \ln p_{ij} \tag{3.5}$$

$$k = \frac{1}{\ln n} \tag{3.6}$$

式中，$0 \leqslant e_i \leqslant 1$。

（4）计算信息冗余度 g_i，计算方法为

$$g_i = 1 - e_i \tag{3.7}$$

（5）计算熵权 w_i，计算方法为

$$w_i = \frac{g_i}{\sum_{i=1}^{m} g_i} \tag{3.8}$$

式中，$0 \leqslant w_i \leqslant 1$，$\sum_{i=1}^{m} g_i = 1$。

组合赋权采用线性加权法，以避免归一化的"倍增效应"，计算方法为

$$w_i' = \alpha w_A + (1-\alpha)\ w_E \tag{3.9}$$

式中：w_i' 为组合赋权法得到的最终权重值；w_A 为层次分析法权重值；w_E 为熵权法权重值；α 决定层次分析法和熵权法所得权重在线性加权中的占比，参考专家意见和已有研究，本节 α 取值 0.6（潘晓桦，2018）。最终得到"三生"空间适宜性评价各因子的综合权重（表 3.10、表 3.11 和表 3.12）。

表 3.10　生产空间适宜性评价综合权重计算结果

具体阻力因子	层次分析法权重	熵值法权重	综合权重
农业用地平均斑块面积	0.0465	0.2684	0.1353
地形位指数	0.1095	0.0038	0.0672
土壤有机质含量	0.0429	0.0193	0.0335
土壤 pH	0.0705	0.0001	0.0423
与水系的距离	0.1700	0.0546	0.1237
与村庄的距离	0.1324	0.0619	0.1042
与县级以上公路的距离	0.0771	0.0632	0.0716
与县乡公路的距离	0.1011	0.0603	0.0848
人均农作物播种面积	0.0732	0.0235	0.0533

续表

具体阻力因子	层次分析法权重	熵值法权重	综合权重
耕地面积占比	0.0732	0.0431	0.0612
城镇职能结构	0.0579	0.0216	0.0434
重点产业功能区	0.0365	0.1401	0.0779
工业园区	0.0092	0.2401	0.1016

表 3.11 生活空间适宜性评价综合权重计算结果

具体阻力因子	层次分析法权重	熵值法权重	综合权重
土地利用类型	0.1301	0.0335	0.0914
地形位指数	0.0909	0.0056	0.0568
土壤侵蚀程度	0.0235	0.0146	0.0199
与地质灾害点的距离	0.0481	0.0586	0.0523
与水系的距离	0.0386	0.0720	0.0520
与城镇的距离	0.1288	0.0331	0.0905
与村庄的距离	0.0939	0.0933	0.0937
与铁路的距离	0.0319	0.0749	0.0491
与县级以上公路的距离	0.0638	0.0951	0.0763
与县乡公路的距离	0.0423	0.0898	0.0613
路网密度	0.0731	0.0428	0.0609
土地城市化率	0.0647	0.0939	0.0764
人口密度	0.0647	0.0847	0.0727
饮用水源保护区	0.0521	0.0052	0.0334
城镇职能结构	0.0207	0.1259	0.0628
城镇等级结构划分	0.0328	0.0770	0.0505

表 3.12 生态空间适宜性评价综合权重计算结果

具体阻力因子	层次分析法权重	熵值法权重	综合权重
土地利用类型	0.1312	0.0054	0.0809
土壤侵蚀程度	0.0264	0.0070	0.0186
景观破碎度	0.0458	0.0400	0.0435
与水系的距离	0.0761	0.0348	0.0596
与水功能保护区的距离	0.0888	0.0396	0.0691
森林覆盖率	0.0393	0.0166	0.0302

续表

具体阻力因子	层次分析法权重	熵值法权重	综合权重
年平均降水量	0.0173	0.0196	0.0182
生物丰度指数	0.0458	0.0170	0.0343
NPP 植被净初级生产力	0.0535	0.0005	0.0323
与城镇的距离	0.0449	0.0158	0.0333
与村庄的距离	0.0774	0.0449	0.0645
与工矿用地的距离	0.1322	0.0363	0.0937
与道路的距离	0.0884	0.0565	0.0756
污水集中处理率	0.0778	0.0449	0.0647
水源保护区	0.0413	0.4423	0.2017
生态治理项目	0.0138	0.1788	0.0798

3.1.5 “三生”空间适宜性评价结果

根据“三生”空间适宜性评价指标体系，对单因子空间数据结果加权求和，得到生产、生活、生态空间的综合阻力面，结果如图 3.1、图 3.2 和图 3.3 所示。

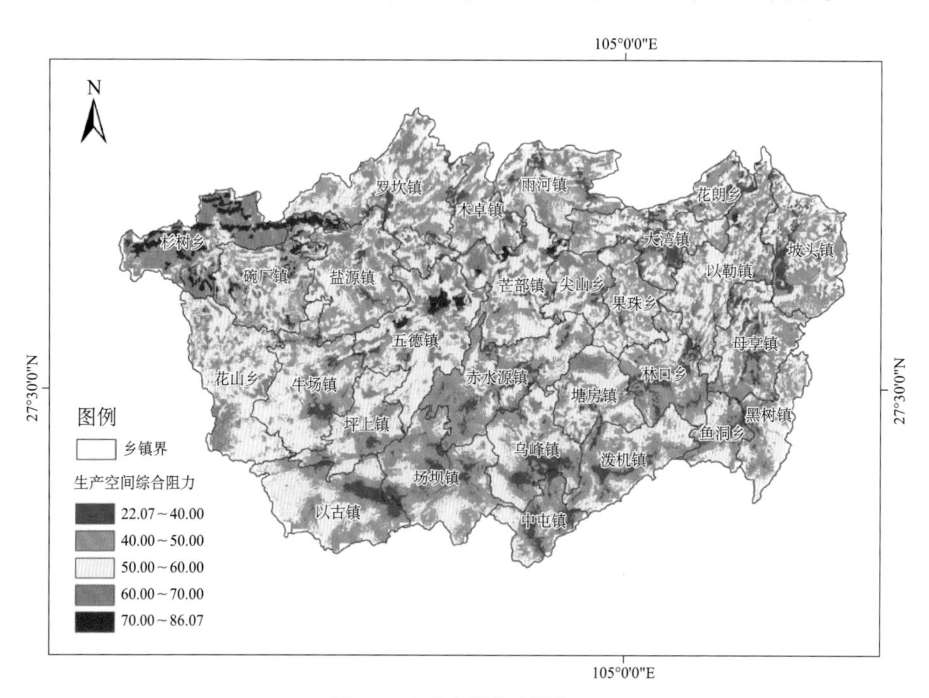

图 3.1　生产空间综合阻力面

根据“三生”空间综合阻力面结果，计算其与各自扩展源的成本距离，构建最小累积阻力面，得到研究区每个栅格单元到距离最近并且所需成本最低扩展源的最小累加成本。计算得出的最小累积阻力值可认为是扩展源向周围空间进行扩张的适宜性程度，即“三生”空间适宜性评价结果（图 3.4、图 3.5 和图 3.6）。最小累积阻力值越小，说明适宜性越强。

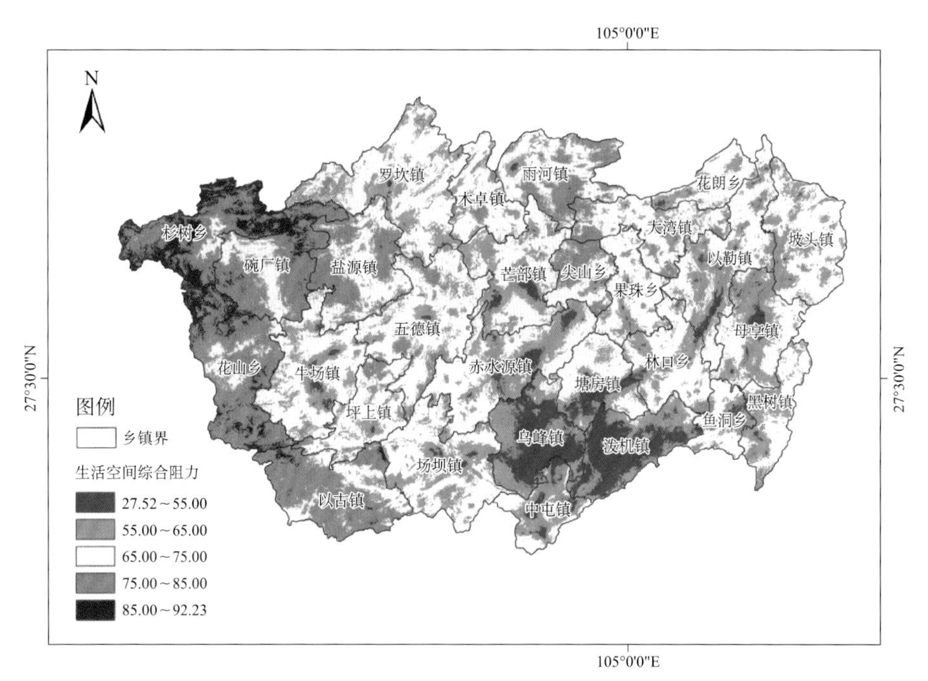

图 3.2 生活空间综合阻力面

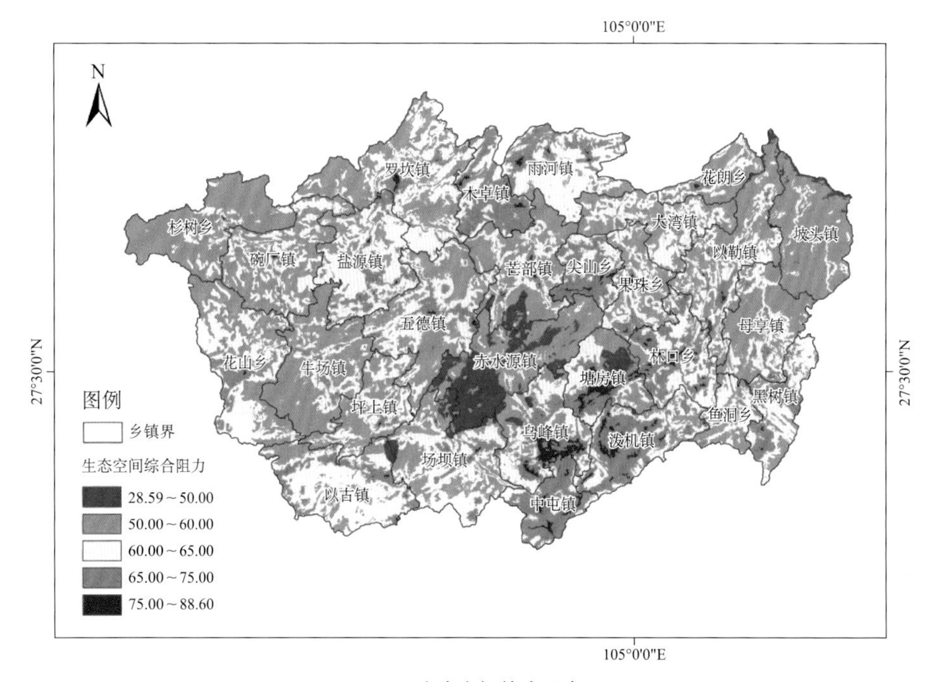

图 3.3 生态空间综合阻力面

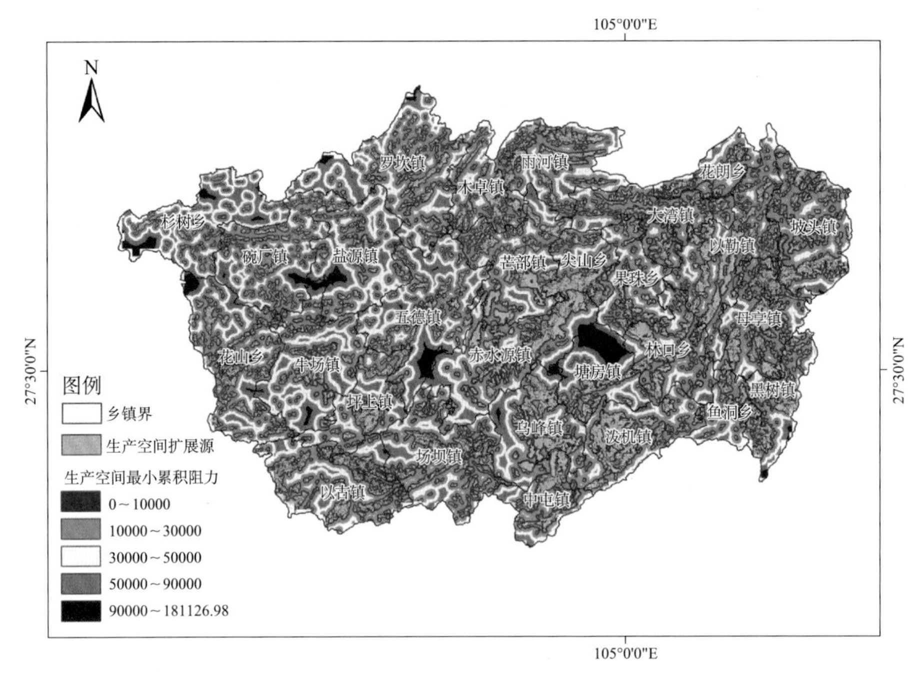

图 3.4　生产空间最小累积阻力面

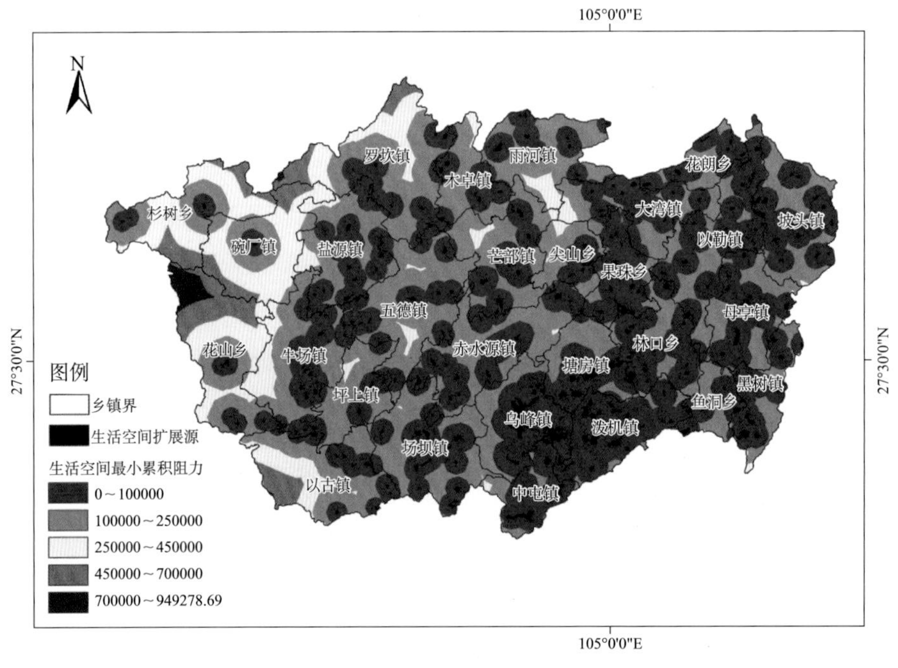

图 3.5　生活空间最小累积阻力面

最小累积阻力面是围绕扩展源的一组趋势表面，反映源在水平扩张的过程中所克服的阻力。由图 3.4、图 3.5 和图 3.6 可以看出，阻力主要受距离的影响，阻力面总体上呈现围绕源向外不断增大的变化趋势，并在很大程度上受基面异质性的影响，遇地形或其他自然、人文要素障碍时，阻力迅速增加。生产空间适宜性呈现地势高的西部、西南部和分布有水源保护区的中部适宜性低，地形较平坦的东北部适宜性较高的空间分布特征。生活空间适宜性呈现明显圈状向外扩散的分布特征，西部和西北部阻力值高，生活空间适宜性低。生态空间适宜性呈现北部、东南部较低的分布特征。北部区域适宜性较低主要是由于自然条件相对较差，东南部区域适宜性较低更多是受交通、城市化等人文要素发展带来的阻力影响。分乡镇来看，生产空间适宜性较低的乡镇主要有塘房镇、五德镇、盐源镇、碗厂镇和杉树乡。生活空间适宜性较低的乡镇主要有杉树乡、花山乡和碗厂镇。生态空间适宜性较低的乡镇主要有木卓镇、尖山乡、乌峰镇、泼机镇和黑树镇。

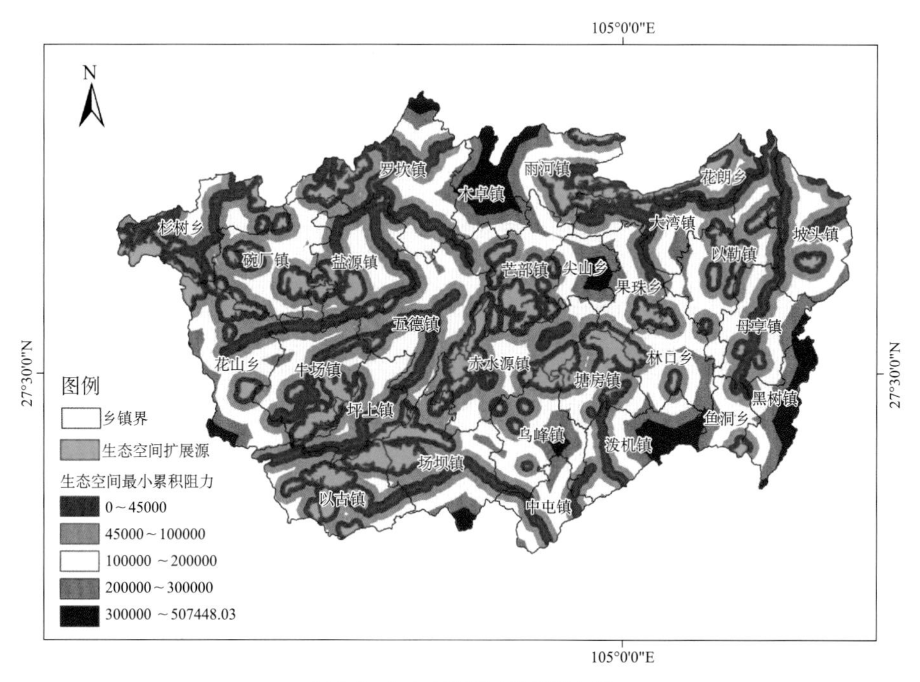

图 3.6 生态空间最小累积阻力面

基于镇雄县“三生”空间适宜性评价结果，利用自然断点法分级，将生产、生活、生态空间适宜性分为很适宜、适宜、较不适宜、不适宜、很不适宜 5 个等级。对 5 个等级的适宜性分区面积进行统计，结果如表 3.13 所示。可以发现，除去扩展源面积（表 3.14），生产、生活、生态空间很适宜区面积均超过了总面积的 30%，分别为 1199.41、1394.76 和 1096.52 km^2。说明镇雄县“三生”空间的基础条件较好，未来规划和结构优化有较大潜力和发展空间。生产、生活、生态空间不适宜区和很不适宜区总面积分别为 332.46、367.58 和 511.01 km^2，分别占总面积的 10.42%、10.13% 和 15.15%。

表 3.13 “三生”空间适宜性评价分级面积统计（除去扩展源）

适宜性评价分级	生产空间		生活空间		生态空间	
	面积 /km²	占比 / %	面积 /km²	占比 / %	面积 /km²	占比 / %
很适宜区	1199.41	37.59	1394.76	38.44	1096.52	32.52
适宜区	1047.13	32.82	1303.63	35.93	1093.35	32.42
较不适宜区	611.94	19.18	562.43	15.50	671.13	19.91
不适宜区	271.86	8.52	259.86	7.16	338.01	10.02
很不适宜区	60.60	1.89	107.72	2.97	173.00	5.13

表 3.14 “三生”空间适宜性评价扩展源面积 单位：km²

	生产空间	生活空间	生态空间
面积	499.16	61.70	318.08

3.2 基于“三生”空间适宜性评价的国土空间优化实例

从“三生”空间适宜性与冲突的视角看，实现生产、生活和生态空间数量和结构的合理配置，需要将各空间配置在其适宜性高的区域，实现各自空间发展阻力的最小化。然而，三类空间的高适宜性区域存在两者或三者之间重叠，即“三生”空间冲突区域。本节按照“生产空间集约高效、生活空间宜居适度、生态空间山清水秀”的美丽中国建设要求，遵循生态优先发展、实现“三生”空间冲突最小化的原则，对“三生”空间数量与格局进行优化，促进镇雄县“三生”空间协调发展。本节以“三生”空间适宜性评价结果为基础，构建 MCE-CA-Markov 模型分析“三生”空间格局演变规则，并模拟“三生”空间未来发展态势。对 2035 年镇雄县“三生”空间进行模拟，通过改变约束条件，对比“三生”空间进行优化，提出镇雄县“三生”空间优化的政策建议，形成我国县域“三生”空间优化模式的应用案例。

3.2.1 MCE-CA-Markov 模型

CA-Markov 模型综合了元胞自动机（CA）模型通过邻域关系分析模拟复杂系统空间变化的优势和 Markov 模型在数量和时间序列的预测优势，可对未来土地利用数量结构和空间格局准确预测。此外，可借助多标准评价（Multi-criteria Evaluation，MCE）、人工神经网络（Artificial Neural Network，ANN）、Logistic 回归模型等决策方法细化土地利用类型间的转移规则，综合考虑自然和人文因素的影响，进一步提高模拟精度。经过前人不断的实践应用，CA-Markov 模型在土地利用变化模拟方面的研究已逐渐成熟，应用

广泛，适用于土地利用斑块变化的模拟分析。因此，本节将 CA-Markov 模型应用于“三生”空间变化模拟，不仅能对“三生”空间的各个空间类型转移总量以及转移概率矩阵进行预测，还能通过邻域之间的分析对“三生”空间类型的空间分布情况进行模拟预测。

基于 2010、2015、2018 年镇雄县的三期“三生”空间数据，借助 TerrSet 软件构建 CA-Markov 模型。TerrSet 软件具有完善的 GIS 分析功能，便于进行“三生”空间栅格分析。首先采用 TerrSet 软件中的 Markov 模块运算出 2010—2015 年“三生”空间类型转移矩阵，同时生成相应的转移概率图像集。然后制定 CA 模型模拟所需的规则。为了细化“三生”空间类型间的转换规则，利用 MCE 方法，综合考虑影响“三生”空间变化的多种驱动因子。MCE 是制定规则的常用方法，在获取规则和参数时需要人为进行所选取因子的权重确定和空间叠加，通常存在一些不确定的困难。但镇雄县由于城市化水平不高，经济发展较为落后，目前“三生”空间的变化主要与自然因素有关，驱动因子较少，规则制定相对容易，采用 ANN 模型、Logistic 回归分析等方法来获取 CA 的转换规则反而与现实“三生”空间变化情况难以匹配，因此，采用 MCE 方法制定“三生”空间适宜性图集，作为 CA 转换规则。最终借助 TerrSet 软件构建 MCE-CA-Markov 模型。将以上两个图集作为转化规则对 2018 年的镇雄县“三生”空间格局进行模拟，并与现状数据进行对比，检验模型模拟精度，确定 MCE-CA-Markov 模型的适用性。最后，调整“三生”空间适宜性图集，实现镇雄县 2035 年的“三生”空间分布格局模拟与优化。在此基础上，将优化结果与当前镇雄县发展相结合提出可行性建议，为未来镇雄县“三生”空间优化提供科学参考。

（1）元胞自动机

元胞自动机是一个空间、时间、状态都离散化的时空动力学模型。每个变量都只有有限个状态，而且状态改变的规则在时间和空间上均表现为局部特征（周成虎 等，2001）。CA 模型由元胞、元胞空间、邻域和转换规则四部分组成。元胞是最基本的构成单元，状态为有限个，可以采用二进制方式，也可以采用整数形式的离散集来遵循一定的转换规则。元胞空间是由元胞单元规则排列的空间。在当前技术水平下，一维、二维元胞空间使用较多。元胞邻域表示以某个元胞为中心的局部元胞空间。目前使用较多的二维空间邻域有 von Neumann 型、Moore 型以及扩展的 Moore 型（图 3.7）。黑色元胞是中心元胞，灰色元胞为其邻域。转换规则是元胞转换方式，将元胞按照某种特定的网格转化为另一种状态，是 CA 最关键的部分。

一个元胞在 t+1 时刻的状态依赖于自身及相邻元胞在 t 时刻的状态。CA 模型没有统一的物理方程或函数，由一系列模型构造的规则确定，基本公式为（韩玲玲 等，2003）

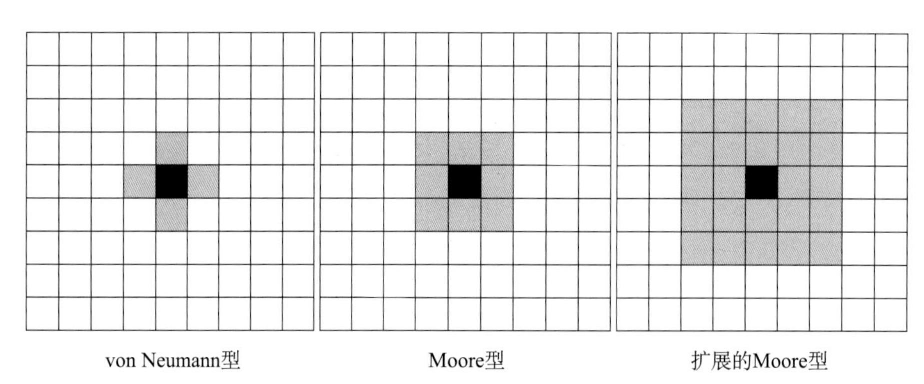

图 3.7　常见元胞自动机二维邻域类型

$$S_{(t+1)} = f(S_{(t)},\ N) \tag{3.10}$$

式中，S 为元胞的状态集合；N 为元胞的邻域；t、t+1 表示两个不同的时刻；f 代表局部空间元胞状态的转化规则。

（2）Markov 模型

若随机过程在有限的时序中，任意时刻的状态只与其前一时刻的状态有关，则该过程具有无后效性，被称为 Markov 过程。Markov 模型是基于 Markov 过程理论而形成的预测事件发生概率的方法（徐建华，2002）。土地利用变化过程可以被视为 Markov 过程。将 Markov 模型应用于土地利用变化研究，土地利用类型对应 Markov 过程中的“可能状态”，而土地利用类型之间相互转换的面积数量或比例即为状态转移概率。确定状态转移概率矩阵是 Markov 模型研究的关键步骤。Markov 模型公式（朱会义 等，2003）为

$$S_{(t+1)} = \boldsymbol{P}S_{(t)} \tag{3.11}$$

式中：$S_{(t)}$ 和 $S_{(t+1)}$ 分别是 t 和 t+1 时刻的系统状态；$\boldsymbol{P}$ 为状态转移概率矩阵，P_{ij} 取值范围为 [0，1]，所有 P_{ij} 求和值等于 1，可由下式表示：

$$P_{ij} = \begin{bmatrix} P_{11} & P_{12} & \cdots & P_{1m} \\ P_{21} & P_{22} & \cdots & P_{2m} \\ \cdots & \cdots & \cdots & \cdots \\ P_{n1} & P_{n2} & \cdots & P_{nm} \end{bmatrix} \tag{3.12}$$

Markov 擅长对土地利用变化数量的预测，但没有空间变量。而 CA 模型具备较强的空间布局概念，能够通过邻域之间的分析模拟预测复杂空间系统的时空动态演变过程。CA-Markov 模型将二者有机地结合在一起，具有 Markov 模型的时间维度分析优势和 CA 模型的空间维度分析优势，成为非线性科学的一种重要的研究方法，被广泛运用于土地利用变化的模拟预测。土地利用演化的过程中有一系列因素对其产生影响。

土地利用演变系统的复杂性决定了模型中的土地利用转化规则具有复杂性。以 Markov 模型生成的各类土地利用转移概率图为基础，引入其他驱动因子，定量化反映其对中心元胞的影响程度，借助 MCE 方法确定最终的转移规则，可进一步提高模拟精度。

构建 MCE-CA-Markov 耦合模型对镇雄县“三生”空间格局进行模拟预测。模型的运行机制是以基期的“三生”空间现状图为初始状态，利用基期与之前“三生”空间转移概率矩阵，以及利用自然和人文驱动因子创建的适宜性图集，通过 CA 的滤波器对“三生”空间类型进行重新分配，并设置相应的时间间隔循环迭代，来预测未来的“三生”空间状况（苏姗，2019）。MCE-CA-Markov 模型的结构框架如图 3.8 所示，主要包括数据预处理、Markov 模型、MCE、模型验证和模拟与优化五个模块。数据预处理指对研究所需的原始数据进行标准化处理，生成可输入软件的数据格式。Markov 模型指基于历年“三生”空间现状数据计算“三生”空间面积转移矩阵和“三生”空间状态概率矩阵，作为“三生”空间转换的微观规则。MCE 包括驱动因子的选择和参数确定，以获取“三生”空间转换的宏观规则。模型验证对历史真实年份的“三生”空间进行仿真模拟，检验 MCE-CA-Markov 模型的精度。模拟与优化利用历史真实年份的“三生”空间和已确定的转换规则，使用 CA-Markov 模型模拟与优化未来“三生”空间格局。

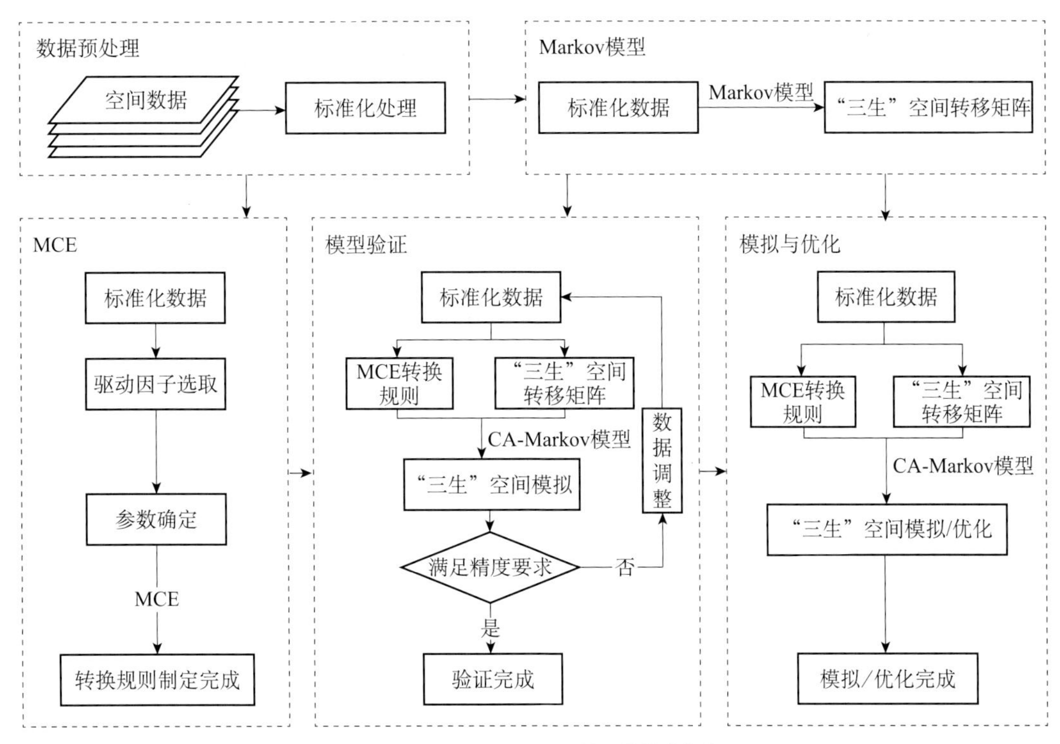

图 3.8 MCE-CA-Markov 模型的结构框架图

3.2.2 MCE-CA-Markov 模型模拟步骤

构建 MCE-CA-Markov 模型，对镇雄县“三生”空间进行优化的具体步骤如下。

（1）CA 模型与“三生”空间系统对应

在“三生”空间栅格数据中，每一个像元就是一个元胞，元胞的“三生”空间类型为元胞的状态。研究区的栅格空间为元胞空间。元胞大小选择“三生”空间栅格数据分辨率为 30 m × 30 m。栅格形状为正方形，对应元胞空间类型中的正方形。在“三生”空间模拟中，选择扩展的 Moore 型邻域，构造 5 × 5 的 CA 滤波器，即周边有 24 个栅格（元胞）对该栅格（中心元胞）的属性产生影响。转换规则分为微观和宏观两个方面。微观规则是使用 Markov 模型获取的“三生”空间类型转移概率矩阵，宏观规则是使用 MCE 系统根据影响“三生”空间变化因子生成的适宜性图集。

（2）“三生”空间类型转移概率矩阵确定

“三生”空间类型转移概率矩阵可以反映出一段时期内各“三生”空间类型之间的互相转移情况，为后续的模拟预测打下基础。本节使用 2000、2010 和 2018 年“三生”空间数据，使用 Markov 模型分别计算 2000—2010 年和 2010—2018 年的转移概率矩阵。

（3）“三生”空间转化适宜性图集获取

每类“三生”空间的发展适宜性和邻域效应同样影响“三生”空间转换的概率。结合前文“三生”空间冲突识别结果，在此主要选取自然属性变量、距离变量、政策变量和邻域状态变量四类空间变量，包括现状“三生”空间类型、与主要水库的距离、自然与历史文化保护区、“三生”空间冲突、邻近农业生产空间的栅格数量、邻近工业生产空间的栅格数量、邻近城镇生活空间的栅格数量、邻近农村生活空间的栅格数量、邻近林地生态空间的栅格数量、邻近草地生态空间的栅格数量和邻近水域生态空间的栅格数量 11 个驱动因子作为 MCE 模型的输入信息，用以建立适宜性图集。具体的驱动因子及其处理方法如表 3.15 所示。

表 3.15　MCE 模型选取的空间变量

变量	具体影响因子	处理方法
自然属性	现状“三生”空间类型	
距离	与主要水库的距离	ArcGIS 中的距离分析功能
政策	自然与历史文化保护区	
	“三生”空间冲突	
领域状态	邻近农业生产空间的栅格数量	
	邻近工业生产空间的栅格数量	

续表

变量	具体影响因子	处理方法
领域状态	邻近城镇生活空间的栅格数量	ArcGIS 中邻域分析功能计算提取（7×7 窗口）
	邻近农村生活空间的栅格数量	
	邻近林地生态空间的栅格数量	
	邻近草地生态空间的栅格数量	
	邻近水域生态空间的栅格数量	

MCE 模块包括约束条件和影响因素。约束条件是对指定区域进行约束限制，采用布尔逻辑，只有允许和禁止两种决策。影响因素是定义元胞适宜程度和邻域效应的条件，通常具有连续性。由于 MCE-CA-Markov 模型基于 CA 模型进行构建，因此，对修正过后的转换概率图使用 Fuzzy 工具进行拉伸，拉伸值为 0～255。最后将拉伸后的 7 类“三生”空间的转换概率图通过 TerrSet 软件的 CollectionEditor 工具合成适宜性图集。

（4）起始时间和 CA 循环次数设置

首先以 2010 年为起始年，CA 循环次数设为 3，结合 2010—2015 年“三生”空间适宜性图集和转移概率矩阵，实现对镇雄县 2018 年“三生”空间格局模拟。利用 Kappa 系数与 2018 年“三生”空间实际数据进行交叉对比检验。满足模拟精度要求后，以 2018 年为起始年，CA 循环次数取 17，结合 2015—2018 年“三生”空间适宜性图集与“三生”空间转移矩阵，模拟 2035 年“三生”空间格局。

3.2.3 MCE-CA-Markov 耦合模型精度验证

使用 2010 年和 2015 年“三生”空间数据，利用 Markov 模型得到 2010—2015 年“三生”空间转移矩阵。在使用 MCE 模型制定 CA 的转换规则时，使用表 3.1 变量中的自然属性、距离属性变量，政策属性中的自然与历史文化保护区变量，以及邻域状态变量，分别构建 7 种类型“三生”空间的适宜性图像。其中，水域生态空间变量和自然与历史文化保护区变量为约束条件，采用布尔逻辑，要求水域生态空间不能转变为其他“三生”空间类型，自然与历史文化保护区所在区域不能转变为生产和生活空间。最终合成“三生”空间适宜性图像集。最后以 2015 年“三生”空间数据为初始数据，2010—2015 年“三生”空间转移矩阵和“三生”空间适宜性图像集为转换规则，使用 CA-Markov 模型模拟 2018 年镇雄县“三生”空间分布情况，模拟结果如图 3.9 所示。

完成镇雄县 2018 年“三生”空间格局模拟后，需要对 MCE-CA-Markov 模型的模拟精度进行验证，方法为将 2018 年的模拟结果与 2018 年的现状数据进行对比验证。精度检验分为数量和空间两个方面，数量上将各类型“三生”空间模拟面积与实际面

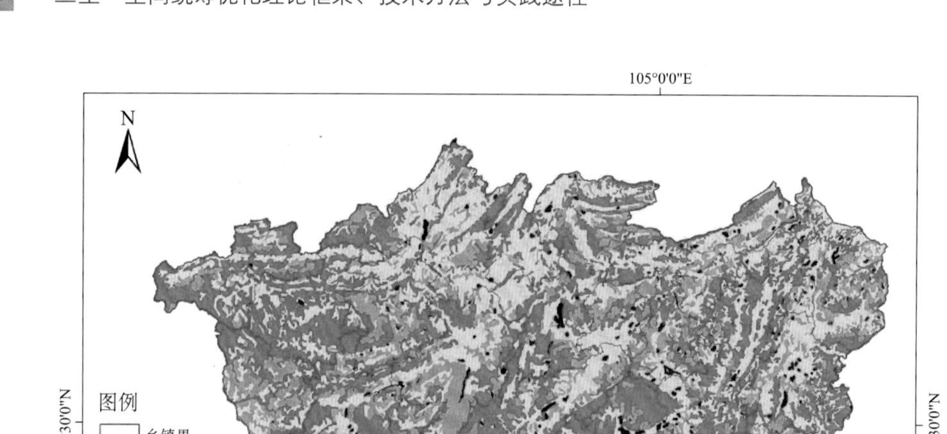

图 3.9　2018 年镇雄县“三生”空间模拟结果图

积进行对比分析，空间方面采用 Kappa 系数检验（刘淼，2009），计算方法如下：

$$\text{Kappa} = \frac{P_0 - P_c}{1 - P_c} \tag{3.13}$$

$$P_0 = \frac{n_1}{n} \tag{3.14}$$

$$P_c = \frac{1}{N} \tag{3.15}$$

式中，P_0 为在各个条件下正确的模拟比例，P_c 为在各个条件下期望的模拟比例，n_1 为正确模拟的栅格数量，n 为现状栅格总数量，N 为“三生”空间分类的数量。一般认为，当 Kappa≥0.75 时，模拟结果与实际情况匹配程度良好，模拟精度高；当 0.4≤Kappa＜0.75 时，模拟结果与实际情况匹配度一般；当 Kappa＜0.4 时，模拟结果与实际情况相差较大，模拟精度较差。为了对模拟结果进行数量和位置错误的定量分析，使用 Pontius 等（2000）提出的 Kappa 系数系列，包括标准 Kappa 系数、随机 Kappa 系数、位置 Kappa 系数和数量 Kappa 系数。本节进行 Kappa 系数验证时，认为只有当 Kappa 系数值大于或等于 0.75 时，才能使用 MCE-CA-Markov 模型进行模拟预测。

对 2018 年“三生”空间实际数据和 2018 年“三生”空间模拟结果进行对比分析。从数量上看，各类“三生”空间面积验证结果如表 3.16 所示。可以发现，2018 年“三生”空间模拟结果中，除水域生态空间，其余类型的“三生”空间模拟正确率均超过

80%，正确率较高，尤其是农业生产空间和林地生态空间的模拟正确率超过 90%。水域生态空间模拟正确率较低，其原因，一是水域生态空间面积在总面积中占比太低，只占总面积的 0.1%；二是 2018 年“三生”空间现状数据可能存在精度不够高的问题，导致水域生态空间面积与实际面积本身有一定差距。总的来说，从数量上看，模型具有较高的模拟精度。

表 3.16　2018 年“三生”空间模拟结果与实际结果面积验证表　　单位：km^2

	农业生产空间	工业生产空间	城镇生活空间	农村生活空间	林地生态空间	草地生态空间	水域生态空间
2018 年实际面积	1319.72	7.38	5.50	56.20	1741.52	555.68	4.65
2018 年模拟面积	1286.42	9.06	4.82	66.93	1624.67	695.26	3.50
正确率	97%	81%	88%	84%	93%	80%	75%

从空间上看，2018 年研究区实际“三生”空间栅格总数为 4100724 个，“三生”空间模拟结果模拟正确的栅格总数为 3722372 个，空间模拟正确率为 90.77%。

Kappa 系数验证方面，通过计算，2018 年模拟结果的标准 Kappa 系数值、数量 Kappa 系数值、位置 Kappa 系数值和随机 Kappa 系数值分别为 0.9109、0.9266、0.9520、0.9520，均远大于 0.75。因此，本节构建的 MCE-CA-Markov 模型模拟精度较高，与现实情况匹配程度良好，可以用于 2035 年镇雄县“三生”空间格局模拟。

3.2.4　2035 年镇雄县“三生”空间格局优化与结果分析

党的十九大报告首次描绘了未来 30 年我国生态文明建设的路线图，即围绕生态文明体制改革与制度创新，实现如下三个阶段性目标：2020 年之前，打好污染防治的攻坚战；2020—2035 年，生态环境根本好转、美丽中国目标基本实现；2035—2049 年，生态文明全面提升。因此，本节选择模拟 2035 年“三生”空间，探究优化路径。使用 MCE-CA-Markov 模型进行 2035 年镇雄县“三生”空间格局模拟时，在 2018 年“三生”空间模拟流程的基础上进行以下几点调整：

（1）使用 Markov 模型计算“三生”空间转移矩阵时，始末数据改为使用 2015 年、2018 年的“三生”空间数据；

（2）使用 MCE 工具制定宏观转换规则时，变量数据改为 2018 年的数据；

（3）使用 CA-Markov 模型模拟 2035 年“三生”空间格局时，初始数据改为 2018 年“三生”空间数据，Markov 转移矩阵数据改为 2015—2018 年“三生”空间转移矩阵，适宜性图集改为使用 2018 年的数据结果。

上述操作完成后，即得到自然发展的 2035 年“三生”空间模拟结果（图 3.10）。

为优化 2035 年镇雄县“三生”空间格局，设置生态优先发展的绿色发展情景，通过在 MCE 模型中改变约束条件进行模型参数调整，最终得到优化后的 2035 年镇雄县“三生”空间模拟结果，如图 3.11 所示。

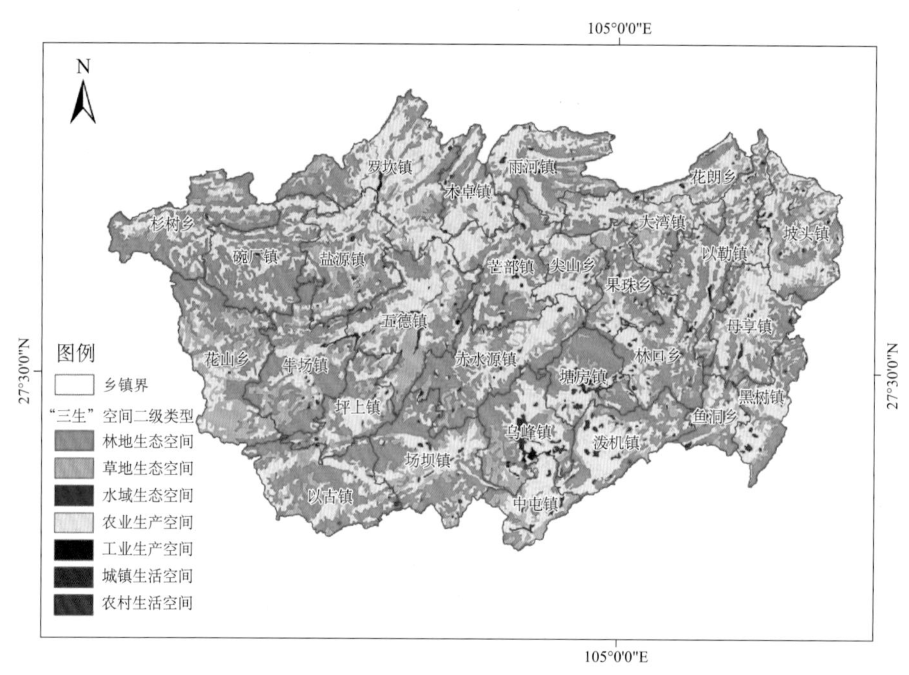

图 3.10 自然发展的 2035 年镇雄县“三生”空间格局模拟结果图

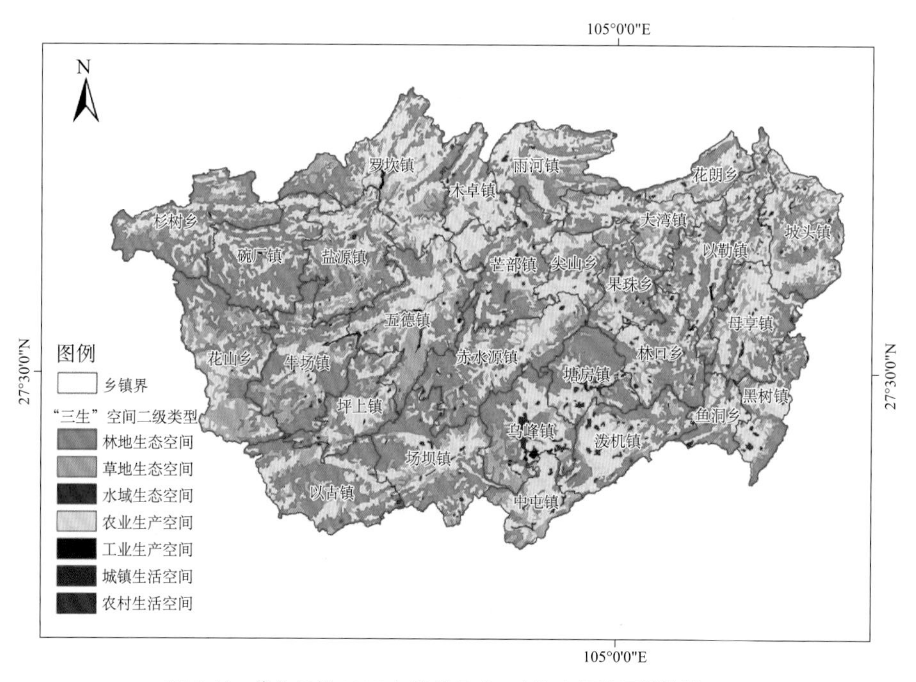

图 3.11 优化后的 2035 年镇雄县“三生”空间格局模拟结果图

从数量上看，统计模拟和优化结果各类“三生”空间面积，并与 2018 年进行对比（表 3.17），可以发现，2035 年镇雄县“三生”空间仍以生态空间为主，自然发展和优化后的生态空间面积分别为 2271.36 和 2272.43 km^2，分别占镇雄县总面积的 61.55% 和 61.57%。与 2018 年相比，2035 年模拟和优化后的林地生态空间面积均减少，农业生产空间面积均提高。生活空间面积依旧稀少，自然发展和优化后的面积分别为 66.74 和 62.98 km^2，分别占镇雄县总面积的 1.81% 和 1.71%。但与 2018 年相比，生活空间面积增加，自然发展和优化后分别增加了 8.17% 和 2.07%。二级类型方面，自然发展和优化后，林地生态空间面积均最大，分别为 1670.27 和 1670.91 km^2。工业生产空间面积均最小，分别为 6.41 和 5.91 km^2。与 2018 年相比，生态空间中，林地生态空间面积减少，而草地生态空间和水域生态空间面积均有所增加。生产空间中，农业生产空间面积增加，而工业生产空间减少较明显，自然发展和优化后较 2018 年分别减少了 13.14% 和 19.91%。生活空间中，城镇生活空间面积增加较明显，自然发展和优化后较 2018 年分别增加 34.36% 和 32.55%。“三生”空间结构方面，由于 2035 年工业生产空间的减少和城镇生活空间的明显增加，“三生”空间结构由 2018 年水域生态空间在总面积中占比最低变为 2035 年工业生产空间占比最低。

表 3.17　2018 年“三生”空间数据及 2035 年模拟与优化结果面积统计

空间类型	2018 年		2035 年模拟		2035 年优化	
	面积/km^2	比例/%	面积/km^2	比例/%	面积/km^2	比例/%
农业生产空间	1319.72	35.76	1346.14	36.47	1349.33	36.56
工业生产空间	7.38	0.21	6.41	0.17	5.91	0.16
城镇生活空间	5.50	0.15	7.39	0.20	7.29	0.20
农村生活空间	56.20	1.52	59.35	1.61	55.69	1.51
林地生态空间	1741.52	47.19	1670.27	45.26	1670.91	45.27
草地生态空间	555.68	15.06	593.74	16.09	594.15	16.10
水域生态空间	4.65	0.13	7.35	0.20	7.37	0.20

第4章 “三生”空间冲突诊断与耦合协调

4.1 “三生”空间冲突诊断

4.1.1 “三生”空间冲突溯源

“三生”空间冲突是指伴随城镇化空间格局的演变过程中的生产用地、生活用地、生态用地空间（功能）转换而产生的人与自然的矛盾现象，其在空间上主要表现为建设用地空间与生态用地空间比例失调，土地景观复杂化、破碎化。具体表现为在土地资源开发利用过程中，不同利益相关者对土地空间资源的竞争与博弈随着城市化进程的加快越发激烈，建设用地空间开发、生态用地和农村生产土地保护、耕地复垦利用和国土整治项目开展等人类社会活动，对地方土地利用空间布局造成巨大影响，地域内“生产－生活－生态”的结构比例逐渐失调，土地空间布局出现重大异常，进而危害地方的生态安全，并引发土地利用矛盾。土地利用冲突从矛盾种类和强度等级出发，可以分成冲突区和非冲突区两大类型。冲突区又可以分成高强度冲突、中等强度冲突和低强度冲突三种矛盾强度等级。冲突区的可控制度包括基本失控和严重失控两个层面，而在非冲突区的可控制度又分为基本可控和稳定可控两个层面。

“三生”空间冲突属于土地利用冲突的一种表述方式。“三生”的空间矛盾实质上是指土地利用矛盾，体现为在同一区域上因为人类社会的相互作用而形成的对空间资源的争夺和博弈的社会现象。

4.1.2 土地利用冲突研究现状

4.1.2.1 土地利用冲突定义

土地利用冲突描述了在恶化的自然环境下满足人类多样化需求时土地利用结构的不协调，是人与环境相互作用的敏感指标。中国人口的快速增长和城市化进程加快对不同土地利用类型的需求增加，给有限的土地资源带来了巨大压力，引发了对土地利用冲突的高度关注。在对土地利用冲突界定上，国内外学者有不同的关注重点。

国外研究者多偏向于从社会学视角界定冲突问题，对关系、权力、法律及企业和社会的冲突展开阐述，例如将土地利用冲突表述为农民为扭转不均衡的农村关系所展开的斗争；Wehrmann（2008）认为，土地冲突归因于不同土地利用相关的利益者所享受的权利不同，包括使用和管理土地的权利以及从土地获取收入、收益或者让渡的权利，是至少涉及两方面团体、组织等的社会事实；Karimi 等（2017）认为，土地利用冲突是在区域规划过程中分配土地用途以满足多个不相容的社区、团体需求和期望时产生的冲突现象 。部分学者（于伯华 等，2006）从具体的地方实践冲突产生原因角度，对冲突进行定义。冲突产生的主要原因有：有限资源的竞争性需求、发展带来的成本和收益分配不均衡；不同行为者和利益集团针对特定土地利用开发所追求的土地使用目标不同；土地利用和环境法规执行不力、保护支持力度小、公民参与决策过程的缺乏。正是由于这些原因的存在，致使不同地区各种土地利用冲突问题频频发生。

国内学者主要从人地关系理论入手对冲突概念进行界定，认为土地利用冲突的实质是人地关系的不和谐导致的矛盾状态（杨永芳 等，2012）。代表性的观点包括：于伯华等（2006）认为，各利益相关者对土地利用方式、数量等方面的未达成共识而导致的矛盾显现；周国华等（2012）认为，土地利用冲突源于资源的固有属性，即资源稀缺性和功能外溢性等特点而形成的一种客观现实问题；周德等（2015a）引入博弈论，指出各土地利用主体和利益相关者，在对土地资源要素配置数量、结构或者利用方式上的博弈过程中，由于竞争的关系而形成的矛盾与对立。

综上所述，国内外学者对土地利用冲突的概念并没有达成统一的定义，但通过对各种含义的解读可以归纳出有关土地利用冲突概念的一些关键词：①利益相关者。土地利用的主体或者利益相关者（人群、团体、组织等）是两个或者两个以上的，他们彼此的关系可以是直接的利益对立关系，也可以是间接的利益相关引起的对立。②土地利用功能的多样性。土地自然资源本身所固有的属性，包括有限性（资源稀缺性）、多重功能属性等，使得土地多样性的利用成为可能但又受限于数量的控制，这是土地冲突产生的基础，而不同土地利用主体或者利益相关者对于土地利用目标、不同功能价值的偏好在这种土地资源供给不足的背景下造成了冲突的产生。③社会环境作用。社会环境对矛盾的孕育、发展、爆发等都具有推波助澜作用，比如土地管理制度的不完善（土地产权制度、征地补偿制度等）、政府对土地利用规划的缺乏、立法不完善、保护力度不够等，以及历史遗留问题。这些因素会为冲突程度的升级提供机会，甚至会激化矛盾。

4.1.2.2　土地利用冲突产生的原因

专家学者在深入研究的基础上，根据我国的特殊国情，对城乡土地利用冲突的成因进行了丰富的研究。例如，李红波等（2006）从土地冲突的主体、客体、制度安排等角度分析了我国农村土地利用冲突的成因。罗静等（2007）认为，中国的农业地籍使用冲突是“市场失灵”和“政府失灵”的产物，主要体现在农业用地的宏观稀缺性与微观层面闲置农用地的无序土地流转工作，以及与农民土地交易需求之间的冲突。杨永芳等（2012）认为，经济发展和经济结构调整、农业种植结构调整、科技进步和政策等是造成农业地区土地利用冲突的主要原因。从社会空间的辩证统一的角度出发，马学广等（2010）认为，城市中农村土地的使用冲突是指土地利用进程中，用地所有者、社区、企业和居民的目标不相容的产物。在遥感与 GIS 方法的帮助下，陈群弟等（2003）建立了城市用地矛盾测度模式，提出城乡建设用地无序增长、城市结构失衡以及土壤环境污染是引发城市用地矛盾的主要原因。

综合考究，土地利用冲突产生的原因主要包括两个方面：

（1）土地利用冲突产生的自然因素，即冲突产生的内部因素。土地资源同时具有使用方式的多功能性与数量上的有限性两个特点，因此，各种土地利用方式只能是对有限的土地资源的竞争，所以土地资源的有限性是产生冲突的客观原因。

（2）土地利用冲突产生的社会经济因素，即冲突产生的外部因素。冲突的产生在于不同利益群体从各自的利益和兴趣出发，争夺有限的土地资源的使用权，导致冲突的产生。土地的多功能性决定了土地可用于不同目的，满足不同土地使用者的需求，而土地资源的有限性便产生了利益相关者之间对土地的竞争，使土地利用目标只能实现其中一个，或者实现各自的一部分，不可能完全实现。因此，土地资源的多功能性与土地供给的有限性是冲突产生的根本原因，而人口及其需求的增长是冲突发生与发展的主要驱动力。

4.1.2.3　土地利用冲突的类型

科学划分土地利用冲突类型是缓解和预防土地利用冲突的关键。国内外学者在这一研究方向已经取得了一定的成果。例如，De Janvry 等（2005）从土地使用所有权、耕地改革方法、土地产权定义等方面将土地利用冲突划分为 6 类 34 个子类。Barry 等

（2007）根据土地权利争夺引起的冲突和土地收入分配引起的冲突，将危地马拉的土地利用冲突分为 3 大类和 21 个子类。从不同的研究角度出发，土地利用分类的结果也不尽相同。通过对土地利用的深入研究，Wehrmann 等（2006）发现土地利用冲突的划分并不是固定的，土地利用冲突可以根据不同的视角划分为不同的种类 。

国内对土地利用冲突的分类主要表现在以下四个方面。首先，按照土地资源使用矛盾的内涵可分成土地使用社会矛盾、土地使用制度矛盾、土地使用空间矛盾、土地使用资源矛盾以及土地资源使用生态环境矛盾。其次，按照土地利用矛盾的表现形式，可以分成土地利用要素矛盾与功能冲突。第三，根据土地利用冲突在时间维度上的特征，可划分为当前土地利用冲突、未来土地利用冲突。最后，根据土地利用冲突的发生情况进行利用冲突分区，可分为城市土地利用矛盾、农村利用矛盾和城乡土地利用矛盾。

4.1.2.4　土地利用冲突测度

土地利用空间冲突程度的定量测度是优化冲突空间的重要前提。国内在这方面的研究相对较少。周国华等（2012）以长株潭城市群为主要研究对象，从土地生态安全的视角建立了空间矛盾评估体系，评价长株潭城市群区域土地利用空间矛盾，并进行影响因素分析。唐凯等（2013）则以经济学视角对长株潭城市群土地利用的空间矛盾做出了定性的解析。贺艳华等（2014）从地理学的角度，以长株潭城市群为例，定量计算空间冲突程度。王海鹰等（2015）用类似的方式，对广州市土地与利用空间冲突程度进行了度量，并模拟生态安全隐患情景剖析。周德等（2015b）运用景观生态学理论和方法分别测算了杭州湾城市群和长株潭城市群空间冲突指标。廖李红等（2017）从生产－生态空间视角计算分析了快速城镇化过程中平潭岛土地利用的空间冲突。

土地利用冲突涉及人地关系，是自然、经济社会等多种影响因素相互交织、盘根错节的复杂问题，对土地利用冲突的权衡与管理是土地利用过程中面临的重要任务，只有在对其定量识别的基础上，才能有的放矢地对冲突区域进行管理。土地利用冲突定量计算主要是通过对不同类型的研究区土地利用冲突各个方面的影响因素进行定量评价，以识别土地利用冲突的强度、类型、主导因素等。识别模型包括以下几类。①综合指数模型。杨永芳等（2012）从影响农区耕地的因素、土地利用结构与区域政策和社会响应三方面相应构建了压力－状态－响应模型（PSR），通过不同的加权函数测算土地利用结构冲突的综合指标；周德等（2015b）从中国土地利用体系的复杂性、脆弱性和动态性视角考虑，综合计算空间冲突指数。②竞争力评价模型。刘巧芹等（2014）从土地适宜性和驱动力两个方面以及自然、区位、人口、经济和政策五类因素综合建立建设农业和生态用地竞争力评价指标体系，通过对竞争力的计算，对三类用地的冲突强度进行分级。③土地适宜性评价模型。该模型通过评价特定用地类型的适宜程度，识别各种用地类型之间的冲突性质。在适宜性评价体系的构建上，王秋兵等（2012）从影响耕作和建设适宜性的自然因素、社会经济因素和区位因素等方面选择评价因子，通过多目标综合评价方法计算这两种用地的适宜性评价值，对案例区进行冲突识别。该模型具体流程包括对影响因素的选取与定义、标准化、加权线性组合等。Malczewski（2006）将这种与 GIS 相结合的多准则方法被称为多准则空间决策支持系统。

4.1.3 “三生”空间冲突测算

定量刻画“三生”空间冲突离不开冲突强度的测度，当前相关研究尚处于起步阶段，多采用定性或定量分析的方式（李希灿 等，2009）。其中，定性方法主要通过分析冲突引起事件频率、地物状态或地理过程，构建评价指标体系，进而间接权衡冲突强度。近期常见的定量测度方法有基于适宜性评价的框架、基于土地利用竞争力的评价框架、土地利用系统“复杂性－脆弱性－稳定性”的测度框架，以及“压力－状态－响应”（PSR）框架等及其扩展模型（PSIR、DSR、PASIK、IPSIK）。近年来，指标权重的相关研究倾向于采用主成分分析、灰色关联法、粗糙集理论等客观赋权方法，并用概率神经网络、物元分析法等评价计算，以最大限度降低研究的主观性。

本节主要介绍几种常见的“三生”空间测算方法。

4.1.3.1 LUCS（基于地理学的冲突指数）

“三生”空间格局和结构的变化会对区域内空间的生态系统以及土地的生态服务功能造成一定的改变和影响，从而影响该地区的生态安全。然而，空间冲突往往是在空间发展导致土地功能变化的前提下发生的。因此，人类的空间开发活动将导致“三生”空间的空间格局和结构发生变化，这将在一定程度上影响区域生态安全。因此，通过定量分析空间格局变化对空间生态风险的影响，可以更好地反映空间冲突程度。从“三生”空间格局变化引起的空间冲突来看，基于生态安全理论的冲突指数测度模型能更好地反映“三生”空间中各种空间类型相互转化的内在机理以及变化对区域环境的影响。

基于以上分析，参考以往相关研究（赵旭 等，2019），本节从生态风险的角度来对“三生”空间的冲突水平进行测度。从风险源（外部压力）、风险受体（脆弱性）与风险效应（稳定性）这三个方面，构建生产－生态空间冲突指标测度模型。其中，风险源既是指用地空间存在的外部生态风险压力，又或是空间的外部压力；风险受体通常是指生态风险的主体，时间或空间的脆弱性；而风险效应则是指各种生态风险因素对风险源造成的影响，也即空间面对外部压力时承受体表现的稳定性。空间所受的外部压力越大，空间脆弱性越高，空间稳定性越低，那么该区域的空间冲突水平就越高。

LUCS（Land Use Conflict Strength）测度重点考察区域资源环境特征，确定从外部压力（P）、脆弱性（V）及稳定性（S）3 个方面构建景观生态指数，对区域“三生”空间冲突强度进行评价。公式如下：

$$\text{LUCS} = P + V - S \tag{4.1}$$

外部压力（P），即生态景观指数中的面积加权平均斑块分形指数（AWMPFD），用来表征空间斑块对实测空间斑块的生态扰动程度，反映外部压力水平。空间斑块的面积加权平均斑块分形指数越大，斑块的空间形态越复杂，就更易于引起区域空间斑块的影响，即空间斑块所受到的外部压力就更大。计算如下：

$$\text{AWMPFD} = \sum_{i=1}^{m}\sum_{j=1}^{n}\left(\frac{2\ln\left(0.25p_{ij}\right)}{\ln a_{ij}} \times \left(\frac{a_{ij}}{A}\right)\right) \tag{4.2}$$

式中，p_{ij} 表示第 i 类土地使用类型中第 j 个斑块的周长，a_{ij} 表示第 i 类土地使用类型的第 j 个斑块面积，j 代表土地单元，A 表示区域总面积。

空间脆弱性反映了空间斑块在受到外部压力时，自身抵抗外部干扰的能力大小，空间脆弱性越弱，越容易受外部干扰的影响，那么空间斑块越容易发生功能和结构的改变。借鉴景观脆弱度指数来表征空间脆弱度指数，以此度量空间斑块抵抗外部干扰的能力，即空间脆弱度的大小。

景观脆弱度指数用来表示不同的景观类型在受到外界压力时，保持自身生态结构、生态功能和抵抗外界干扰的能力。不同的空间类型由于自身的生态系统所处的演替阶段不同会出现差异，同时人类活动对景观的干扰也会造成其脆弱度的差异。不同空间类型的动态变化可以在一定程度上反映不同空间类型抵抗外界干扰的能力。

脆弱性（V）借助脆弱性指数（SFI）来计量，对各种土地的使用类型脆弱性按森林 - 1、草原 - 2、农田 - 3、水体 - 4、未使用的土地 - 5、建设用地 - 6 赋值。公式如下：

$$\text{SFI} = \sum_{i=1}^{n} F_i \times \frac{a_i}{A} \tag{4.3}$$

式中，F_i 为 i 类空间类型的脆弱度指数，n 为空间类型总数，a_i 为单元内各类景观面积，A 为空间单元总面积。

根据不同土地类型的脆弱程度等级加以分类，三种土地利用形式的脆弱程度依次是生活用地 < 生产用地 < 生态用地。从三种土地利用类型的脆弱性等级来看，生态用

地的脆弱性等级最高，表明其在受到外部干扰影响时的抵抗能力较弱。但从生产性用地划分来看，生态用地主要包括戈壁、荒漠等未利用地。远离城镇和河流的生态用地不太可能转变为其他土地，内部不存在空间冲突。这一现象与城镇边缘附近的生态用地易于被转换为其他土地类型的结果不符，因此，在对空间脆弱性进行具体分析时考虑其区位特征对于科学合理评价空间冲突具有重要意义。

稳定性（S），采用风险指数（SRI）测算。点状空间的增加和带状空间的扩散会对面状用地空间进行分割，造成原本相对稳定的面状用地空间破碎化。空间单元形态越破碎，空间单元稳定性越低，所在区域的空间结构稳定性也就越低。因此，借鉴景观破碎度来表征空间稳定性指数，以此反映空间单元受到各种外部干扰行为的影响效应。空间破碎程度越高，空间的稳定性就越低，空间冲突水平就越高。

$$\mathrm{SRI}=\frac{\mathrm{PD}-\mathrm{PD}_{\min}}{\mathrm{PD}_{\max}-\mathrm{PD}_{\min}} \tag{4.4}$$

式中：PD 表示斑块密度，是区域单元斑块数量与区域单元面积的比值；$PD_{\min}$ 和 $\mathrm{PD}_{\max}$ 分别表示 PD 的最小值和最大值。

4.1.3.2　综合指数法

从地理的视角出发，“三生”空间冲突一般是指各种类型的地理空间在结构空间组成、结构比例，以及在相互转化过程中的不兼容。从地理学的角度构建三种空间冲突度量指标，从地理空间结构比例、空间组合和转化过程三个方面表征和度量空间冲突。其中，空间布局冲突指标用来表示和评价地理空间组合布局的不相容度；空间结构冲突指数从结构比例的视角表征并评价地理空间结构的不相容度；空间过程冲突指数用于表征和度量地理空间转化过程中的不一致性。“三生”空间冲突度量指标共包括五个子指标，具体计算方法和含义如表 4.1 所示。

表 4.1　空间冲突指标

指数类型		计算公式	含义
空间结构冲突指数	开发强度指数（DI）	$\mathrm{DI}=\frac{S_e/S}{I}$ S_e 为建设空间面积；S 为空间总面积；I 为最高开发强度警戒值	通过测算建设空间规模邻近或超出其上限约束的程度表征空间结构的失调程度
	农业保留指数（AR）	$\mathrm{AR}=\frac{S_e/5}{G}\times100\%$ S_e 为建设空间面积；S 为空间总面积；G 为最低农业控制标准	通过度量农业空间规模邻近或低于其下限约束的程度来表征空间结构的失调程度

续表

<table>
<tr><th>指数类型</th><th></th><th>计算公式</th><th>含义</th></tr>
<tr><td rowspan="2">空间布局冲突指数</td><td>破碎度指数（PD）</td><td>$$PD = \frac{\sum N_i}{\sum A_i}$$
PD 为空间破碎度指数；N 为空间内某类功能斑块数量；A_i 为空间内某类功能斑块面积</td><td>通过测度空间分割程度体现人类对空间的干扰程度</td></tr>
<tr><td>临界兼容指数（AC）</td><td>$$AC = \frac{L_{rm1} \times \alpha + L_{rm} \times \beta}{L_r + L_m} + \frac{L_{cm1} \times \alpha + L_{cm} \times \beta}{L_\alpha + L_m}$$
L_{rm1} 与 L_{rm} 分别为生活空间与一类、二类生产空间的邻接边长；L_{cm1} 与 L_{cm} 分别为农业空间与一类、二类工业空间的邻接边长；L_r 为生活空间的周长；L_m 为工业空间的周长；L_α 为农业空间斑块的周长；α、β 分别为一类、二类工业空间污染强度系数</td><td>测度空间布局由于空间相邻而产生的干扰大小</td></tr>
<tr><td>空间过程冲突指数</td><td>空间占用指数（EO）</td><td>$$EO = \frac{S_{ce}}{S_e} \times 100\%$$
S_{ce} 为生态功能的空间面积；S_e 为初生态空间面积</td><td>指生态空间向建设空间转化程度</td></tr>
</table>

4.1.3.3 基于“三生”空间适宜性的“三生”空间冲突测度

（1）空间冲突强度评定流程

通过生产空间适宜性评价结果、生活空间适宜性评价结果、生态空间适宜性评价结果与现状“三生”空间分布分别在 ArcGIS 中进行叠置分析，采用自然断点法将各类空间的冲突强度划分为强冲突区、较强冲突区、临界冲突区和弱冲突区。强冲突区是指评价单元为某类型空间低度适宜区域，而该类型空间的现状土地利用类型却大量分布，处在不能继续使用阶段；较强冲突区是指评价单元为某类别空间中等适宜区，现状土地使用类型与其相同，且该类型土地使用类型的总面积较小，随着周边环境日益变化，开始频繁发生人与地冲突现象；临界冲突区则是指评价单元为某类别空间中等适宜区，现状土地使用类型与其相似，且该种土地使用类型的总面积很大，土地利用冲突初现，可通过人为干预进行调节；弱冲突区是指评价单元为某类别空间高度适宜区，且该类别空间的现状土地利用图斑大量分布，基本处于可持续发展状态。同时，将强冲突区和较强冲突区认为是不可控冲突区域，临界冲突区和弱冲突区认为是可控冲突区域。空间冲突等级评定应按照定性结合定量的原则进行处理。

由图 4.1 可知，空间冲突等级评判主要分为三步：第一步，按空间适宜性等级分别提取生产、生活、生态空间适宜性得分结果，得到生产空间、生活空间、生态空间高度适宜区、中度适宜区和低度适宜区共 9 个图层，同时按空间类别属性提取，得到现状生产空间、现状生活空间和现状生态空间共 3 个图层。第二步，借助 ArcGIS 平台，将提取出的空间适宜性图层（前9个），分别与现状空间分布图层（后3个）叠加求交。第三步，若识别到图层属性为中度适宜区，则构建空间冲突指数来判定空间冲突强度等级；若识别到图层属性为高度适宜区，则判定与该类别现状空间存在交集的区域为该类别空间的弱冲突区；若识别到图层属性为低度适宜区，则判定与该类别现状空间存在交集的区域为该类别空间的强冲突区。

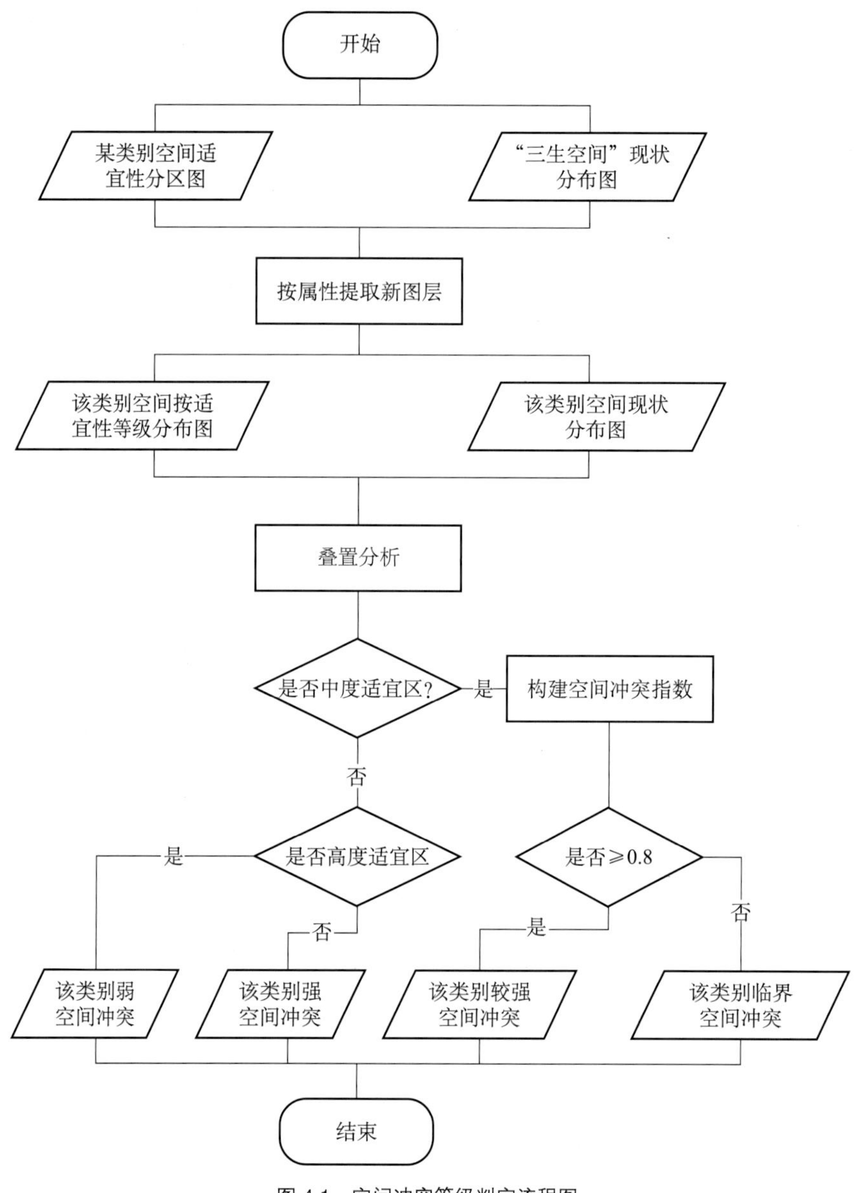

图 4.1　空间冲突等级判定流程图

（2）空间冲突指数构建

进行空间冲突等级判定时，若进行叠加分析的适宜性分区图的图层属性为中度适宜区，则需要构建空间冲突指数进行二次判别。以评价单元各类别空间中度适宜区的面积占该类别现状空间总面积的比重，即空间冲突指数 C，来测度该评价单元内的空间冲突强度。C 的计算方法为

$$C = \sum b_i / B \tag{4.5}$$

式中：i 表示空间类别，取值为 1、2、3；b_i 表示评价单元内分布在第 n 类别空间中的中度适宜区面积；B 为评价单元内该类别现状空间的总面积。由于本身中度适宜区的具体分值因为所选定的自然断点法的局限性而偏高，即本身的适宜程度是偏高的，综合现有研究可认为：若 $C \geqslant 0.8$，则划分为临界冲突区；若 $C < 0.8$，则划分为较强冲突区。在具体研究中这一阈值应该根据区域具体情况设定。

4.1.4 “三生”空间冲突变化分布模型

单一的冲突类型动态变化只考虑转移部分面积，在冲突类型监测时需要将新增部分纳入考虑。在具体研究中可以借助土地的空间变化建立空间分析模型，在空间上变得更加明确和直观，可以清晰地观察到土地冲突在空间上的演变趋势和程度。公式如下：

$$\mathrm{IRL}_i = \frac{\mathrm{LA}_{(i,\ t_2)} - \mathrm{LA}_{(i,\ t_1)}}{\mathrm{LA}_{(i,\ t_1)}} / (t_2 - t_1) \times 100\% \tag{4.6}$$

$$\mathrm{TRL}_i = \frac{\dfrac{\mathrm{LA}_{(i,\ t_1)} - \mathrm{ULA}_i}{\mathrm{LA}_{(i,\ t_1)}}}{(t_2 - t_1)} \times 100\% \tag{4.7}$$

$$\mathrm{CCL}_i = \mathrm{IRL}_i + \mathrm{TRL}_i \tag{4.8}$$

式中，IRL_i、TRL_i、CCL_i 依次为“三生”空间冲突第 i 种类空间的面积增加速度、转移速率与变化速度，$\mathrm{LA}_{(i,\ t_2)}$、$\mathrm{LA}_{(i,\ t_1)}$ 依次为“三生”空间冲突第 i 种类空间在研究期始末的面积，ULA_i 为“三生”空间冲突第 i 种类空间未变化的面积，t_1、t_2 分别为研究始末的时间。

土地利用冲突空间变化率指数公式如下，用来反映各种空间冲突类型在空间上的演变程度与规模：

$$F_i = \frac{(\mathrm{LA}_{(i,\ t_2)} - \mathrm{ULA}_i) + (\mathrm{LA}_{(i,\ t_1)} - \mathrm{ULA}_i)}{A} / (t_2 - t_1) \times 100\% \tag{4.9}$$

式中，F_i 为第 i 种空间冲突类型的空间变化率指数，A 为研究区总面积。

4.1.5 “三生”空间冲突变化分布特征分析

（1）核密度分析

在空间分析中，核密度用于计算各元素在其周围空间中的密度分布。核密度函数属于非参数检验方法之一，完全利用数据本身信息，能够对样本数据进行最大程度的近似，通过计算所有要素的密度，并将每个采样点的值插值到整个研究区域，最终得到各要素在其周围空间中的密度分布。本节借助核密度函数，在 ArcGIS 软件中对研究区“三生”空间冲突变化图斑进行核密度分析，得出“三生”空间冲突在空间分布上的变化特点和差异，厘清重点变化空间（任仙玲 等，2010）。计算公式如下：

$$\hat{f}(x)=\frac{1}{nh^d}\sum_{i=1}^{n}K\left(\frac{x-x_i}{h}\right) \tag{4.10}$$

式中，d 为数据维数，K 为核函数，h 为宽度，$x-x_i$ 标识估计点至样本点的间距，n 为样本数量。

（2）冲突变化标准差椭圆

标准差椭圆是地理空间统计的主要研究方式之一。该方法在研究中主要用于评价地理要素的集聚程度，甚至是离散程度和移动趋势，从而对地理要素空间格局的全局特性加以表达。使用标准差椭圆能够研究各种土地资源利用冲突形式的空间分异程度和迁移倾向，一般应该先分析时间序列研究区“三生”空间冲突类型的动态变化，再对其变化的单元进行标准差椭圆分析，反映冲突变化的总体轮廓和主导分布方向。标准差椭圆组成要素有椭圆中心、旋转角、沿主轴长度、沿副轴长度（赵璐 等，2014）。计算公式如下：

$$W_x=\sqrt{\frac{\sum_{i=1}^{n}\left(x_i-\bar{x}\right)^2}{n}} \tag{4.11}$$

$$W_y=\sqrt{\frac{\sum_{i=1}^{n}\left(y_i-\bar{y}\right)^2}{n}} \tag{4.12}$$

式中：W_x、W_y 是计算出来的椭圆方差（决定了椭圆的大小），也就能得到椭圆长轴和短轴的长短，并确定椭圆每一个要素的空间地理位置坐标 x_i 和 y_i；$\bar{x}$、$\bar{y}$ 是样本的算术平均中心。旋转角度计算如下：

$$\tan\theta = \frac{\left(\sum_{i=1}^{n}\tilde{x}_i^2 - \sum_{i=1}^{n}\tilde{y}_i^2\right) + \sqrt{\left(\sum_{i=1}^{n}\tilde{x}_i^2 - \sum_{i=1}^{n}\tilde{y}_i^2\right)^2 + 4\left(\sum_{i=1}^{n}\tilde{x}_i\tilde{y}_i\right)^2}}{2\sum_{i=1}^{n}\tilde{x}_i\tilde{y}_i} \tag{4.13}$$

式中，θ 是以正北方为 0 的角度，$\tilde{y}$ 是平均中心偏差。则可以确定 x、y 轴线的标准差，计算公式如下：

$$\sigma_x = \sqrt{2}\sqrt{\frac{\sum_{i=1}^{n}\left(\tilde{x}_i\cos\theta - \tilde{y}_i\sin\theta\right)^2}{n}} \tag{4.14}$$

$$\sigma_y = \sqrt{2}\sqrt{\frac{\sum_{i=1}^{n}\left(\tilde{x}_i\sin\theta - \tilde{y}_i\cos\theta\right)^2}{n}} \tag{4.15}$$

4.1.6 “三生”空间冲突影响因素分析

对促使“三生”空间冲突产生的各类因素进行分析，从而明确不同地域不同空间冲突产生的原因，对国土空间优化、人地关系协调发展具有重要意义。常见的影响因素分析方法包括小波相干模型、主成分分析法等。

（1）小波相干模型

空间中两个信号的局部相关性可以通过小波相干谱来测量。使用小波相干模型中的小波相干叠加系数与小波相干功率谱中的小波相干相位角，来分析“三生”空间冲突诊断阈值及与其相关影响因素间的相互作用。将所研究的区域土地利用冲突影响因子 X 与诊断值 Y 作为两个空间信号，土地利用冲突影响因子对土地利用冲突的影响方向由它们间的小波变换与相干叠加系数确定。土地利用冲突影响因素的方向则由小波相干功率谱中的小波相干相位角确定。因此，与土地利用冲突及其影响因素之间的小波变换或相干叠加系数超过 0.9 的影响因素，被看作是导致土地利用冲突的关键因素（吕冰，2021）。将土地利用冲突 Y 与相关因子 X 的小波相干谱定义为

$$R^2(s) = \frac{\left|\left\langle s^{-1}W^{XY}(s)\right\rangle\right|^2}{\left\langle s^{-1}\left|W^X(s)\right|^2\right\rangle\left\langle s^{-1}\left|W^Y(s)\right|^2\right\rangle} \tag{4.16}$$

式中：R 为与土地利用冲突 Y 的小波相干系数；X 为与土地利用冲突的影响因子；$W^X(s)$、$W^Y(s)$、$W^{XY}(s)$ 为小波相干谱密度；〈 〉为光滑算子；s 为尺度参数，在频域通过平滑谱计算，解决了在任何空间和频谱点上交叉小波功率谱值相同的错误结论。用小波相干相位角说明研究区各影响因素对土地利用冲突的影响。如果相位角在 [0，π] （π 为圆周率），则说明该影响因子对土地利用冲突具有促进作用，即加剧了土地利用冲突。如果相位角在 [-π，0]，则表示影响因素对土地利用冲突有控制效果，即减缓了土地利用矛盾。

（2）主成分分析法（PCA）

PCA 的原理是利用特征降维的思想，将多指标转化为少数几个综合指标，成为主成分。其中，每个主成分都能够反映原始变量的大部分信息，且所含信息互不重复，即以较少数的综合变量取代原有的多维变量，使数据结构简化，把原指标综合成较少的几个主成分，再以这几个主成分的贡献率为权数进行加权平均，构造出一个综合评价函数。作为一种多指标分析方法，这种方法在引进多方面变量的同时还可以将复杂因素归结为几个主成分，使问题简单化，同时得到的结果也是更加科学有效的数据信息。在实际问题研究中，为了全面系统地分析问题，必须考虑众多影响因素，在综合评价函数中，各主成分的权数反映了该主成分包含原始数据的信息量占全部信息量的比重，这样确定的权数是客观合理的。它克服了其他评价方法中人为确定权数的缺陷，这种比较规范的计算方法也便于在计算机上实现。

在对变量系统进行简化时，如果能将一个 p 维变量科学有效地降低至 2 维，就意味可以在一个平面图上描绘每一个样本点，非常直接地观察样本点间的相互关系以及样本点群的分布特点与结构，所以说主成分分析使高维度数据点的可见性成为可能。在数据信息的分析中，对直观图像的观察是一种重要的分析方法，它可以更好更直观地协助系统分析人员的思维与判断，直观简便地发现大规模复杂数据群中的普遍规律与特殊现象，大大提升数据信息的分析效率（傅湘 等，1999）。

主成分分析法的分析步骤包括：①评价指标的标准化；②计算相关系数矩阵；③计算特征值和特征向量；④计算主成分荷载；⑤计算主成分综合得分值。

4.1.6.1 “三生”空间冲突与景观格局分析

在“三生”空间冲突测度和影响因素分析的过程中，经常会发现景观指数的身影，实际上，景观格局是影响或者表征“三生”空间冲突的一个重要指标，因此，需要对景观格局及具体的景观指数进行详细的介绍。

在自然环境学中，自然景观的概念可总结为狭义和广泛两类。狭义的自然景观是指从几十至数百千米区域内，由各种形式的自然环境所构成的带有复杂形式的空间结构异质地理单元。广泛自然景观则包括有异质性的空间结构单位以及由微观和宏观的各种维度所存在的斑块。自然景观的广泛观点更重视空间结构异质，自然景观的一定空间尺寸依其内容、手段和目的而不同。它反映了生态系统多维度、多元构成的基本特征，有利于多领域、多方法的科学研究。肖笃宁等对自然景观理论进行了全面介绍：

自然景观是由各种土地单元所嵌入而成的带有强烈视觉特性的地理实体，是自然环境上、在大地域范畴之内的中间尺度，有经济、环境和艺术意义。该定义明确突出了自然景观所具备的异相性、地域特征、可识别性、可重复性以及功能一致性等，并特别强调了自然景观的规模和特点（肖笃宁 等，1997）。

景观布局是景观过程的必然产物，而景观布局也可能直接影响整个景观过程。怎样定性地研究城市景观格局是景观生态学的一项重大课题。3S 技术的快速发展可以获得各种尺度和精度的数据，计算机技术的发展和普及为海量数据的分析和模拟提供了工具。景观格局指数研究方法是随着定量研究的需要和研究方法的发展而产生的。邬建国（2000）把景观格局指数界定为“高度聚集的景观格局信息系统，表示其内部结构组合和空间分配这些重要方面的单一量化技术指标”。景观格局系统所承载的信息是复杂的，不能用单一的指标来表达。一般来说，一个指标只能概括整个景观系统的一个或几个方面的信息。景观格局指数一般可从斑块层级、形态 / 水平及其景观 / 镶嵌程度三个维度上加以分析。根据景观格局指数解释角度的不同，景观格局指数可分为面积 / 密度 / 边缘指数、形状指标、核心区域指标、隔离 / 接近指标、对比指标、传染 / 散布指标、连接性指标、多样性指标等（张林艳 等，2008）。景观格局指数虽然较多，但仍有不少景观指标可以通过高度浓缩景观布局信息，定量地表现景观空间结构组成以及空间配置等方面的特点，在全国景观生态和土地利用情况变化调查中具有较普遍的应用。因为多种景观指标间都具有很大的关联性，特别是同类别的指标往往不能提高指标体系的信息容量，所以景观格局分析中需要使用多种不同类型的指标。目前用于计算景观格局指数的软件和模型较多，比较流行和通用的有 FRAGSTATS、SPAN、HISA、RLE、ArcGIS 的扩展模块 Patch Analyst 等。

一般的景观空间分析方法可以定义为以地理学信息系统和遥感识别方法为基础的技术手段（高峻 等，2003），以景观生态学基本原则为指引，根据自然景观要素的空间定位、形态特点、景观布局和过程，主要分为景观要素空间形式分析、景观要素空间结构关系分析，以及景观要素空间配置分析三个部分。景观要素空间结构分析虽然起源于一般的空间结构分析方法，但也丰富了空间分析的内容（傅伯杰 等，2003）。

不论是景观要素的时间解析还是景观要素的空间解析，最后的目标都是在特定的景观尺度上透过对景观要素的时间解析、对景观结构与空间异质性的解析，提供一种合理的解释，为景观的发展过程构建“格局 – 规模 – 过程”间的映射关系。景观空间研究的基本内涵和现代土地使用研究的基本内涵有许多共同之处。“格局 – 规模 – 过程”也是现代土地使用研究的基本模式。

景观格局的定义是指在景观生态学的基础上，对景观的类型、数目、空间结构的分布与配置的重新定义，在空间程度呈现出景观异质性。土地利用与景观格局变化在一定程度上表现为连通性和相关性，土地利用与景观格局之间的相互影响、相互制约使得土地利用景观格局成为国内外学者广泛关注的热点研究话题（郭泺 等，2009）。在景观格局的研究初期，德国生物学家 Turner（1989）首次明确提出了景观生态学这个术语，其后，景观生态学迅速成为全球科研学者的研究热点。国外学者在景观格局的演变、驱动机制、城市扩张模式上探索得较早。Griffith（2004）在国家尺度上运用景观生态学和景观格局分析方法对土地覆盖变化趋势进行分析，景观格局的变化会引发生态变化。Du 等（2000）在区域范围内进行调查分析发现，在景观格局的强烈变化影响下，斑块混合会促进当地物种丰富度和多样性。Peng 等（2021）通过建立各种景观指标体系，对景观格局和水体环境的大尺度关系做出了分类。国外学术界对景观格局的研究大多停留在二维层次上，而对三维空间中景观布局演变和生态环境效应之间的关联研究还比较少。我国学者高彬嫔等（2021）借助空间分析方法，对区域景观生态风险时空演变特征进行分析，揭示了自然和社会经济影响因素对时空演变的影响，提出防范和化解对策，对促进区域可持续发展应对景观生态风险难题具有重要意义。赵方圆等（2021）在时间、空间以及景观格局动态变化三个方面分析了甘肃省党河流域的景观破碎与生态环境之间的关系，为保护恢复生态环境、合理开发利用土地资源提供有力决策。易阿岚等（2021）通过计算景观格局指数，使用灰色关联分析法对湿地景观格局的变化及其驱动机制进行探究。韩亚辉等（2021）运用景观指标分析法剖析了城市建设用地的景观空间与演变特征，并为优化土地利用结构和合理利用土地利用资源提供对策。卿巧玲等（2021）运用生态风险的动态变化空间分析模型，深入研究了万州市景观空间结构的变迁、区域内生态风险的空间演变，以及在各种地貌中的空间分布变化规律。任金铜等（2021）利用 GIS 和 RS 技术揭示了土地利用景观的生态安全变化对保护区域生物多样性、维持生态平衡、建立可持续土地利用模式具有重要的指导意义。

4.1.6.2 "三生"空间冲突与碳代谢

与"三生"空间冲突密切相关的另外一个重要因素是碳代谢过程。分析表明"三生"空间冲突越强烈的地区往往存在不平衡碳源活动和碳汇活动，"三生"空间协同发展过程与碳排放规律存在较强的相关性，因此，有必要详细介绍碳代谢相关原理及碳排放与"三生"空间冲突的具体关系。

"三生"空间中碳代谢体系和不同土地利用类型间的生态相互作用主要体现为限制关系、互利共生关系和竞争关系。碳代谢主要分为碳源和碳汇。碳源是碳循环的一个组成部分，指 CO_2 气体从地球表面释放到大气中或大气中的其他物质经过反应转化为 CO_2 气体。主要包括可再生碳源和不可再生碳源。前者主要来源于地表的生态体系及各种可再生能源使用过程。后者通常由焚烧化石能量形成。碳汇是指室内空气中的 CO_2 气体被捕获并转移的流程和机理。它通常用来描述森林中大量消耗的 CO_2 水平。碳源和碳汇是碳活动的基本表现形式之一。碳源地和碳汇地并不是完全对立存在的，如农村居民点地区为碳排放来源，而在其内部的草地地区却是碳汇聚体；农田里由于施用农药肥料会产生较大的 CO_2 排放量，又或者由于新播种的作物光合作用也会耗费室内空气里的 CO_2，农业就起到了碳汇的功能。可利用空间主要从总体特性上体现碳排放量和碳汇聚及其主要碳循环活动来适当地确定碳活动度计量时只考虑的排放量或聚集率（杨国清 等，2019；魏瑶，2016）。目前，国内外研究者在碳排放量及其影响因素的探讨进程中，从人口、人均 GDP、每单位 GDP 消耗和资源结构等四大方面展开，并采取数学方法解释在相关活动中起重要影响的因素，从而产生相应的碳排放影响方法，如为了明确各要素在总体碳排放量中起到的影响程度而制定的指标研究法，以及结构分析和指标分解分析等方法。

“碳”既是生物体主要能量的产生物质，又是人们所有社会经营活动的主要排放和代谢物质，是区域内水、土地、能源等资源的相互耦合利用的最主要表现形态。国内针对土地利用问题的探索是由地理学者率先开展的，如胡焕庸先生通过现场调研，把我国的农业生产空间分为各种类别。随着时代和发展模式的变迁，目前国内相关研究逐渐集中在如何低碳化利用土地上。宋山梅等（2018）通过分析贵州省多年土地利用构成下的碳排放情况，发现它主要来自建设用地，而碳汇聚中林地发挥的作用最大。李玉玲等（2018）在省域尺度下进行土地的 CO_2 排放量变化的探索中，选择 LDMI 分解法来确定其中的主要作用因子，在此基础上重点选择经济上升因素，解析它和土地碳排放之间的脱钩关系。王胜蓝等（2017）为了分析城市各单元土地相关的碳排放变化规律，利用量化测度及空间关联性的数学模型进行科学评价。裴杰等（2017）较早地将 RS 及 GIS 手段运用到土地利用以及与它对应的碳活动研究中，选用卫星影像作为基础数据，辅以其他如能耗数据，对城市多年碳活动演化情况做测度。

目前，很少有人深入研究碳元素在“三生”空间优化分析中与它子系统内部的协调关系，且很少有人关注碳活动流动过程的“三生”空间布局。因为它难以实现科学模拟和优化。碳活动是社会经营活动生产的物质基础，同时也是环境排放的主要产物，是地区水、土地、能源等资源相互耦合利用的主要表现形式。区域“三生”空间结构越复杂，碳活动空间异质性越大。而空间的协调演进不但会改善自然循环过程，还会通过改善人类活动的能量消耗影响整个区域系统的碳代谢效率。所以，碳代谢作为地方社会发展和国民经济生产水平的一个关键因素，对它的模拟和规划不但能够协调地方各种资源的利用率和整合区域“三生”空间的功能，同时还能指导资源结构的优化升级，并有助于解决地方“三生”空间结构矛盾。生态空间的碳代谢将是“三生”空间冲突与优化的关键起点。

4.2 “三生”空间耦合协调度评价

“三生”空间功能的耦合协调评价，是对国土空间规划即生产空间、生活空间和生态空间之间的互相利用状况、各种功能与作用等问题做出诊断，以评估某区域的发展规划执行成效，并改善区域空间规划的不足之处，以增进地区经济、社会、自然环境之间的和谐协调，保障地区的绿色健康发展。“三生”空间规划体系的协同效应也以互相竞争、互相协调、互相共存（偏利共存、互惠共存）为存在形式。近年来，出现了对城市群、省市“三生”空间功能耦合研究，学者们结合人地系统、土地利用分类构建指标体系，依据耦合模型对空间功能耦合及空间功能协调进行研究，探究空间格局演化，综合分析开发强度过大导致资源供给下降、空间均衡失调，区域发展不公平、人地关系恶化引发经济社会发展不协调等诸多问题。任梅（2017）通过人地系统空间均衡格局研究揭示人地系统可持续发展的时空规律，从生产、生活、生态空间功能的比例关系来揭示不同自然地理环境、不同发展水平和发展阶段的空间结构演变规律。单薇等（2019）从产品供给、居住负荷、交通设施、生态服务等方面构建行政单元和网格尺度的生产－生活－生态功能评价指标体系，定量分析时空生产－生活－生态功能的差异与耦合协调。于辰等（2015）重点剖析了农业“生产－生活－生态”空间重构的演进机理，对农田整治方法做出了全新的界定，给出了可以综合体现二者相互作用关系的指标，为进一步研究两者之间的耦合关系和空间重建评价奠定了基础。王涛等（2019）通过土地利用分析，建立了洱源县的生产－生活－生态空间结构评估指标体系，并通过研究数据分析地区的生产－生活－生态空间结构格局演化规律与功能协调，以期进一步充实对这种地区生产－生活－生态空间结构布局的研究内涵。李刚等（2019）构建了“生产－生活－生态”空间功能指标体系，分析中国不同地区不同年份的农村地区评价“生产－生活－生态”空间功能发展水平及其协调程度，为区域农村均衡发展提供理论依据。

4.2.1 耦合协调度理论

耦合协调度理论可以从耦合和协调两个维度进行说明。耦合是在物理学中经常使用的概念，表示系统内各要素或子系统之间相互影响、相互作用并实现联动发展的过程。耦合系统内的各个要素之间存在互联互动的关系，某一要素属性的改变会使与之

相关要素的属性也随之发生变化。耦合度表示各个系统或系统要素间相互依赖的强度，耦合度越大，反映出系统内部各要素的联动互促效果越好，系统实现了良性耦合；耦合度越小，则反映出系统内部各要素相互制约，系统的耦合水平差。耦合度的局限性在于只能反映系统内各要素间相互影响的强度，不能很好地解释各要素或功能相互作用、协调程度等现象，因而引入协调的概念予以补充。

协调是系统论中的概念，包括解释和解决协调与协调发展问题的观点、理论和方法，强调系统内部各要素的协调性和系统发展的整体性。德国物理教授赫尔曼哈肯博士所提倡的协同学理论是协调概念的理论基础。协调指的是系统内各要素相互作用、相互影响以确保系统内部各要素间协同演进的整体趋势。协调发展可以理解为整个系统不仅实现了内部各要素的良性互促，而且在内部要素正向促进下实现了系统的发展，表现为系统由混乱向有序演化的特点。

耦合协调是在科学发展的指导下，系统内部各要素之间由无序到有序，系统之间关系由简单到复杂、低级到高级状态演化的过程。耦合协调指两个或者以上系统相互促进、相互适应，解决矛盾冲突，促进系统共同发展，实现整体利益最大。本章中提及的相互耦合与协调程度是指，在“三生”空间这一错综复杂的体系内，生产空间、生活空间、生态空间互相规范发展的水平程度，以及三者间的共同发展、相互影响水平程度。“三生”空间的耦合协调是为了寻求对人与自然关系和经济社会发展整体利益的最优化，从而减少三者间的交叉冲突，并强化三者间的互动功能，形成良性的循环，以此实现在动态发展的过程中“三生”空间的健康可持续发展。作为一个复合系统，“三生”空间是经济的和社会的生产、生活空间与自然生态空间共同构成的一个结构多元、功能多元的有机整体，它们在这个整体上起作用，相互影响。因此，在计算“三生”空间的耦合与协调时，应该充分收集各构成要素的相关信息，分析生产空间、生活空间和生态空间的要素特征。同时，还应该对其功能进行系统的分析，并从整体思路出发来推进生产空间、生活空间和生态空间组成的“三生”空间系统结构朝着合理优化的方向发展，从而实现系统整体功能的最优状态。

4.2.2 耦合协调度研究综述

国外直接涉及“三生”空间耦合协调的研究较少，主要集中在经济与环境的研究。关于空间利用耦合协调度研究的概念最早起源于对经济与环境之间关系的研究。该方面的研究主要经历了三个阶段；第一阶段以经济发展为中心，并未考虑经济的发展对环境的影响；第二阶段认为经济发展与生态环境之间的矛盾是不可调和的，经济发展会破坏生态环境；第三阶段认为生态环境和经济可以协调有序地发展。这三个发展阶段的代表作品有：亚当·斯密的《国富论》提到，商品的价格会体现出生态环境的稀缺性，而经济发展停滞关键就在于相对稀缺商品的不合理分配（Smith，2010）；Medows（1977）在《增长的极限》一书中提到，经济的发展是造成生态环境破坏的根本原因，因此，经济的停滞是保护环境的首要任务；Hennicker 等（2010）在大量建模的基础上认为，经济与生态可以协调发展，不能以牺牲生态环境去推动经济的增长。在实证方面，库兹涅茨曲线是研究经济增长与环境之间关系的最经典、著名的方法。库兹涅茨曲线是 20 世纪 90 年代由 Grossman 和 Alan Krueger 在分析污染物排放和国民收入关系首先描绘的，后发现与 1955 年 Kuznets 所提出的库兹涅茨曲线假设很类似，因此，定义为环境库兹涅茨曲线，后来这一理论被大量应用在研究之中（Kuznets，1955）。除了库兹涅茨曲线，其他的方法也被应用，Young-Seok 和 Yang-Hoon 通过应用内生增长法探讨了能源的使用与经济增长之间的关系，Hafkamp 和 Nijkamp 则把经济与劳动力市场的子模型引入到环境政策，以达到生态经济的协调发展（Hafkamp et al.，1989）。

与国外相比，我国对不同空间利用协调度的研究起步较晚。20 世纪 80 年代初，国内学者开始关注这方面的研究。主要代表有马世骏教授、王如松院士。马世骏教授等（1984）首次提出了“社会 - 经济 - 自然复合生态系统”理论。在这一学说中，他认为，尽管社会、经济和自然是三种不同性质的体系，但各个系统之间存在相互关联的关系，各个系统的问题都不可单一对待，而应从“社会 - 经济 - 自然复合生态系统”中综合思考与处理。该复合生态系统的三项主要演进目标是自然体系的合理性、经济体系的经济效益和社会体系的社会效益。该理论指出，复合系统的目标是实现最高的综合效益、最低的风险和最高的生存机会（马世骏 等，1984）。王如松院士、欧阳志云院士对此做了进一步的研究和分析，认为社会、经济、自然三大体系是相互作用、相互依存的（王如松 等，2012）。自然系统为人类提供生存环境，经济系统是人类为自我发展而积极开展的活动，社会系统是人类观念与文化之间和谐有序的耦合关系，是实现人类社会与环境可持续发展的有效途径。

在这一理论的指导下，许多学者开展了一些实证研究，主要集中在以下方面。

（1）社会经济 - 生态耦合协调研究。例如，刘丽婷等（2014）基于系统工程方法研究分析了区域林业如何实现社会、经济和生态的协调发展。王爱辉等（2014）通过构建社会、经济和环境指标体系，运用变异系数法、改进熵法和耦合协调度模型，计算了天山北坡城市群的协调发展。研究表明，城市群综合协调水平较低，处于无序边缘。

（2）社会 - 经济耦合协调性研究，李双江等（2013）运用综合评估方法、协调发展度模式、环境剪刀系统与经济和谐发展度耦合模式，分别研究了石家庄市在 2002—2010 年中国经济与社会体系的发展过程和环境系统及经济耦合协调性变化状况、社会发展速度差距和经济耦合状态的演化趋势等。结果表明，“十一五”期间，石家庄市人居环境得到改善，与经济发展协调。

（3）经济－生态耦合协调研究。江红莉等（2010）首先系统分析了地区间经济社会体系和生态环境系统之间的相互耦合关系。在此基础上，以江苏省为例，通过建立动态耦合模型，研究分析了研究区经济与生态系统的协调发展。张荣天等（2015）测算了经济社会发展水平与生态系统的综合得分，并运用耦合协调模型系统分析研究了泛长三角区域在 1999—2013 年经济社会系统和生态系统的耦合和谐发展，发现耦合协调性呈上升趋势。

（4）经济－生态与其他因素耦合协调程度研究。周成等（2016）建立了经济－生态－旅游耦合的综合评价模式，计算了中国 31 个省（区、市）的耦合协调度，并采用空间自相关法分析了空间差异。王宏卫等（2015）系统分析研究了人口、经济、环境三个子系统间的相互耦合机理，并建立了人口－经济－环境耦合与协同发展的综合评估指标体系，利用 1995—2012 年中国渭干河库车河绿洲的调查数据进行了实证分析。部分研究者将基于地区实际状况进行了人口生态与耦合协调等的社会－经济－文化资源要素分析。如洪开荣等（2013）在中部区域建立了中东部区域资源、生态、经济、文化社会协同发展评价指标体系，运用系统协调模型，定量分析中部地区 1999—2010 年的耦合协调情况。社会经济发展和资源环境问题之间的矛盾冲突，是阻碍中部区域经济协同发展的重要制约因素。刘月兰等（2013）从人口、资源环境与社会经济发展的视角建立了耦合协调评估指标体系，对新疆三个子系统之间的耦合协调状况进行评价分析，发现新疆综合得分和耦合协调程度均不高。

国内目前大多数研究的内容范围相对集中，通过应用耦合协调度模型来评价城镇化等人类活动与生态环境、资源环境以及土地利用等方面的关系。黄金川等（2003）以对数曲线和环境库兹涅茨曲线的研究方式探讨了中国新型城市化建设过程与地球生态环境之间的耦合机理，绘制了城市化与生态相互作用的几何曲线。乔标等（2005）认为，城镇化过程就是城市化体系中的各基本要素和周围生态环境体系相互作用、相互促进的耦合和谐过程，并把二者的耦合和谐发展过程划分为低级和谐共生、协同发展、极限发展和螺旋式上升的四大阶段。陈晓红等（2014）使用 BP 神经网络模型来评估和预测城市化发展过程与生态环境系统变化之间的耦合协调趋势。廖佶慧等（2020）分析土地利用效益及其时空演化过程的耦合协调关系，认为经济是制约土地利用耦合协调发展关系的主要因素。张荣天等（2015）运用改进型熵值法对泛长三角地区经济与生态之间的耦合关系进行研究，并根据分类类型提出分类指导建议。周成等（2016）构建了经济－生态－旅游的耦合协调评价体系，评价并分析了经济－生态－旅游的省际耦合协调差异。洪开荣等（2013）构建了资源－环境－经济－社会四要素系统的协调发展评价体系，研究了1999—2010年中部六省的协调发展情况，认为经济与环境的矛盾极大制约了中部地区的协调发展。王宏卫等（2015）对西北干旱区绿洲人口－经济－环境耦合协调特征进行研究，结果表明，受制于自然环境因素，系统耦合协调度难以提高。程东亚等（2021）调研了乌蒙山人口、经济社会发展和自然环境的耦合协同状况，结果发现，该区东西部的耦合协同水平差距比较明显，部分区域耦合协同水平也较低。关于空间差异的研究，国外的起步较早，并形成了成熟的空间差异研究分析体系，国内关于空间差异的研究也多是在国外研究的基础上开展的。

4.2.3 “三生”空间耦合协调的核心内涵

“三生”空间功能相互之间的互动博弈过程实际是稀缺资源在“三生”空间功能之中数量变化与空间耦合再解耦的动态流程，也反映了中国社会经济转型不同阶段的发展特点，影响着国土空间格局的发展演进。耦合的水平，不但可以体现“三生”与空间功能之间的相互作用水平，也可以体现空间功能间在水平上是互补，还是彼此互相抑制。为此，在借鉴了相关成果的基础上，根据实际状况，本节提出了“三生”空间功能耦合度的“三生”空间测度模型耦合协调理论，这是国土空间优化的目标定位和最终状态。

（1）集约高效的生产空间是发展的基础

生产空间在国土空间发展中发挥着重要作用。只有促进生产空间集约高效，才能在不限制生活、生态空间的前提下促进国民经济发展。它是改善社会风貌、改善人居环境、保护生态环境的重要手段，是发展生产、生活、生态的重点。实现生产空间的集中可持续发展，缩小生产空间的空间规模，保持生产空间的高效增长，限制生态空间和生活空间的占用，为人们的日常生活、休息空间和绿色生态发展空间提供更好的物质基础。

（2）宜居适度的生活空间是发展的目标

居民的基本生活希望是住宅空间美观宜居。要实现人民生活空间的美观宜居发展，必须坚持以人为本。生产活动为居民提供了生活所需的各种物资，生态要素保证了区域向绿色生态方向发展，为居民创造了优美的生活环境。所以，生态空间与生产空间的共同价值表现在生活空间与对人的服务上。实现生活空间的美观与宜居，是以人为本的必然要求，是人、自然、社会三者融合协调的手段。

（3）生态空间是发展的前提

居民生产生活资料来源于生态要素。生态空间是生态要素的空间载体。要实现可持续绿色发展，为生活空间和生产空间提供长远的生产生活方式，就必须实现山水秀美的生态发展空间。它体现了人与自然和谐相处的要求，也实现了生产、生活观念的转变，这是可持续发展的前提。

生产空间的开发不应一味地着眼于经济效益，而应结合人们对美好生活的需要和对生态环境的保护，兼顾成本，兼顾生活、生态需求，实现生产空间的可持续、绿色、健康发展。生活空间的发展不能一味地着眼于社会效益，发展需要坚持以人为本，具有生产效益、经济效益和生态效益，最终实现全面发展。生态空间的开发不应只注重经济效益，而忽视居民生产、生活发展的现实，生态发展与实际需要脱节，注定不能长久。唯有将这三方融合起来统筹推进，才能达到互惠共赢，实现全面可持续发展。

要实现宜居适度、水清山秀、高效集约的生活、生态和生产空间的最终状态，必须实现生活空间、生态空间和生产空间相互促进的综合开发。必须先了解生态保护的重要性，推动生产性，引导生活性，综合考虑物质基础、生活方式带来的生产空间发展。人们期待丰富的空间发展，追求良好的生态空间发展。为了创造生态空间，以空间耦合与协调为核心，以国土空间规划为重点，按照“多层次”原则，实现“生产－生活－生态”空间的共赢协调发展。

进行“三生”空间耦合协调度分析的基础是分别对生产、生活、生态空间功能进行定量的评价，从而对区域单元上“三生”空间的互相利用状况及功能发挥的耦合协调程度进行分析。

4.2.4 “三生”空间功能评价

在具体的“三生”空间功能综合评价过程中，评价指标体系是功能评价的基础，指标体系的构建是否科学合理关乎评价结果的准确性，因此，在各项功能对应的指标选取过程中应遵循以下原则。

（1）全面性原则。行政单元尺度的“三生”空间功能评价指标体系的建立，以对“三生”空间功能内涵和特征的理解为基础。土地作为一个复杂的“三生”空间功能整体，兼具土地资源自身的自然属性和人类活动作用其上形成的经济社会属性，因此，在选择评价指标时，要综合考虑这两类属性的影响作用，体现全面性的原则。

（2）代表性原则。根据“三生”空间功能的内涵，选取具有代表性的指标，以便有针对性地反映各项功能，例如生产功能与产业结构密切相关，生产功能的评价指标选取应以产业类型为切入点；生活功能与人民的衣食住行等密切相关，选择评价指标时要在众多相关指标中选择最具代表性的；生态功能的评价包含生态系统服务的重要性和生态敏感性评价两方面，因此要基于此选取指标。

（3）科学性原则。指标体系要科学合理，"三生"空间功能的评价指标体系要考虑"尺度性"这一重要问题，并且保证各个指标的概念是明确的，能客观反映所属的功能。

（4）可获得性原则。无论是出于研究需要还是为推广应用于其他实证案例中去，在评价指标的选取上都应尽可能易于获取，数据来源也符合正规性和权威性，以保证指标的计算结果是可信服的。

（5）可比性原则。在构建评价指标体系时，可比性原则与稳定性相对应，意味着评价指标体系在一定的时期内概念、表示范围和计算方法等应具有相对的稳定性，以便在研究一定时间跨度的状态和变化趋势时，评价结果是具有可比性的。

4.2.4.1 指标体系的构建

"三生"空间功能评价指标体系是一个能全面综合反映生活功能、生产功能和生态功能状况的指标体系。指标体系的构建要充分体现"三生"空间功能的科学性、代表性、可比性和可操作性等原则。在此基础上，以各类社会经济统计数据和资源环境遥感监测数据为主体，从经济发展水平、社会保障水平、生态治理能力等不同准则层构建指标，分别评估生产空间、生活空间和生态空间的范围、质量、效益。相关统计数据可以查阅不同年份的（各省、市、县）统计年鉴和国民经济和社会发展统计公报。以"三生"空间功能内涵为依据，结合研究区土地利用的实际状况，确立最终的指标体系。

"三生"空间功能评价指标体系共划分为三层，分别是目标层、准则层和指标层。其中，目标层包括生产功能、生活功能和生态功能三个部分，以满足对"三生"空间功能评价的需求。第二层是准则层。根据"三生"空间功能的特点，对各功能的准则层做出详细的划分。生产功能的准则层可以分为不同经济部门的效益，如农业生产功能和非农业生产功能的评价。也可以从生产用地的范围、质量、效益等不同的角度进行评价。生活功能的准则层可以分为社会保障水平、社会服务水平和生活水平三个层次，也可以分为生活空间范围、人民生活水平、社会服务和保障水平三个层次。生态功能的准则层包括生态压力、生态承载、生态治理三个层次（或者传统的"压力－状态－响应"等模型）。指标层是与各准则层相对应的细化指标。

本节举例介绍一种"三生"空间功能评价指标体系。该体系综合剖析了"三生"空间功能内涵，从不同尺度考虑了生产、生活、生态空间具体内容。

（1）生产功能：即生产部门利用生产空间创造新商品、增加为社会创造财富的能力。生产功能的评价以生产的集约高效为目标。本书从生产空间规模、产出效率和产业利润能力三个角度考虑选取以下数据：以耕地垦殖率（耕地面积 / 土地总面积）说明各行政单位耕地自然资源开发与利用的水平，能够反映一个地方农业生产空间的规模；以工业用地占比（工业用地面积 / 土地总面积）来表示各评价单位工业的规模；生产高级化指在给定的工业生产力状况下，通过产业结构的适当调整尽可能地合理利用现有生产要素，以便较高程度地增加效益的方法，用二三产业产值占国民经济总产值的比重作为计算产业高级化的具体方法来衡量生产空间的结构质量；另外，用粮食产出率（粮食产量 / 耕地面积）和工业效率（工业增加值 / 建设用地面积）作为生产空间不同产业的生产效率。

（2）生活功能：即用地空间给居民创造良好居住环境的能力，可以体现居民住房状况、消费结构、生活便利程度、社会福利状况等。本研究通过居住用地面积占比以及人口密度（万人 /km^2）来衡量生活空间的范围；生活空间的质量主要表现为当地居民的收入水平和教育水平，用普通中学在校学生数来衡量不同评价单元的教育水平；同时，城乡人均可支配收入是居民收入水平的体现；生活空间功能的另外一个衡量角度是生活空间的便捷程度及区域内居民接触服务设施与其他资源的成本大小，通过医疗资源水平（医院床位数 / 万人）和交通通达度两个指标来评估。

（3）生态功能：指生态空间能够为人类提供生态保障以及应对外界干扰、实现自我修复净化的能力。生态功能的评价同样需要对生态空间的范围和质量进行测算，生态空间范围用生态用地面积占比与森林覆盖率（林地面积 / 总面积）来衡量，生态空间的质量分别由污水处理率、$PM_{2.5}$ 浓度、CO_2 浓度来测算。

4.2.4.2 数据的标准化及权重设置

（1）数据标准化

评价指标体系共包含“生产－生活－生态”功能三项目标层、若干准则层和若干项具体指标，涉及数据类型复杂多样，不仅包括经济数据、社会生活数据，还包含生态环境数据。在指标与其对应的“三生”功能的相关关系上，有的是正相关关系，即指标的数值越大，对应的功能越强，例如经济密度越大，则该地区的经济发展水平越高；有的指标与其对应的“三生”功能是负相关关系，指标数值越大，表示对应的功能越弱，例如污染物排量指标越大，表示生态质量越低。鉴于指标的量化单位多样和正负取向差别的存在，为减少由于不同的量化单位和正负取向的差别所可能产生的负面影响，本方法对原有统计实行了无量纲整理，统计公式表示为

$$X_{ij} = \left[\frac{x_{ij} - \min x_j}{(\max x_j - \min x_j)}\right] \times 0.99 + 0.01 \tag{4.17}$$

$$X_{ij}=\left[\frac{\max x_j - x_{ij}}{(\max x_j - \min x_j)}\right]\times 0.99+0.01 \tag{4.18}$$

式中，X_{ij} 为正向或负向指数的无量纲数据，x_{ij} 表示在指标矩阵内第 i 个评价单位的第 j 个技术指标的最初统计，$\max x_j$ 和 $\min x_j$ 则各自代表第 j 项技术指标最初统计的最大值和最小值。

（2）权重的设置

指标权重的确定是进行"三生"空间功能耦合协调测算的重要基础步骤，会对最终结果产生较大的影响。确定指标权重主要有主观赋权法和客体赋权法两种方式。客观赋权法主要是通过与原始资料间的关联来判断权重，因此，不仅有较强的数学理论依据和客观性，并且不会加重决策者的压力，如熵权法。主观赋权法在决定或评估的结果上主观随意性较强，在应用中有很大局限性，不适用于大数据指标权重的确定。熵权法最初用于热力学领域，用来衡量物体状态的混沌程度。熵在信息论中也称为信息熵，可以反映信息的不确定性。熵权法的原理是首先测度各项指标的变异程度，再根据指标变异度来确定指标权重。指标的权重与其变异程度成正比关系，变异程度越大则指标的权重也就越大，反之亦然。用熵权法计算权重主要分为五步，具体如下。

①数据的无量纲处理

②计算第 i 个评价单元的第 j 项指标的比重

$$P_{ij}=\frac{X_{ij}}{\sum_{i=1}^{m}X_{ij}} \tag{4.19}$$

式中，P_{ij} 表示标准化后的值，m 为研究单元数，X_{ij} 为第 i 个评价单元的第 j 项指标。

③计算指标的信息熵

$$e_j=-\frac{1}{\ln m}\sum_{i=1}^{m}(P_{ij}\times\ln P_{ij}),0\leqslant e_j\leqslant 1 \tag{4.20}$$

式中，e_j 表示各指标的信息熵。

④信息效用值

$$d_j=1-e_j \tag{4.21}$$

⑤指标权重测算

$$W_j=d_j/\sum_{i=1}^{n}d_j \tag{4.22}$$

式中，W_j 为各项指标权重；d_j 为各项指标的信息效用值；n 为指标总数。

根据以上公式，计算出不同年份研究区子区域各项“三生”功能评价指标的权重。

（3）变异系数

①计算第 j 项指标的变异系数

$$Y_j = \frac{S_j}{\bar{x}_j} \tag{4.23}$$

式中，S_j 为第 j 项指标原始数据的标准差，$\bar{x}_j$ 为第 j 项指标原始数据的均值。

②计算第 j 项指标原始数据的权重

$$V_j = \frac{Y_j}{\sum_{i=1}^{n} Y_j} \tag{4.24}$$

（4）组合赋权

采用线性加权进行组合赋权。公式为

$$w = \alpha \times W_j + (1-\alpha) \times V_j \tag{4.25}$$

式中，α 为主观确定的权重，一般取 0.5。

根据以上步骤和计算公式，可计算出不同年份研究区不同子区域（省、市、县）各项“三生”功能评价指标的综合权重。

指标体系示例如表 4.2 所示。

表 4.2 “三生”功能评价指标体系

目标层	一级指标	二级指标	具体指标计算方法	单位	权重
生产空间	生产空间的范围	耕地垦殖率	耕地面积 / 土地总面积	%	0.14
		工业用地范围	工矿用地面积	km^2	0.37
	生产空间的结构	产业高级化	二三产业产值 /GDP	%	0.05
	生产空间的效率	粮食产出率	粮食产量 / 耕地面积	万吨 /km^2	0.14
		二产效率	第二产业产值 / 建设用地面积	万元 /km^2	0.30
生活空间	生活空间的范围	居住用地面积占比	居住用地面积 / 行政区总面积	%	0.16
		人口密度	户籍总人口 / 行政区总面积	万人 /km^2	0.14
	生活空间的质量	收入水平	城镇居民可支配收入	元	0.15
		教育水平	普通中学在校学生数	万人	0.25
	生活空间的便捷程度	医疗资源水平	医院床位数 / 万人	张 / 万人	0.04
		交通通达度	道路面积 / 行政区总面积	%	0.26

续表

目标层	一级指标	二级指标	具体指标计算方法	单位	权重
生态空间	生态空间的范围	生态用地面积占比	生态用地面积 / 行政区总面积	%	0.22
	生态空间的质量	污水处理率	污水处理率	%	0.12
		空气质量	$PM_{2.5}$ 浓度	μg/m^3	0.14
			CO_2 浓度	g/L	0.11
		森林覆盖率	林地面积 / 行政区总面积	%	0.41

该指标体系分别从生产空间的范围、结构、效率三个角度评价生产空间功能，从生活空间的范围、质量、便捷程度三个角度来评价生活空间功能，从生态空间的范围和质量来评价生态空间功能。

4.2.4.3　*层次分析法*

层次分析法（AHP）是一个简便适用的多原则决策方式，对界定问题实行量化分析方法，提高结果的客观性，在 1970 年由匹兹堡大学的运筹学科学家 Saaty（2008）提出。它把复杂问题中的评价指标划分为有序的阶段，使评价过程井然有序。综合比较专家的评估结论，进行对评估指标意义的量化判断。然后，按照评价指标体系的量化考核结果，通过数学方法算出各项考核指标的百分比。最后，根据各级评价指标的总顺序计算出所有评价指标的权重并排序。层次分析法于 1982 年在中国首次应用，随后凭借定性与定量相结合的方法，可以简单、快速地处理各种决策问题，在城市发展规划、经济决策等领域迅速广泛应用，并得到好评。层次分析法的具体实现步骤如下。

（1）建立层次分析模型

深入了解评价对象，将评价指标自上而下进行分层，主要分为目标层、决策层、方案层。

（2）建立成对比较矩阵

专家们根据各级评价指标的相对重要程度进行划分，并通过成对比较法，建立每一级评价指标体系对上一级的成对比较矩阵。

$$\boldsymbol{A}=(a_{ij})_{n*n}=\begin{pmatrix} a_{11} & \cdots & a_{1n} \\ \vdots & \ddots & \vdots \\ a_{n1} & \cdots & a_{nn} \end{pmatrix},\ a_{ij}=\frac{1}{a_{ji}} \tag{4.26}$$

式中：$\boldsymbol{A}$ 为成对比较矩阵；a_{ij} 表示第 i 个因素相对于第 j 个因素的比较结果，取值见表 4.3。

表 4.3　层次分析法评价值 a_{ij} 的计算

评价值 a_{ij}	定义
1	i 因素和 j 因素的重要程度相同
3	i 因素比 j 因素的重要程度略高
5	i 因素比 j 因素的重要程度较高
7	i 因素比 j 因素的重要程度非常高
9	i 因素比 j 因素的重要程度绝对高
2，4，6，8	为上述两两因素判断值的中间状态对应的值
倒数	若 j 因素与 i 因素比较，得到的判断值 a_{ji} 为 a_{ij} 的倒数

（3）确定权重向量

求成对比较矩阵的主要特征根和特征向量时，先对两两对比矩阵的每一行中每一列都进行积分，再把国际标准对比矩阵的每一行减去与它所对应的总数，得出标准两两比较矩阵；最后，对标准比较矩阵中每一列的平均数进行统计，所得的平均数也就是每个评价指标的相对权重。

（4）一致性检验

进行一致性试验必须要统计赋予权重和向量，并将原始矩阵加上它们相应的特性向量得到。然后，把每个向量的分数减去它相应特征向量的分数，并求得平均值，记为 $\varphi_{\max}$，按下式求一致性指标的 CI。

$$\mathrm{CI}=\frac{\varphi_{\max}-n}{n-1} \tag{4.27}$$

式中，n 为评价指标的个数。最后，根据式（4.28）计算一致性指标 CR，当 CR 的值小于 0.1 时，构造的两两比较矩阵的一致性是合理的；如果 CR 的值大于 0.1，认为两两比较矩阵的一致性不符合要求，需要重新计算。

$$\mathrm{CR}=\frac{\mathrm{CI}}{\mathrm{RI}} \tag{4.28}$$

式中，RI 是自由度指标，作为修正值。

（5）计算组合权向量

组合权向量可作为决策的定量依据。

4.2.4.4　功能评价

功能评价是在计算出各指标标准化值和权重的基础上，通过对土地各功能属性进行等级划分，来评价各地区土地功能作用水平，得到“三生”功能的综合评价指数。具体公式如下：

$$Z = \sum_{i=1}^{n} W_j \times X_{ij} \tag{4.29}$$

式中，Z 代表“三生”功能综合评价的得分值，W_j 是第 j 项指标的权重值，X_{ij} 表示第 j 项指标标准化值。

根据上述方法计算出研究区不同子区域不同年份生产、生活和生态功能的评价结果。

4.2.4.5 “三生”功能比较优势测度与优势功能识别

由于“三生”功能在不同的区域会呈现出不同的状态，并且生产、生活和生态功能在不同的社会经济发展状态下表现出各自的相对优势。通过功能优势的识别，能够发现一个区域的相对优势功能，为区域土地功能优化建议提供依据。引入比较优势系数对各“三生”功能优势进行识别，其表达公式为

$$\mathrm{RCA} = (X_{ij} / X_{it})(X_{wj} / X_{wt})^{-1} \tag{4.30}$$

式中，X_{ij} 表示 i 子区域第 j 项功能得分值，X_{it} 表示 i 子区域“三生”功能得分值之和，X_{wj} 表示研究区所有子区域第 j 项功能得分值之和，X_{wt} 表示研究区所有子区域“三生”功能得分值之和。RCA 的值越大说明该项功能的比较优势越大，$0 < \mathrm{RCA} < 1$，表示该项功能没有比较优势；$\mathrm{RCA} \approx 1$，表示该项功能优劣势不显著；$\mathrm{RCA} > 1$，表示该项功能具备明显的比较优势。若有两项功能值大于 1，则表示形成组合功能优势。

4.2.5 耦合协调度计算方法

耦合协调度模型是一种可以更好地描述两个或多个系统在开发过程中的相互作用和影响的方法。耦合协调度是各方面相互促进和制约的程度。耦合协调度值的大小，不但可以体现系统内部的协调程度，还可以反映区域内不同子系统相互之间的耦合程度。此处主要采用该模型并根据“三生”空间功能评价结果计算区域可持续发展“三生”空间耦合协调度 D。D 的值在 [0，1] 的范围内，值越高表示更高程度的耦合协调水平。

$$D = \sqrt{C \times T} \tag{4.31}$$

$$T = \alpha \times P_i + \beta \times L_i + \gamma \times E_i \tag{4.32}$$

$$C = \sqrt[3]{\frac{P_i \times L_i \times E_i}{\left(\frac{P_i + L_i + E_i}{3}\right)^3}} \tag{4.33}$$

式中：C 为“三生”功能之间的耦合度，取值范围 [0，1]，值越大说明三者间相互作用

越明显；P_i、L_i、E_i 分别为第 i 个地区生产、生活、生态功能的综合评价值；T 为协调发展综合评价指数，取值范围为 [0，1]；α、β、γ 分别为生产、生活、生态功能权重。

“三生”空间功能的耦合与协调特性，可以体现土地空间功能在各子系统间的相互作用，对于更深入揭示土地“三生”空间功能的耦合和协调特性有重要意义。为研究“生产－生活”功能、“生产－生态”功能和“生活－生态”功能间的相互作用程度，可根据上述公式得出耦合度模型的演化公式，从而得到两对耦合协调度模型的演化公式，计算公式如下：

$$C_1 = \sqrt[2]{\frac{P_i \times L_i}{\left(\frac{P_i + L_i}{2}\right)^2}} \quad (4.34)$$

$$C_2 = \sqrt[2]{\frac{P_i \times E_i}{\left(\frac{P_i + E_i}{2}\right)^2}} \quad (4.35)$$

$$C_3 = \sqrt[2]{\frac{E_i \times L_i}{\left(\frac{E_i + L_i}{2}\right)^2}} \quad (4.36)$$

$$D = \sqrt{C \times T} \quad (4.37)$$

$$T_1 = \alpha \times P_i + \beta \times L_i \quad (4.38)$$

$$T_2 = \alpha \times P_i + \gamma \times E_i \quad (4.39)$$

$$T_3 = B \times L_i + \gamma E_i \quad (4.40)$$

“三生”空间冲突测算和“三生”功能统计分析主要包括区域社会经济发展、自然环境、工农业产品、社会生活服务设施、人员自然资源利用等相关方面内容，统计资料主要取自各年度的《中华人民共和国城市建设统计资料年鉴》《中华人民共和国城市发展年鉴》，根据国民经济与社会发展情况报告，针对年鉴中部分年份统计资料不足的状况，运用插值法进行统计资料补全。植被覆盖度指标数据、土地利用遥感检测数据、DEM 等从中国科学院资源环境科学数据中心获取，空间数据在 ArcGIS 等软件中进行空间地理坐标的统一设置，并采样至统一大小后对研究区所需数据进行裁剪。统计数据需要根据行政单元的识别码链接到矢量数据上，从而转为具有空间位置的数据。

我国 334 个地级市的“三生”功能评价结果如下。

行政单元尺度“三生”空间功能评价结果（以 2010 年为例）如图 4.2 所示。总体来看，中国 334 个地级市中的生产空间在东部地区尤其是东部沿海地区得分较高，中西部各地级市得分普遍较低。2010—2019年，我国地级市生产空间得分总体呈上升趋势。2010年全国地级市生产功能平均得分为0.091，2015、2019年分别增至0.099和0.101。生产空间得分最高的地级市主要分布在广东省、福建省、江苏省、山东省等地的沿海城市和北京市、天津市、上海市、重庆市等直辖市。其中，南平市、张家口市等地级市由于产业高级化水平低，第一产业比重较高，耕地垦殖率低，而粮食产出率低，导致生产功能远低于东部地区平均水平。而中西部的武汉、郑州、西安等省会城市为地区经济中心，经济发展水平较高，生产功能的发挥高于周围其他地级市。

生活功能的时空分布格局与生产功能相近。在我国三大自然地理分区中，生产空间得分大体上从东部到西部递减。2010年全国地级市生活功能平均得分为0.062，2015、2019年分别增至0.070和0.080。可见，我国各地级市生活空间功能在不断增长，2015—2019年增长速度相较于前五年有所加快。其中，在中东部地区，山东、河南等省为人口大省，其地级市人口密度较大，居住用地占比也大于其他地区，形成了生活功能得分的高值聚集区。而西部地区，兰州、昆明、乌鲁木齐等省会城市人口增长较

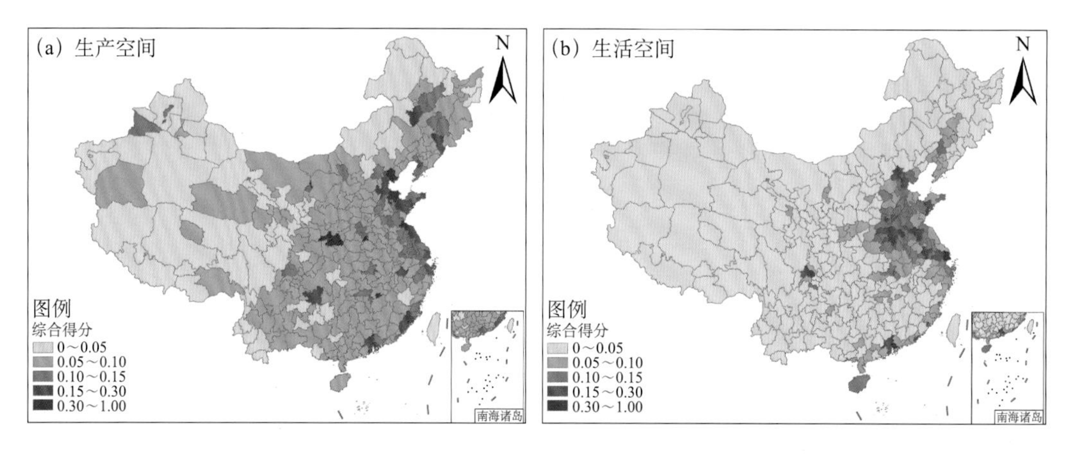

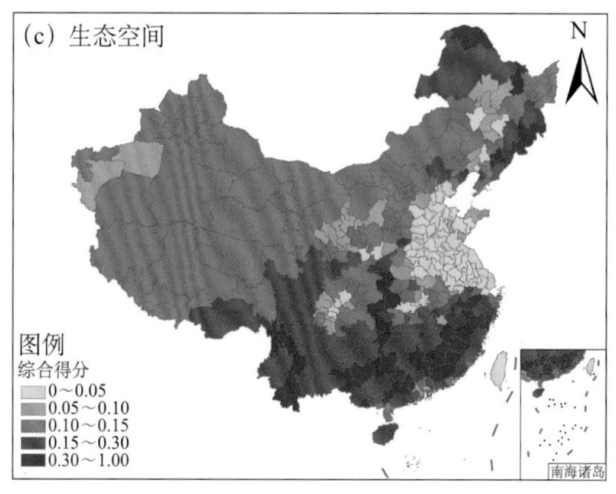

图4.2 "三生"空间功能评价

快，居住用地不断扩张，城镇居民收入随经济发展快速增长，教育、医疗等服务设施水平不断完善，生活空间功能增长较快。

中国地级市生态功能的得分总体呈现南高北低、西高东低的分布格局。我国生态功能三个时间段的平均得分分别为 0.277、0.290、0.312，可以看出，随着节能减排和退耕还林政策的落实，城市的污水处理率得到提升，$PM_{2.5}$ 含量和 CO_2 排放量降低，植被覆盖度提高，生态空间功能得分显著提升。生态空间功能的发挥受自然条件影响较大，中国南方纬度低，气温高，降水充足，植被、水域等覆盖面积大，生态功能得分高；而中东部的北方，尤其是河北、河南、山东等省，人口密度大，居住用地和工业用地占比高，植被覆盖率低，空气污染物排放量高，成为全国地级市生态空间功能的洼地。

2010、2015 和 2019 年地级市行政单元尺度下“三生”功能的全局 Moran 指数都是正数，表明我国各地生产、生活、生态功能在地级市尺度下的空间关联性是正相关的关系。生产空间功能和生活空间功能的 Moran 指数较低，基本上处于 0.3～0.5，而生态空间功能的相关系数较大，三个年份 Moran 指数均为 0.7。这表明中国 334 个地级市“三生”功能存在一定的空间聚集，而不是完全随机分布的。

从三个年份中国地级市“三生”空间得分的局部空间自相关指数的象限分布来看，大部分地级市分布于一、三象限，这说明大部分县（市、区）的“三生”功能与邻近的城市“三生”功能相似度较高，“三生”功能等级高，周边邻近县（市、区）“三生”功能也较高，反之，“三生”功能等级低，周边邻近县（市、区）也很有可能“三生”功能等级低。但是，也会存在高等级“三生”功能的地级市被低等级城市环绕，如新疆的伊犁哈萨克自治州，周围地级市自然条件较差，生产功能和生活功能得分较低，而伊犁由于气温较高降水较多，自然条件相对较适合生产、生活，生产功能和生活功能得分较高，从而使该地区空间聚集性较低。这种情况广泛存在于各省份省会城市与周围地级市之间。而像南平市、承德市等地级市生产生活得分低于周围地级市的情况，形成了低值被高值环绕的现象。

4.2.6 耦合协调度的空间分析方法

对长三角城市群“三生”功能进行空间统计分析，要依据“三生”功能内部存在的空间依赖关系，将不同功能的空间分布特点进行分类，最终构建起数据间的统计关系。主要包含以下三部分。

（1）确定空间权重矩阵。定义一个二元的空间权重矩阵，界定每一个研究单元的空间布局关系。空间权重矩阵是进行空间自相关分析的前提条件，表达形式如下：

$$W=\begin{bmatrix} w_{11} & \cdots & w_{1n} \\ \vdots & \ddots & \vdots \\ w_{n1} & \cdots & w_{nn} \end{bmatrix} \tag{4.41}$$

式中，n 表示空间单元个数，w_{nn} 表示空间单元之间的邻接关系。

（2）全局空间自相关。全局空间自相关揭示的是研究单元的整体在空间上的平均相关程度，本研究中指各市之间“三生”功能耦合协调度的相似程度，一般使用莫兰指数（Moran’sI）测度全局自相关指数，公式如下：

$$I=\frac{\sum_{i=1}^{n}\sum_{j=1}^{n}w_{ij}\left(x_i-\bar{x}\right)\left(x_j-\bar{x}\right)}{S^2\sum_{i=1}^{n}\sum_{j=1}^{n}w_{ij}} \tag{4.42}$$

式中，$S^2=\frac{1}{n}\sum_{i=1}^{n}\left(x_i-\bar{x}\right)^2$，$\bar{x}=\frac{1}{n}\sum_{i=1}^{n}x_i$，$w_{ij}$为城市 i 和城市 j 的空间权重，n 为城市个数。Moran’sI 的值域为 [-1，1]，Moran’sI 小于 0 表示呈空间负相关，Moran’sI 为 0 表示不存在空间相关，Moran’sI 大于 0 则表示呈空间正相关，且 Moran’sI 的值越大，表示空间聚集效应越明显。

（3）局部空间自相关。全局空间自相关可以表示类似属性的平均聚集性或分散性，但不能精确地对属性的空间集聚特征进行表达。本研究引入局部空间自相关来揭示研究单元中类似属性在局部空间上的关联程度，局部空间自相关指标（LISA）则可以反映区域内部各市的“三生”功能在局部与邻接城市“三生”功能的相关程度。LISA 集聚图一般分为 H–H 型（高高集聚）、L–H 型（低高集聚）、L–L 型（低低集聚）和 H–L 型（高低集聚）四种空间自相关类型。具体来看，H–H 型城市自身的“三生”功能具有高耦合协调性，同时周围空间上邻近城市也具有比较高的“三生”功能耦合协调性；L–H 型城市自身“三生”功能耦合协调性较低而其周围城市的“三生”功能耦合协调性较高；L–L 型城市自身和周围城市的“三生”功能耦合协调性都较低；H-L 型城市自身的“三生”功能耦合协调性较高而周围城市的“三生”功能耦合协调性较低。局部空间自相关的表达式为

$$I_i=\frac{(x_i-\bar{x})}{S^2}\sum_{j=1}^{n}w_{ij}\left(x_i-\bar{x}\right)^2 \tag{4.43}$$

式中：I_i表示局部Moran’sI指数；$S^2=\frac{1}{n}\sum_{i=1}^{n}\left(x_i-\bar{x}\right)^2$，表示研究单元耦合协调性的方差；$\bar{x}$ 表示全部样本耦合协调性的平均值；w_{ij} 为空间权重矩阵；x_i、x_j 分别为第 i 个和第 j

个研究单元的耦合协调性值。

4.2.7 “三生”功能耦合协调影响因素分析

（1）灰色关联模型

①计算灰色关联系数 $\gamma_i(m, t)$

$$\gamma_i(m, t)=\frac{S+\rho\times L}{\left|D_o(m, t)-X_i(m, t)\right|+\rho\times L}, \quad m=1, 2, \cdots, M; \ t=1, 2, \cdots, T \tag{4.44}$$

式中：$S=\min(i, m, t)\left|D_o(m, t)-X_i(m, t)\right|$；$L=\max(i, m, t)\left|D_o(m, t)-X_i(m, t)\right|$；$m$、$t$ 分别为影响因素和耦合协调度取值；$D_o(m, t)$为耦合协调度标准化值；$X_i(m, t)$ 为影响指标标准化值；ρ 为分辨系数，取 0.5。

判断“三生”功能耦合协调度过程中关键影响因素对耦合协调度的作用方式，有助于将不同时期关键影响因素对区域“三生”功能耦合协调度的作用进行描述，为实现区域土地利用集约可持续化发展提供科学依据。以往相关研究在分析关键影响因素对区域“三生”功能耦合协调度作用方式时，基本认定为绝对的正负关系，可以通过观察耦合协调度及其关键影响因素的小波相干谱中的小波相干位相角，分析不同时期各影响因素对区域“三生”功能耦合协调度的作用方式，极大地提升关键影响因素对“三生”功能耦合协调度作用，判定过程的科学性和准确性。

②计算灰色关联度 δ

$$\delta=\frac{1}{M\times T}\sum_{m=1}^{M}\sum_{t=1}^{T}\gamma_i(m, t) \tag{4.45}$$

式中：$\delta\in(0, 1)$，δ 值越大，该因素的关联性越大，影响越强；M，T 分别为影响因素和耦合协调度的最大值；γ_i 为 i 处的灰色关联系数。

（2）基于地理探测器模型的影响因素分析

地理探测器是由王劲峰等（2017）基于 Excel 开发设计的一种集多种探测功能于一体的软件，是主要用于探索形成空间分异性核心驱动因子的一种空间分析模型，包括因子探测器、风险探测器、生态探测器、交互探测器四个子模型，被广泛应用于经济、社会、生态等领域。其中，因子探测器可较好地表达同一区域内的相似性、不同区域之间的差异性，模型主要通过分区后的内方差与层间方差的异同来定量表达研究对象的空间分层异质性。运用因子探测器来识别影响景观生态安全等级的主要驱动因子，公式为

$$q=1-\frac{\sum_{h=1}^{L}N_h\sigma_h^2}{N\sigma^2} \tag{4.46}$$

式中：q 值是对自变量探测力的度量，取值为 [0,1]，数值越接近于 1，表明该因子的影响力越强，数值越接近于 0 表明该因子的影响力越弱；L 为自变量或因变量的分层；N_h 和 σ_h^2 分别为层 h 的单元数和方差；N 和 σ^2 分别为整体的单元数和方差。

交互探测器可以识别不同风险因子之间的交互作用，评估因子共同作用时是否会增加或减弱对因变量 Y 的解释力，或这些因子对 Y 的影响是相互独立的，具体步骤为：首先计算驱动因子 X_1 和 X_2 对生态安全影响的值 $q(X_1)$ 和 $q(X_2)$，然后计算它们交互作用的值 $q(X_1 \cap X_2)$，通过比较两者的大小来判断影响因子的交互作用类型。

（3）地理加权回归模型

地理加权回归模型（GWR）最早是由 Brunsdon 等（1996）提出来的，是一种基于局部光滑思想提出的空间回归模型。该模型将空间坐标引入普通的回归模型，在空间范围内的每个点上建立局部的回归分析方程，从而在给定的尺度下，既能有效估计具有空间自相关性的数据，也能反映参数在不同区域的空间异质性。模型的表达式如下：

$$y_i = \beta_0\left(u_i, v_i\right) + \sum_{j=1}^{k} \beta_j\left(u_i, v_i\right) x_{ij} + \varepsilon_i \tag{4.47}$$

式中，y_i 为第 i 个网格的景观生态安全值，$(u_i,\ v_i)$ 是第 i 个网格的空间地理位置坐标，$\beta_0(u_i,\ v_i)$ 和 $\beta_j(u_i,\ v_i)$ 为第 i 个网格第 j 个常数的估计值和回归参数估计值。

（4）“三生”功能耦合协调影响因素举例探究

“三生”功能耦合协调受多种因素的影响，主要包括经济发展状况、环境状况、人才科技支撑、基础设施等。应该针对不同研究区的实际情况，根据“三生”功能子系统的特点，从经济发展水平、基础设施状况、资源环境承载力、政府调控能力、社会保障水平以及教育水平等各个方面出发选取“三生”功能耦合协调的影响因素。例如，选取人均 GDP 指标反映经济水平，选取路网密度反映基础设施状况，选取人均水资源量反映资源环境承载力，选取人均地方一般公共预算收入反映政府调控能力，选取城镇职工基本养老保险参保人数反映社会保障水平，选取普通高等学校在校学生数反映教育水平。根据测算出的关联度大小，确定各影响因素对“三生”功能耦合协调度的关联程度。

4.3 “三生”空间可持续发展评估

4.3.1 可持续发展概念的提出与政策研究

可持续发展是一个全新的经济社会发展方式，涉及人们生产生活中的方方面面，并有丰富而深邃的思考内容。Brookfield 等（1995）认为，可持续发展的实质是运用资源保护的基本原则，提高资源的可再生能力，并推动科技革新，将可再生的资源回收体系或替代不可再生资源产品变为可能，并合理使用资源。

联合国大会第七十届会议通过的《2030 年可持续发展议程》是我国千年建设总体目标期间的后续行动，是我国采取的更普遍和全面的可持续发展工作目标。该议程的可持续发展总体目标包括 17 个国家总体目标和 169 个具体目标，是千年建设总体目标的基础，充分反映了衡量国家三个方面，即经济增长、环境改善和社会进步的必要性。自议程实施至今，我国政府一直高度重视并实施 17 个可持续发展项目。2016 年 4 月，我国发布《关于落实 2030 年国际社会经济议程的中国立场文件》，明确提出减少贫穷与饥饿，维持社会主义经济蓬勃发展，推进工业化，继续健全社会保险体制与公共服务，维护经济社会公正正义，强化投资环境，主动适应气候变化，合理使用能源资源，继续健全九个重要领域和重大国家治理。

2016 年 9 月，《实施 2030 年可持续发展议程国家方案》的印发为我国制定政策提出了指引，也为世界其他发达国家提出了借鉴，特别是发达国家，也正在制定政策。2017 年，《中国实施 2030 年社会经济议程进展报告》出台，详尽介绍了我国在实施 17 个项目的具体规划与行动。目前，对 2030 年可持续发展目标的理解和监测，也成为研讨热点。相关研究重点一般聚焦于两个方面：①解析 2030 年议程实施的历史背景、流程、内容、对全球可持续发展的影响及相关战略思路；②研究构建有效监测 2030 年中国可持续发展目标的指标体系与办法，并在世界各个发达国家进行测评。土地作为由各类自然资源物所组成的综合系统，是指劳动对象的“所有劳动客体”，并且兼具自然环境和社会经济性质，所以在社会主义生态文明建设背景下，实行对土地资源利用的可持续使用，经济增长、社会进步和环保成为乡村可持续利用的首要目标，并将起到关键作用。2030 年可持续发展目标制定后，有少数学者深入研究分析了可持续经济发展总体目标（SDGs）框架系统对可持续土地利用的影响和相应的经济发展策略。发展是一项相当复杂性的工程，范围涵盖国民经济、发展、环境等众多重要方面，所对应的发展目标也具备多维属性。虽然目前学术界与实务界对可持续发展目标的界定有所不同，但目前普遍认为可持续发展目标涵盖资源、经济、发展、环境与人等多个层面。在美国 2030 年发展议程中，17 个可持续经济发展总体目标和 169 个具体发展目标包括以下三个层面：经济快速发展、更好的环境和社会包容。

4.3.2 可持续发展研究进展

可持续发展问题从出现至今，研究工作基本上沿着两个方向进行：一是借助于有关国际机构，如联合国发展组织、行政机关等，亦即通过各国的可持续发展委员会和地方或国际社会团体，非政府机构以及其他组织把可持续发展的理论基础与方法，渗透到策略、规划、工作方案以及实际行动之中；二是结合科研院所、大专院校的理论技术研究和教学。根据这两条途径的研究内容，目前中国对可持续发展问题的探讨与研究工作主要集中于以下领域：一是通过对可持续发展的理论基础与内涵的深入探讨，以确定其内涵，并扩大宣传。但是不同专家对可持续发展问题存在不同的看法。对于可持续发展的实质含义，尽管现阶段中国国内学术界仍存在很大的差异，但大致上可以分成环境保护论、经济核心论、三位一体理论的主体观和以人为本的人类全面发展观。环境保护论主张，可持续性实质上是指资源的可永续使用，即生态系统的可持续发展，而可持续发展的内核是环境保护。经济核心论主张可持续性的内核是人类社会、国民经济蓬勃发展，即满足人类经济社会蓬勃发展的基础要求。三位一体理论主张，可持续性是指自然环境－国民经济－人类社会复杂系统的整体性，包含自然环境可持续发展、国民经济长期蓬勃发展和人类社会可持续发展。以人为本的人类全面发展观主张，可持续性的最终目标是创造全人类的共享收益，即既成为目前的共享收益，又为下一代创造收益。二是研究人、自然资源、环境和人类经济社会之间协同发展的相互作用和联系。一般学者都指出，平衡发展是社会可持续发展的基本问题。所以在社会可持续发展阶段，利用社会发展环境中三位一体的作用就可以达到社会效益、经济性和环境效益的整体性发展，进而使三位一体作用的成果同时促进社会效益和国民经济发展。在大协同发展理论方面，区域 PRED（Population，Resources，Environment，Development）协同发展理论研究与大协同全方位管理理论的看法都是较为成体系和富有时代性的。他们都觉得有必要从整个地区的系统协调，从各个单位的体系中调整各类要素，以形成一种相互依赖的系统结构，以彼此适应、互补、协同发展，并促进协同、有序、合理发展的社会体系。所以，协调发展论在理论上解决了地方经济活动的片面效应与外部特征，引导人们正确处理地方发展中各要素间的关系，以便达到各要素间的平等和合理，使整体效益最优化发挥。三是关于可持续发展指标的研究。可持续发展评估指数是指用来评估可持续发展指标完成状况的客观标准及依据。构建可持续发展考核指标体系，一方面，必须以现有的统计机制和方法为基础；另一方面，可持续发展评估指数并不只是对既有指数的简单重复、补充和积累，而是对既有指数的有机合成、精炼、升华和创造。目前形成的环境保护可持续发展指数评估系统，大致有两个类别：一是以环境保护经济学理论为主要基础，经过对环境资源价格的会计核算，形成独立的环境保护综合指数，因此，应用绿色国内生产总值和可持续总收入的定义，来评价可持续发展水平；二是根据社会国民经济发展原理建立评估指标。

中国的可持续发展不容乐观。虽然产业化进度很快，产业结构正逐步完善，已成为全球第一大工业生产国，但单位产业效益与发达国家比较仍有很大差异，且我国仍存在高投入、高环境污染、高耗能的国民经济快速发展管理模式，资源耗费大，生态建设环境污染大，亟待改善产业结构，进一步提升单位产业效益，以加速建立资源耗费低、环境污染小、绿色环保的现代工业体系。作为工业经济的第一来源要素，工业数量控制、布局调整、结构改善和效率提高直接影响工业转型升级和经济提质增效。目前，中国工业用地占比远远超过发达国家，严重挤占了城市生态土地的开发空间。从工业用地增量分析，由于中国工业化的高速增长，中国城市工业用地增加速度较快，且在建设的土地供给面积中占比较大。所以，要改革传统土地利用方法，走集约化路线，通过对工业用地集约化管理和转型再利用，推动传统工业提质增效。中国设立工业用地评估与退出制度，以淘汰高能耗、重污染、低绩效的工业项目，为吸纳新建项目创造了发展空间。同时，采取定期调整等经营管理手段，逐步形成了低效能、重污染企业的退出制度。

国土空间使用是一种复杂的对自然环境和社会经济的管理过程。从系统的角度考虑，由一种用地形式（即土地的自然区位条件）和一种土地利用方式（即由于人类对土地的管理而产生的土地类型）共同组成了土地的利用系统。对于土地利用的过程，人们在使用与管理土地过程中，将不断接触系统周围的自然环境系统、社会经济系统，将相互作用持续地传递到周围自然环境系统与社会经济系统中。其过程变化影响在这两种系统中的实现进程。土地利用活动，是土地单元、周围土地利用系统和人的共同作用和影响。首先，人们为了特定的经济利益和社会目的，对土地实施长期或周期性的控制，使土地利用方式发生改变。同时，随着人们向土地输入了机器设备、化肥、劳动力、种子等，土地的利用方式又反映出了人们的实际劳动、生活空间和设施。其次，在土地开发的过程中，为适应自身的特殊需要，人们也有强烈调整土地单元中的部分元素的需求，包括天气、地势、动植物、土地结构等，使它们更适应较特殊的方法应用，进而希望得到更多的生产产品与服务。土地单元因其本身的特殊性质而影响人们需求的扩张。一旦对土地单元的改造超出了本身的承载与使用功能，土地单元给人的直接反映则是能力的下降或失效。最后，土地单元为土地利用方法注入了自然要素，并使之转变为各种产物。在管理和利用的过程中，土地利用方式也会对土地单元的形成要素产生影响，包括植物形态和景观的改变、地下水的改变等。在土地利用过程中，用地单元必须达到的目的是各种土地利用行为不能突破天然土地系统的自我调节水平，进一步维持和提高自然土地系统的生产能力与修复水平。土地利用的宗旨是正确、有效地使用土地，在保证土地质量和提供产品的同时，使土地产品的净价值最优化。对于所有土地使用者和经营者们，必须达到的目标是采取各种手段努力提高人们的生存质量，但并不超越土地自然系统的承受能力。从以上的分析可以发现，土地使用的目标并不应仅是为了满足眼下的生产生活需求，也应该顾及 2030 年达到可持续发展目标的实现，也就是说，要达到经济发展、生态环保与社会包容。在 17 个可持续发展项目中，和土地利用有关的项目是目标 1、目标 2、目标 3、目标 5、目标 9、目标 11 和目标 15，涵盖了所有土地利用类型。

工业化和城市化进程会伴随着各种土地利用冲突与矛盾，这正是土地利用可持续发展需要关注和解决的问题。SDGs 非常注重人作为微观个体的可持续和幸福感，但传统土地利用的研究方法过于强调对自然环境的研究，而忽视了基层土地使用者的意愿，因此，在研究土地利用可持续发展时，除了要关注社会生产和生态环境关系，还要充分考虑人民生活水平。“生产 – 生活 – 生态”空间分类体系不仅关注土地利用类型的空间划分，而且关注土地利用功能的发挥，顾及了土地功能性利用的多用途性。同时，它在处理人与自然的冲突上，不仅强调人的生产活动，而且关注人的生活水平，能更好地对应“消除贫困”“消除饥饿”“良好健康与福祉”“优质教育”的指标，有助于对土地利用进行可持续发展评估。“三生”与可持续发展目标之间的具体关系如图 4.3 所示。

从图 4.3 可以发现，对生产、生活及生态功能单方面的要求，也会造成其他功能的破坏，如果过分要求工农业产品生产量，将加大资源消耗和废水排放量，占用环境空间，导致生态空间功能下降，不利于目标 13 和目标 15 的实现。同时，只注重某两个空间的功能，也不利于 SDGs 整体目标的实现。比如在经济发展过程中，只注重生产和生态，而忽略居民个体愿望的实现，疏于提升居民的幸福感，会对目标 3 和目标 4 的实现形成阻碍作用，并可能会对目标 1 和目标 2 的实现形成制约（图 4.4a），只有在发展的过程中充分协调生产、生活、生态空间用地关系以及功能的发挥（图 4.4d），才能有利于 SDGs 总体目标的实现。

4.3.3 土地利用可持续性

随着可持续发展思想越来越受到国际社会的肯定与接纳，可持续发展理念也逐步扩展到了土地治理中。中国关于土地可持续发展的理论研究起步相对较晚，在 1990 年的全球土地可持续发展讨论会上才被系统地指出。但是，由于土地是一个复杂的系统，从不同的角度来看就有不同的立场，因此，这次会议并没有确定土地可持续利用概念的权威和精确的定义。此后，中国国内专家与学者们对农村土地可持续利用的含义展开了相关研讨。在联合国粮农组织（FAO）制定《可持续土地管理评估纲要》（以下简

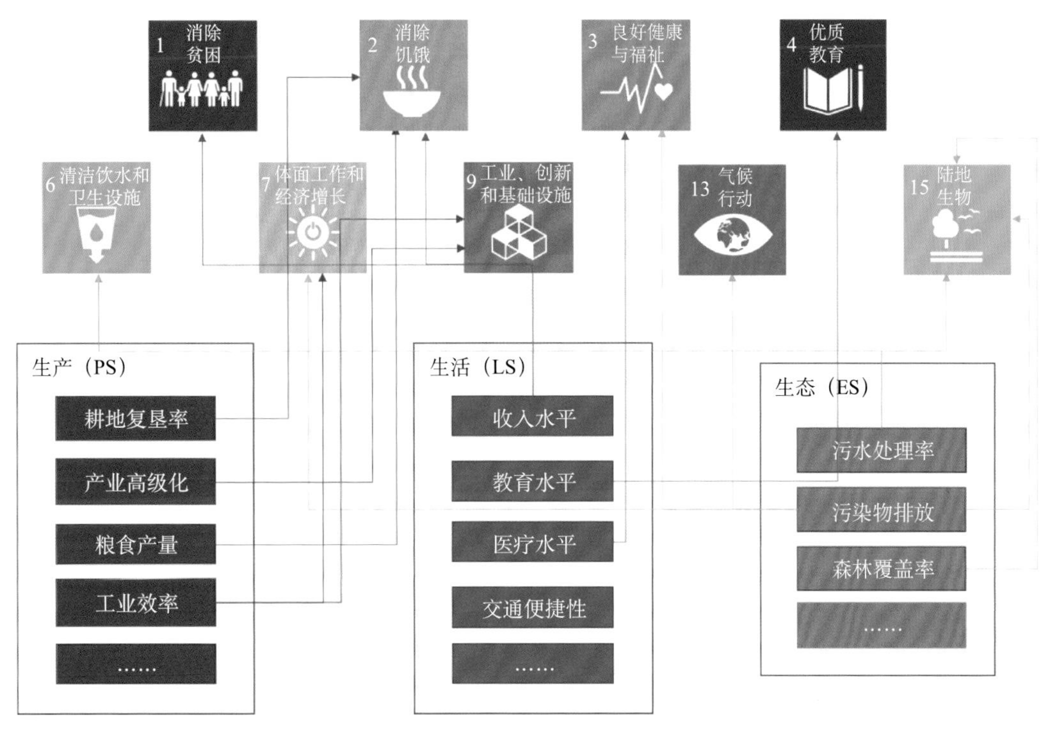

图 4.3 “三生”与可持续发展目标的关系

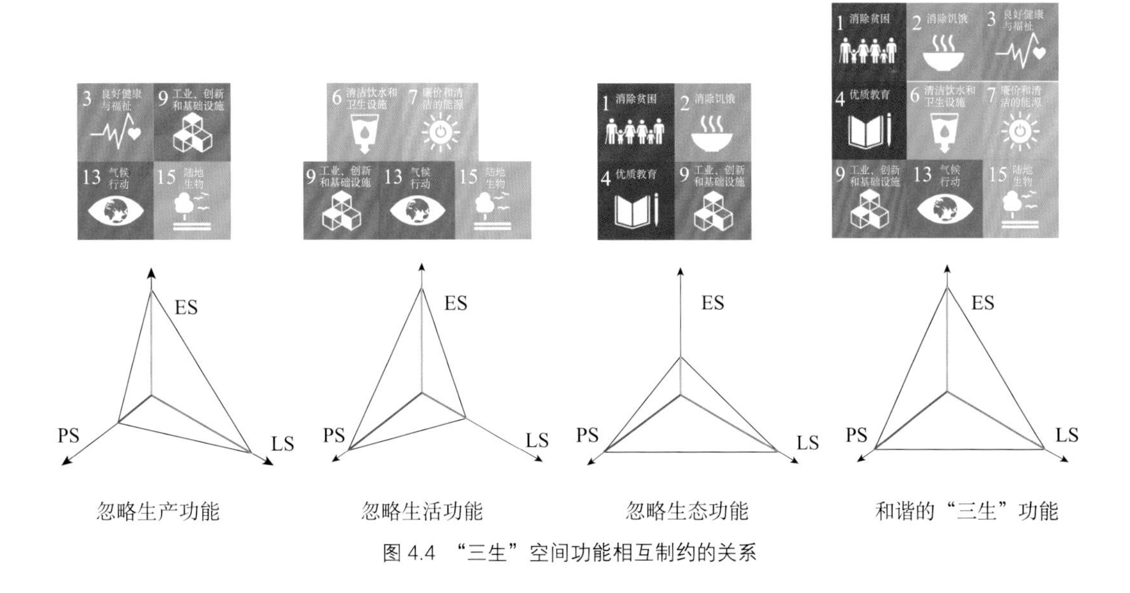

图 4.4 “三生”空间功能相互制约的关系

称《纲要》）以前，就已开始探讨关于农村土地可持续使用的概念。研究者们各自以不同的视角，对土地可持续利用的概念展开了探讨。Young 等（1990）所提出的概念为在确保土地赖以生存的自然资源的基本条件上，可以达到最大收获产出，而且永远保持土地能力的土地利用。1993 年，《纲要》给出了土地可持续利用的定义，即“可持续的土地利用在很长一段时间内不会引起土地退化"。此后，各界学者纷纷结合自己的领域对土地的可持续利用内涵进一步探讨。例如，谢俊奇（1998）认为，土地可持续利用就是通过合理的土地开发、利用和保护，实现土地的持续利用，并协调社会经济和环境之间的关系，促进经济社会不断发展和前进。在经济学领域，张凤荣（2003）认为，土地的可持续利用是建立在经济可行性的基础上，以社会的可持续性为目标，实现各个层次的目标的土地利用系统。Hurni（2008）将土地可持续利用界定为使用自然资源和社会经济资源制造产品，以确保生产价值大于投资，并且能够保持并提高土地生产力。"三生"空间可持续性是从"三生"视角分析土地利用的可持续性，更好地顾及了土地利用的功能性。

4.3.4 多尺度融合模型

尺度（Scale）是地球科学众多分支如生态学、气象学、城乡规划等研究领域的一个重要的、不可回避的概念。地理学的研究对象无论是"格局与过程的发生"还是耦合关系都是存在尺度依赖性的（Scale-dependent），即研究对象具有时空尺度特征。尽管在具体的研究范畴中尺度的概念表述各不相同，但在地理学领域的一般内涵是指自然 / 人文过程或观测研究在时空域上的特征度量。广义上的尺度分割可以无止境地上下延伸或伸缩，但在实际的研究中，大部分是根据研究目的、意义、技术方法支撑、实践的需求等划分出一定的时空尺度。关键在于划分尺度是否能够达到预期的研究目标，得出科学合理的研究结果。对研究对象的格局与过程分析离不开尺度的探讨，格局 - 过程与尺度有密不可分的联系。对研究对象以简单的或者离散的时间尺度分析，所得到的结论往往是片面的，无法客观全面地反映其内在规律性的变化、本质特征，因此，尺度的选择、多尺度的融合 / 尺度转换（Scaling）是至关重要的一个环节。尺度转换也叫尺度推绎，主要包括两个类型：尺度上推（Upscaling）和尺度下推（Downscaling）。前者是把较小尺度的属性上推至大尺度；后者是将大尺度的观察、研究结果推演到小尺度，尺度下推的目的是将宏观尺度得到的观测数据、普遍规律等应用于小尺度、局部区域以便于解决实际问题。尺度与空间异质性的关系密切，空间异质性理论多应用在生态学中，表示生态变量在空间上的不均匀和复杂的程度。在一般情况下，研究尺度越大，细节就会被忽略得越多，行政单元尺度与格网尺度的"三生"功能在空间分布状况上相比，内部的差异性会有一定程度的损失，总体"三生"功能特征的均匀性和复杂性要明显小于格网尺度。因此，随着研究尺度变大，空间异质性随之越小，大尺度让我们更易研究整体性；反之，尺度越小，空间异质性越大，细节、突变和差异等会因此放大。同时，多种尺度之间存在复杂的关系，格局与过程是相互作用、彼此

影响的（吕一河 等，2001）。因此，对行政单元尺度和格网尺度的“三生”功能进行多尺度融合分析，既包含了行政单元尺度的“三生”功能信息，体现了宏观的发展背景，又注重微观层面的“三生”空间冲突表现，集成两种尺度的优点，可以更好地认识“三生”功能的时空特征。

对土地“三生”功能不同尺度的综合研究是未来土地利用功能研究的重要方向之一，只有多尺度的融合才能反映土地功能变化的实质。但由于尺度的复杂性、土地功能系统的动态性和复杂性、数据的可获得性、计算方法的局限等，多尺度融合研究一直是难点。从行政单元尺度到格网尺度再到多尺度的融合分析，既可以获取到宏观尺度的“三生”空间功能信息，也可以得到微观尺度所独具的详细信息。不同尺度上“三生”空间冲突和功能的主导因素与表现形式不同，不同级别间的功能相互影响，有一定的传导作用。多尺度的融合分析有助于理解“三生”空间可持续性特征，从单一尺度到多尺度的集成研究是研究土地利用的未来趋势。利用迭代法构建各个度量的空间关系，并按照不同尺度下各个衡量因素的得分值和加权，建立“三生”功能多尺度融合的数学模型。

$$F_{P,\ L,\ E}=(1-\alpha)\times A_{P,\ L,\ E}+\alpha\sum_{i=1}^{n}A_i\times\beta \tag{4.48}$$

式中，$F_{P,\ L,\ E}$ 代表多尺度融合下的“三生”可持续发展综合得分（P 为生产、L 为生活、E 为生态）综合评价值，α 为上一级尺度（行政单元尺度）评价结果所占的权重，$A_{P,\ L,\ E}$ 表示格网尺度“三生”功能的评价指标，A_i 和 β 分别表示行政单元尺度“三生”功能的各个评价因子和相应的指标权重。

4.3.5 中国“三生”空间可持续性评估

对我国“三生”适宜性和“三生”冲突结果进行多尺度融合，从而进行可持续发展评估，结果如图 4.5 所示。

从空间分布上看，中国区域“三生”空间耦合协调度呈现东南高、西北低的特点。

2010 年，中国“三生”空间轻度失调地区格网数约为 160 万个，占全国总格网数的 17.03%，主要分布在西南部的青藏高原地区与西北部的新疆地区；濒临失调地区格网数约为 280 万个，占全国总格网数的 29.76%，主要分布在内蒙古、黑龙江、青海、甘肃等省（区）以及青藏高原与新疆较为温润的地带；而勉强协调地区格网数约为 186 万个，占全国总格网数的 19.79 %，主要分布在吉林、辽宁、山西、陕西、四川等地区；基本协调和良好协调格网主要分布在中东部经济发达地带。

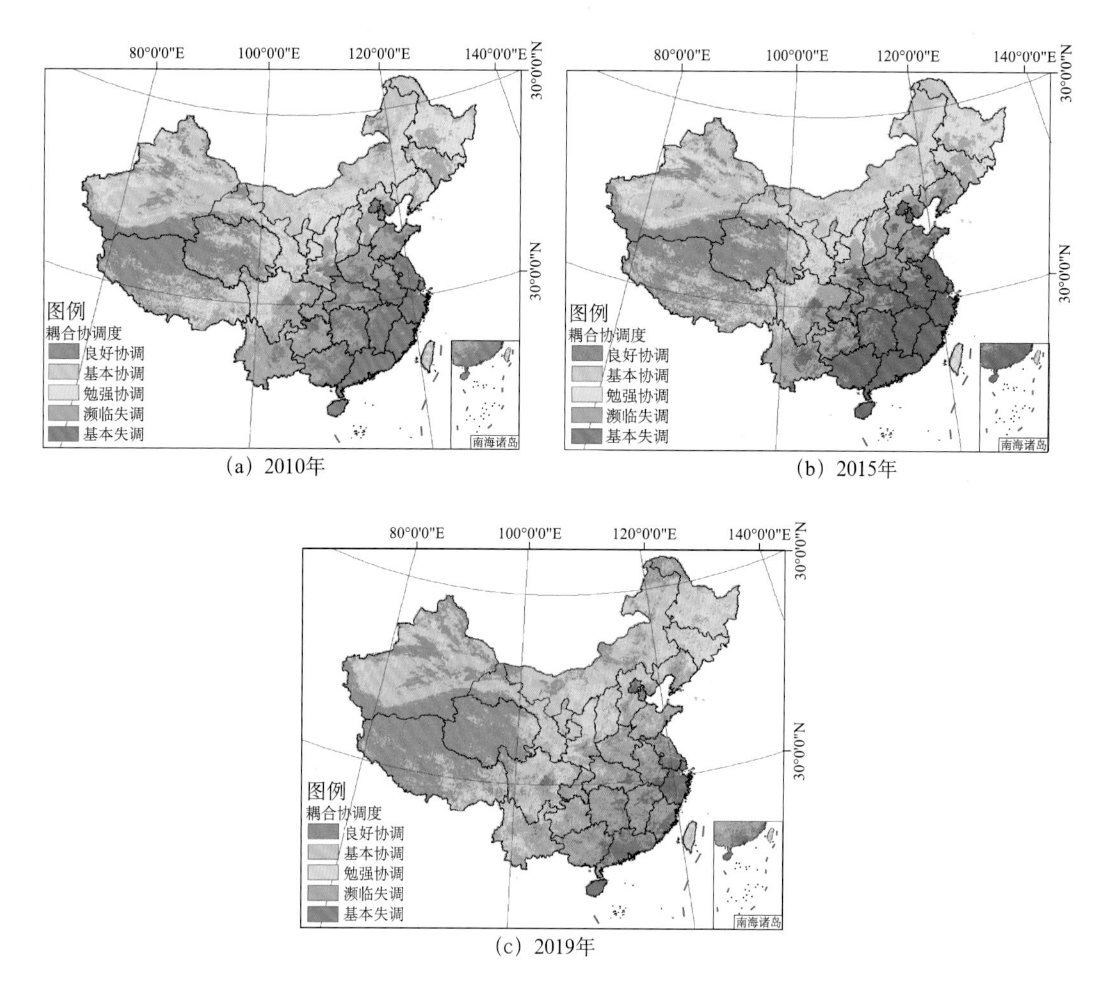

(a) 2010年

(b) 2015年

(c) 2019年

图 4.5 “三生”空间耦合协调度

与 2010 年相比，2019 年，全国“三生”空间濒临失调地区格网数有一定程度增加，约为 244 万个，占全国总格网数的 25.93%，增加的部分主要分布在内蒙古和东北地区，这些地区因为技术的发展、农业生产范围扩展以及农产品加工能力提升，生产空间得分增加，但是生活空间与生态空间得分仍然保持在较低水平，从而加剧了这些地区“三生”功能的不协调程度。另外一个值得注意的变化就是较为发达的中东部地区的“良好协调”的格网数量出现大幅度的下降，由 2010 年的占比 14.40% 降低到 2019 年的占比 6.12%。这是因为进一步的城市化加剧了城区人口的拥挤，降低了城市土地的生活适宜性，并且生产力仍然不断发展，生产空间得分进一步提升，再加上生态环境的破坏，造成了“三生”空间得分的不平衡，导致“三生”空间耦合协调度下降。

同一地区或省份内部的地级市之间也会表现不同的耦合冲突类型，例如，河南省地处中国中东部的黄河中下游，素有“九州腹地、十省通衢”之称，其地形呈望北向南、承东启西之势，地形复杂，有平原、盆地、山地、丘陵等诸多地貌。气候属北亚热带向暖温带过渡的大陆性季风气候。人口众多，地处沿海开放地区与中西部地区的结合部，是中国经济由东向西梯次推进发展的中间地带，各地级市经济发展与土地利用格局各异，非常具有典型性。以河南省为例，以全国的分级断点为标准，河南省同时存在良好协调、基本协调、勉强协调、濒临失调四种耦合类型（图 4.6）。河南省总体“三生”空间耦合特征是生活空间得分高、生产和生态空间得分相对较低。在空间分布上，河南省西部、南部的三门峡、洛阳和信阳等地级市耦合度较高，这是因为这些地级市地域面积大，人口密度相对较低，且经济发展程度在全省相对来说水平较低，道路密度低，城镇人均收入水平较低，生活空间得分与生产、生态空间功能得分处于同一水平，“三生”空间功能耦合程度较好；而郑州及其以西的开封、许昌等地级市人

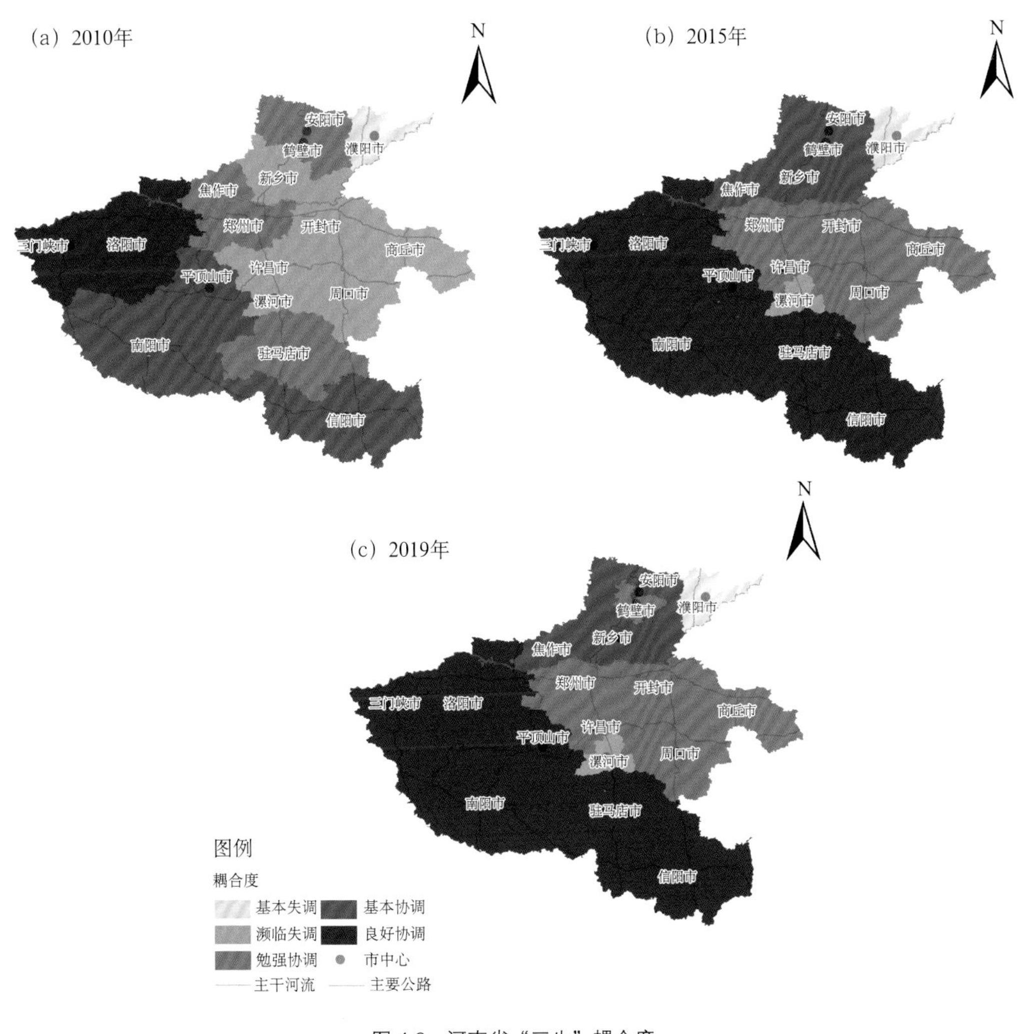

图 4.6 河南省“三生”耦合度

口密度高，地域面积小，道路密度也比较高，使得生活空间得分远高于生产空间和生态空间得分，导致这些地级市“三生”空间耦合度低。从时空演变来看，原本耦合程度较高的洛阳等地，尤其是驻马店、信阳等由于经济的发展，生产、生活空间得分逐渐追平生态空间，“三生”空间耦合程度进一步提升。而开封、郑州、商丘等原本耦合度较差的地级市由于生产空间的发展，缓和了“生产－生活”的冲突，并且生态空间得分也有所提升，使得总体耦合度得到提升。由此推断，随着经济社会进一步发展，驻马店、信阳等城市生产功能进一步提升，会加大“生产－生态”冲突，使得耦合度有一定下降，所以这些城市在接下来的发展过程中要注意减少污染物的排放和自然景观的保护，走可持续发展之路。

当前，越来越多的学者致力于应用几何模型来探索“三生”空间的耦合协调关系，以形象地从“三生”视角评估土地利用可持续性，因此，提出一种几何模型。该模型能够充分表达资源环境对生产生活水平发展的约束和承载作用。如图 4.7 所示，*OA*、*OB* 分别代表生产空间、生活空间适宜性水平，*OC* 为生态空间水平综合水平，得分标准值为 1，*OA*、*OB* 构成的三角形形成三棱锥的底面。假设用一个平面以 *C* 为顶点对三棱锥进行切割（不一定是平行切割），可以得到一个断面。在这个断面中，*CD*、*CE* 分别代表生产、生活空间功能现状水平，它们的值受到生产、生活适宜性水平和生态空间综合得分制约，那么三角形 *CDE* 的面积 *S* 可以充分表达在生产、生活适宜性与生态条件约束下生产、生活功能发挥现状，*S* 越大，表明社会发展综合得分越高。三角形 *CDE* 与三角形 *OAB* 面积之比 *V* 可以表达土地利用可持续发展水平，标准值为 1。当 *V* 小于 1 时，说明生产、生活活动没有突破地域条件承载力水平，还具有一定的发育空间；当 *V* 大于 1 时，说明生产、生活活动超过了资源环境承载力的约束，需要调整生产、生活活动的布局，减缓资源环境压力，注重对生态环境的保护，提高发展的效率。当然，在这个几何模型中我们也可以分析一些异常值，如，当 *CE*、*CD* 的值过小，不足以完成对棱锥的切

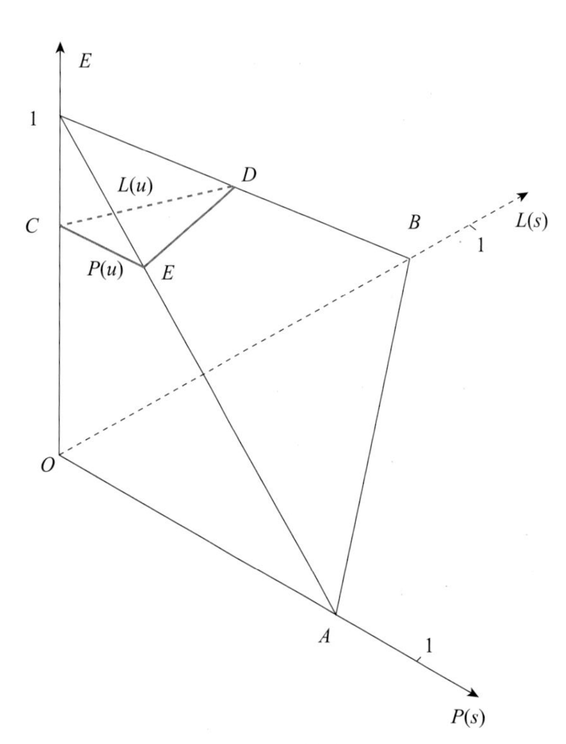

图 4.7　土地利用可持续性评估模型

割时，说明经济发展水平太低，对该地国土空间的利用水平过低，那么可以根据该地资源环境现状加大开发活动；另一种情况是，当 *CD*、*CE* 的值过小，使得 0 平面面积大于三棱锥的任意一平面，此时仍无法完成对棱锥的切割，说明生产、生活活动远远超出资源环境承载力现状，需要非常重视该地的生态环境保护，并调整土地利用格局。另外，在其他条件不变的情况下，同一城市计算出的 *CDE* 的面积变化还可以表达生产－生活功能之间的冲突等。总之，该几何模型可以充分探索“三生”空间适宜性和“三生”功能之间以及生产、生活、生态之间的关系，并且能更好地反映可持续发展程度，后续的研究中将进一步探索应用该模型。

第 5 章

“三生”空间演化的驱动机制

5.1 格局演变特征

21 世纪以来，我国经济多维持近两位数的高速增长，2020 年人均 GDP 较 2000 年提升 8 倍多，第三产业占比从 2000 年的 39.0% 提升至 2020 年的 54.5%，标志着我国进入了新的经济发展阶段。选择 2000—2020 年为研究时间段，以 2000 年和 2020 年“三生”空间分布为基础，采用叠加分析的方法，分析了我国 20 年“三生”空间格局演变的特征。

5.1.1 数据获取

“三生”空间是根据土地利用所反映的主导功能（生产功能、生活功能、生态功能），对用地类型的重新整合。目前，国际或国内已有多个组织发布了土地利用数据集，选择 Globeland30 的土地利用数据作为研究基础。该数据集是我国向联合国提供的首个全球地理信息公共产品，为应对全球挑战和促进可持续发展提供了重要的基础信息。研究区选择中国，根据该数据集中用地类型所反映的主导功能进行分类，以生产功能为主导的用地类型仅包括耕地，以生活功能为主导的用地类型仅包括人造地表，其他用地类型则主要表现出生态功能，从而将不同主导功能的用地类型分别归并为三类空间：生产空间、生活空间、生态空间（表 5.1），生成我国“三生”空间分布格局，并将分辨率统一为 1 km。采用叠加分析方法，生成我国 20 年“三生”空间演变的空间分布。

表 5.1 “三生”空间分类体系

“三生”空间分类	内涵	土地利用类型
生产空间	利用土地生产各类产品所处的地域空间	耕地
生活空间	与人居环境的承载与保护有关的地域空间	人造地表
生态空间	提供生态产品或服务的地域空间	林地
		草地
		灌木地
		湿地
		水体
		苔原
		裸地
		冰川和永久积雪

5.1.2 特征分析

20 年来，我国约 13.36% 的国土面积发生了“三生”空间的转换（图 5.1）。转换面积最多的是生态空间与生产空间的相互转换，占国土面积的 10.33%，其中，前者转为后者及后者转为前者的比例分别占 5.51% 和 4.82%，主要集中在我国南方、黄土高原、东北的东部和西部及藏东南等地区（图 5.2）。转换面积最少的是生活空间和生态空间的相互转换，仅占国土面积的 0.57%，并且两类转换的占比较为相近，主要集中在珠江三角洲地区，点状零星分布于个别城市（如贵阳、南宁等）。而生产空间和生活空间的相互转换占国土面积的 2.46%，主要集中在华北平原和东北平原，在个别大型城市（如武汉、成都、长沙等）也有零星分布，而生产空间转为生活空间的占比远大于生活空

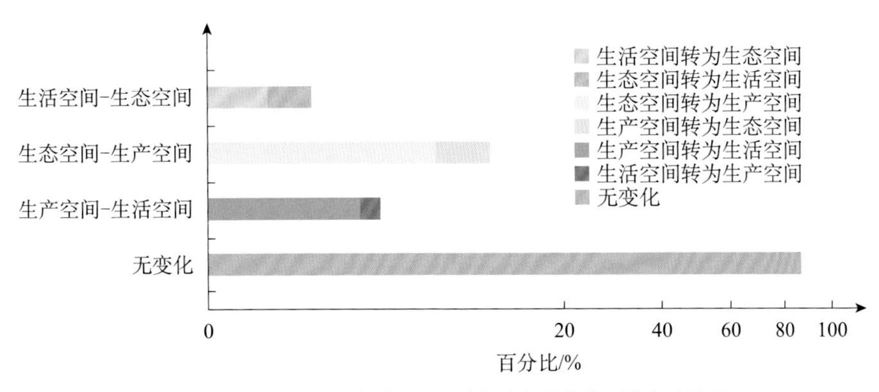

图 5.1 2000—2020 年我国“三生”空间转换类型的占比情况

间转为生产空间的占比。此外，鉴于任意两类转换存在的空间交错性，将两类相互发生转换的空间合并为一种进行分析。

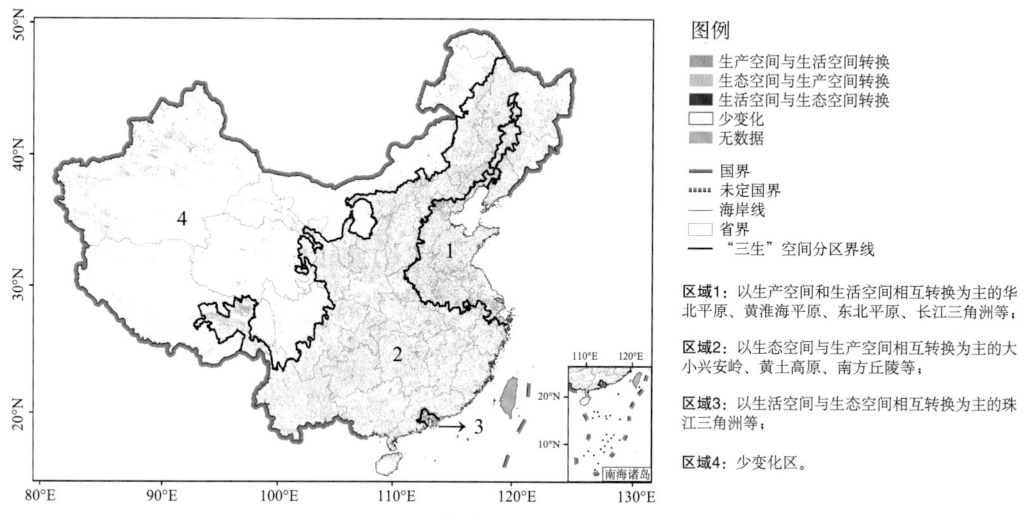

图 5.2　2000—2020 年我国"三生"空间演变格局的分区

5.2　驱动要素选择

"三生"空间所处的系统是一个包含自然地理子系统（基础地理、资源、气候、生态环境等）、社会经济子系统（社会、经济等），以及外部环境子系统（经济政策、环境保护、资源保护、国土空间规划等）的复杂系统。因此，"三生"空间变化的主要影响因素选择就是从上述三类子系统中筛选出主要的影响因子，为进一步的驱动机制模拟分析提供支撑。根据上述分析，结合国内外已有的研究成果，"三生"空间格局演变的主要影响因素见表 5.2。

表 5.2　"三生"空间格局演变的主要影响因素

类别	类型	因素
自然地理	基础地理	海拔
		最大高差
		坡度
		坡向
		坡位
	资源	河流
		水资源量

续表

类别	类型	因素
自然地理	气候	降水量
		气温
	生态环境	土壤水力侵蚀
		土壤风力侵蚀
		归一化植被指数
社会经济	社会	人口基数
		人口增量
		夜间灯光指数
		居住区面积占比
		道路
		初始用地类型
	经济	地区生产总值
		第一产业增加值
		公共预算收入
		公共预算支出
		住户储蓄存款余额
外部环境	政策规划	主体功能区划
		生态保护区划
		林业工程区划
		自然保护区划

5.2.1 自然地理因素

区域的自然地理条件是“三生”空间分布格局的基础性因素，更是影响“三生”空间格局变化的限制性因素，涵盖以下四个方面。

（1）基础地理因素，包括海拔、最大高差、坡度、坡向、坡位等。这不仅直接影响“三生”空间格局变化的可能性，还会导致区域内气候条件或人类活动强度有所差异，从而造成“三生”空间布局发生调整。例如，不同坡向（主要是向阳坡和背阴坡）上水汽条件的差异直接影响作物生长适宜性，这是生产空间分布的一个关键因素（Bakker et al.，2005；宋永永 等，2021；时振钦 等，2018；Zhang et al.，2020）。而坡度是人类居住和耕作的基础要素，同时也是自然灾害（特别是滑坡）发生的关键要素，对生活空间和生产空间的分布至关重要（Pasaribu et al.，2020）。

（2）资源要素，包括河流、水资源量等，这是人类从事生产和生活的必要条件。河流对农业生产、人类生活、交通航运等都起着至关重要的作用，水资源作为农业生产的首要限制因素，与农业生产方式和结构息息相关，两者在多个方面都限制了“三生”空间格局的演变。

（3）气候因素，包括降水量、气温等。降雨量的多寡及温度的高低与植物生长状况、人类居住适宜性紧密相关，限制着“三生”空间格局演变的可能性（时振钦 等，2018）。

（4）生态环境因素，包括土壤水力侵蚀、土壤风力侵蚀、归一化植被指数（NDVI）等。水力侵蚀会导致土壤退化，破坏生态平衡，同时对农林牧生产、水利和交通的影响极大，而土壤风力侵蚀容易带走农田、牧场肥沃的表土，严重时会使土地丧失生产能力而被迫转变为裸地，从而造成土地的功能性发生转变（Bakker et al.，2005）。NDVI 反映了植被覆盖情况，同样反映出植物冠层的背景影响，与生态空间的转换相关联。选取自然地理要素的数据名称、格式、年份、分辨率、来源等信息，见表 5.3。

表 5.3　自然地理因素的数据清单

数据源	格式	数据名称	年份	分辨率	来源
DEM	栅格	海拔	—	90 m	地理空间数据云
	栅格	最大高差	—	90 m	地理空间数据云
坡度	栅格	坡度	—	90 m	地理空间数据云
坡向	栅格	坡向	—	90 m	地理空间数据云
坡位	栅格	坡位	—	90 m	地理空间数据云
土壤侵蚀	栅格	土壤水力侵蚀面积占比	—	1 km	《地震应急救援的人文社会经济与自然环境背景区域差异图集》
	栅格	土壤风力侵蚀面积占比	—	1 km	《地震应急救援的人文社会经济与自然环境背景区域差异图集》
河流	矢量	距河流距离	—	—	资源环境科学与数据中心
水资源量	栅格	水资源量	2000 年	1 km	《地震应急救援的人文社会经济与自然环境背景区域差异图集》

续表

数据源	格式	数据名称	年份	分辨率	来源
降雨量	矢量	多年平均降雨量	2000—2020 年	—	中国气象数据共享服务系统
气温	栅格	多年平均气温	2000—2020 年	1 km	世界气候数据库
归一化植被指数	栅格	归一化植被指数	2007 年和 2015 年	8 km	全球库存建模和绘图研究组

5.2.2　社会经济因素

社会经济活动是人类调整空间布局的主要手段，是空间功能性转变的直接推动力，其中涵盖两个方面。

（1）社会因素，如人口基数、人口增量、夜间灯光指数、居住区域面积占比、道路、初始用地类型等。其中，人口基数是人类活动最直观的表征指标（Alexander et al.，2015；Prabhakar，2021；张佰发　等，2020；赵瑞　等，2021；都来，2020）。夜间灯光指数综合反映了一定人文生活习惯，也体现了城市发展水平。不同城市化发展水平导致的城市未来一段时间的发展和扩张的幅度存在差异。居住区域面积占比反映了居住区域分布的疏密程度，从生活便利性考虑，往往居住区集中的周边区域更易被开发为新的居住区；从宜居性考虑，居住区内部或周围也易保留或开发为生态用地（Song et al.，2014）。道路是社会经济活动的主要通道，对人们生活、交通运输等方面至关重要（梁溶方，2020；时振钦　等，2018；沈思考，2020）。而初始用地类型作为“三生”空间演变系统的初始状态，对系统新稳态的实现起着约束性作用。

（2）经济因素，包括地区生产总值、第一产业增加值、公共预算收入、公共预算支出、住户储蓄存款余额等。其中，经济发展水平很大程度上决定了一个区域的整体发展，是区域空间格局变化的重要推动力（李欣，2020；Dong et al.，2020；都来，2020）。第一产业增加值反映了农业生产情况，与生产空间的变化息息相关。公共预算收入代表了政府用于保障和改善民生等方面的资金基础，从规划实施方面来看，也影响了国土空间变化的程度。公共预算支出是指用于公共工程、文化、卫生、体育等方面的投资支出，与公共预算收入的作用相类似。住户储蓄存款余额影响着人们的消费结构和方式，从而促进了国土空间格局的变化。选取的社会经济要素的数据名称、格式、年份、分辨率、来源等信息见表 5.4。

表 5.4 社会经济因素的数据清单

数据源	格式	数据名称	年份	分辨率	来源
地区生产总值	栅格	地区生产总值	2000 年	1 km	全球变化科学研究数据出版系统
人口密度	栅格	人口密度	2000 年	1 km	全球变化科学研究数据出版系统
夜间灯光指数	栅格	夜间灯光指数	2000 年	1 km	资源环境科学与数据中心
居住区域面积占比	栅格	居住区域面积占比	2000 年	1 km	《地震应急救援的人文社会经济与自然环境背景区域差异图集》
初始用地类型	栅格	初始用地类型	2000 年和 2019 年	30 m	GlobeLand30
道路	矢量	距道路距离	—	—	资源环境科学与数据中心

5.2.3 外部环境因素

外部环境因素主要指政策规划因素。政策规划主要是管理者对“三生”空间布局的规划、区划等政策性的措施（Meyfroidt et al.，2013；Prishchepov et al.，2012；Swette et al.，2021；陈文皓，2019），包括主体功能区划、生态保护区划、林业工程区划、自然保护区划等。主体功能区划包括重点开发区、优化开发区、限制开发区、禁止开发区，是我国统筹谋划国土空间布局的指导性规划（樊杰，2015）。生态保护区是指国家为保护特殊的资源或环境而划定的区域，旨在减少人类活动影响，保护自然本底，这降低了空间类型转换的可能性。林业工程空间规划是我国为提高森林资源蓄积量对林业布局的一次战略性调整，保障了部分生态空间。自然保护区是指对特定生态系统加以保护的区域，维持了原有的生态空间。选择的政策规划要素的数据名称、类型、格式、分辨率、来源等信息见表 5.5。

表 5.5 政策规划因素的数据清单

数据源	格式	数据名称	类型	来源
主体功能区划	矢量	主体功能区划	多分类	资源环境科学与数据中心
	矢量	主要主体功能区类型	多分类	资源环境科学与数据中心
生态保护区划	矢量	生态保护区划	二分类	资源环境科学与数据中心
	矢量	生态保护区面积占比	连续型	资源环境科学与数据中心
林业工程区划	矢量	林业工程区划	二分类	资源环境科学与数据中心
	矢量	林业工程区面积占比	连续型	资源环境科学与数据中心
自然保护区划	矢量	自然保护区划	二分类	资源环境科学与数据中心
	矢量	自然保护区面积占比	连续型	资源环境科学与数据中心

5.3 驱动作用模拟

5.3.1 模型方法

最大熵（Maximum Entropy，简称 MaxEnt）模型是受信息论和统计学启发而提出的一种机器学习方法。该模型遵循最大熵原理，即确保未知概率近似满足任何约束。熵公式可定义为

$$H(\hat{\pi}) = -\sum_{x \in X}^{k} \hat{\pi}(x) \ln \hat{\pi}(x) \tag{5.1}$$

式中，π 是研究区域内有限像元 x 上的未知概率分布，ln 是自然对数，$\hat{\pi}$是 π 的近似值。对于每一个 x，$\hat{\pi}$必须被分配一个非负的概率，并且所有概率的和等于 1。

MaxEnt 模型的优点是：①可以同时处理离散型数据和连续型数据；②在数据缺省的情况下依然适用；③对模拟结果的解释度高。目前，最大熵模型已应用到物种分布关键生存因素识别与预测、自然灾害关键驱动要素识别与风险评估等领域，并取得了较好的效果。

采用 MaxEnt 3.4.0 对我国“三生”空间的转换类型进行模拟，并采用受试者工作特征曲线下面积（Area under the Curve，AUC）衡量机器学习模拟“三生”空间演变的准确性。通常，AUC 取值为 0 到 1，值越大表明机器学习模型模拟的准确性越高。模型模拟精度 AUC 值的划分标准如表 5.6 所示。此外，最大熵模型可以根据已有数据列出研究区内协变量对因变量的相对贡献，并通过边际响应曲线反映协变量对因变量的作用机制。

表 5.6 模型模拟精度 AUC 值的划分标准

等级	精度意义	AUC 值
1	不真实	小于 0.5
2	无价值	等于 0.5
3	准确性较低	0.5 到 0.7 之间
4	准确性较高	0.7 到 0.9 之间
5	准确性很高	0.9 到 1.0 之间

5.3.2 构建模型

本节采用我国 20 年“三生”空间转换类型的数据进行建模，识别类型转换的关

键影响因素，分析关键因素对类型转换的具体影响。在模拟过程中，采用两种空间尺度进行模拟分析：国家尺度和区域尺度。国家尺度为我国内陆区域，区域尺度为本章第1节中划分的四个区域。与此同时，每个研究区都包含生产空间与生活空间相互转换、生活空间与生态空间相互转换、生态空间与生产空间相互转换三种类型，因此，共构建15套模型进行模拟分析。其中，关于驱动作用分析的技术流程如图5.3所示。

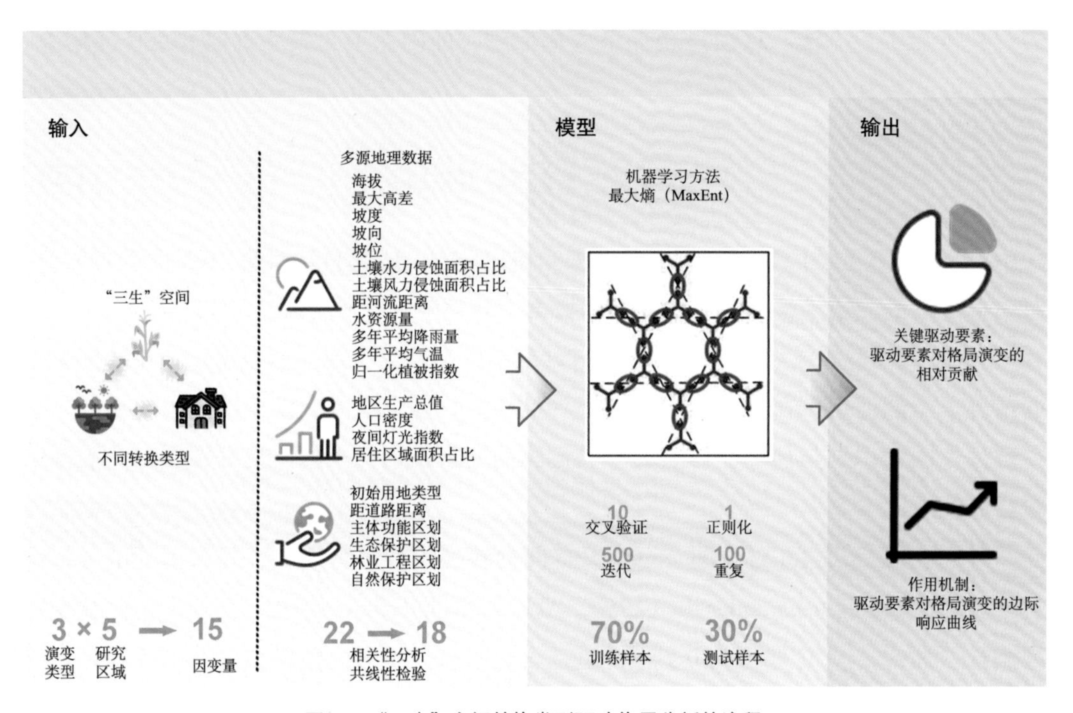

图5.3 “三生”空间转换类型驱动作用分析的流程

5.4 驱动作用机制

5.4.1 因子的相关性及共线性分析

本节共选取了22个变量作为影响“三生”空间转换类型的潜在驱动因子。首先，采用相关性分析的方法，根据优先保留原始数据分辨率高的原则，以0.70为阈值剔除了最大高差、水资源量、多年平均气温、归一化植被指数4个因子（表5.7）；在此基础上将剩余变量与全国尺度的三种空间转换类型分别进行共线性分析，最终保留的驱动因子见表5.8。

表 5.7 “三生”空间转换类型的因子相关性

		自然地理												社会经济						政策规划			
		a1	a2	a3	a4	a5	a6	a7	a8	a9	a10	a11	a12	b1	b2	b3	b4	b5	b6	c1	c2	c3	c4
自然地理	a1	1																					
	a2	0.33	1																				
	a3	0.32	0.81	1																			
	a4	0.00	0.04	0.05	1																		
	a5	−0.03	−0.13	−0.16	−0.13	1																	
	a6	−0.47	0.19	0.19	0.00	−0.05	1																
	a7	−0.15	−0.39	−0.38	−0.01	0.08	−0.64	1															
	a8	−0.08	−0.22	−0.21	0.01	0.05	−0.37	0.55	1														
	a9	−0.15	0.31	0.35	0.02	−0.06	0.48	−0.42	−0.27	1													
	a10	−0.31	0.27	0.27	0.02	−0.06	0.64	−0.54	−0.36	0.80	1												
	a11	−0.72	−0.12	−0.10	0.00	0.00	0.51	0.02	0.06	0.46	0.56	1											
	a12	−0.44	0.30	0.29	0.02	−0.07	0.76	−0.57	−0.40	0.68	0.84	0.54	1										
社会经济	b1	−0.14	−0.10	−0.09	−0.01	0.01	0.14	−0.08	−0.06	0.07	0.12	0.16	0.07	1									
	b2	−0.10	−0.07	−0.06	0.00	0.01	0.10	−0.06	−0.04	0.05	0.09	0.12	0.06	0.53	1								
	b3	−0.27	−0.18	−0.16	−0.01	0.01	0.26	−0.15	−0.11	0.09	0.19	0.27	0.14	0.55	0.44	1							
	b4	−0.19	−0.14	−0.14	−0.01	0.01	0.18	−0.10	−0.08	0.03	0.10	0.17	0.10	0.58	0.52	0.50	1						
	b5	0.24	−0.14	−0.14	−0.01	0.05	−0.58	0.54	0.49	−0.35	−0.51	−0.19	−0.65	−0.03	0.00	−0.14	−0.05	1					
	b6	0.47	−0.07	−0.06	0.00	0.03	−0.43	0.09	0.20	−0.22	−0.32	−0.43	−0.41	−0.08	−0.06	−0.17	−0.11	0.29	1				
政策规划	c1	0.04	−0.01	−0.04	0.00	0.00	−0.04	−0.05	−0.06	−0.11	−0.06	−0.17	0.02	−0.06	−0.03	−0.09	−0.03	−0.05	0.13	1			
	c2	−0.02	0.13	0.12	0.00	−0.03	0.05	−0.07	−0.13	0.04	0.04	−0.06	0.14	−0.04	−0.02	−0.06	−0.05	−0.13	−0.09	0.11	1		
	c3	−0.31	−0.06	−0.11	0.00	0.02	−0.01	0.36	0.21	−0.14	−0.06	0.31	−0.09	0.01	0.02	0.03	0.03	0.16	−0.23	−0.04	0.05	1	
	c4	0.16	0.03	0.02	0.00	0.00	−0.14	0.03	0.05	−0.04	−0.08	−0.12	−0.10	−0.03	−0.02	−0.07	−0.04	0.08	0.06	0.05	0.07	0.00	1

注：蓝色为相关性低于 0.70 的数值，橙色为相关性大于 0.70 的数值，颜色越深相关性越高。其中，a1～a12 依次代表海拔、最大高差、坡度、坡向、坡位、土壤水力侵蚀面积占比、土壤风力侵蚀面积占比、距河流距离、水资源量、多年平均降雨量、多年平均气温、归一化植被指数；b1～b6 依次代表地区生产总值、人口密度、夜间灯光指数、居住区域面积占比、初始用地类型、距道路距离；c1～c4 依次代表主体功能区划、生态保护区划、林业工程区划、自然保护区划。

表 5.8 “三生”空间转换类型的因子共线性

分类	变量	生活空间与生态空间相互转换	生态空间与生产空间相互转换	生产空间与生活空间相互转换
自然地理	海拔	R	R	R
	坡度	R	E	R
	坡向	R	R	R
	坡位	R	E	R
	土壤水力侵蚀面积占比	E	R	R
	土壤风力侵蚀面积占比	R	R	R
	距河流距离	R	E	R
	多年平均降雨量	R	E	R
社会经济	地区生产总值	R	R	E
	人口密度	R	R	R
	夜间灯光指数	R	R	R
	居住区域面积占比	R	E	R
	初始用地类型	R	R	R
	距道路距离	R	E	R
政策规划	主体功能区划	R	R	R
	生态保护区划	R	R	R
	林业工程区划	R	R	R
	自然保护区划	R	R	E

注：R 表示保留，E 表示剔除。

5.4.2 模型准确性

本部分共构建了 15 个模型，每个模型经过 100 次模拟后的平均 AUC 值均高于 0.700，准确性较高，部分模型平均 AUC 值大于 0.900，准确性很高（表 5.9），所有模型可进行下一步的驱动因素识别分析和关键因素驱动作用分析。

表 5.9 “三生”空间转换类型模拟的样本点数及准确性

转换类型	区域	样本点数量	平均 AUC 值
生活空间和生态空间相互转换	全国	231	0.937
	区域 1	100	0.701
	区域 2	102	0.885
	区域 3	100	0.756
	区域 4	137	0.982

续表

转换类型	区域	样本点数量	平均 AUC 值
生态空间和生产空间相互转换	全国	53	0.906
	区域 1	137	0.851
	区域 2	177	0.830
	区域 3	127	0.719
	区域 4	102	0.906
生产空间和生活空间相互转换	全国	50	0.746
	区域 1	50	0.741
	区域 2	55	0.703
	区域 3	52	0.756
	区域 4	145	0.798

5.4.3 关键驱动因子分析

20 年来，我国“三生”空间类型的转换受到自然地理、社会经济、政策规划三类因子的影响，社会经济发展带来的影响更为强烈（图 5.4）。其中，在国家尺度与区域尺度上，具体的关键因子有所不同：在国家尺度上，居住区域面积占比、初始用地类型、地区生产总值都显著影响了空间格局的变化；而在区域尺度上，大多数社会经济要素，如地区生产总值、人口密度、夜间灯光指数、居住区域面积占比、初始用地类型等对“三生”空间的格局演变都产生了深远影响。

尽管社会经济的发展显著影响了“三生”空间格局的演变，但对于不同的“三生”空间转换类型来说，促进其发生变化的具体因素则有所差异：①对生产空间与生活空间相互转换来说，居住区域面积占比、初始用地类型、人口密度是驱动空间功能发生变化的关键要素；②对生活空间和生态空间的相互转换来说，初始用地类型、夜间灯光指数、居住区域面积占比是促使其发生转换的主要因素；③对生态空间和生产空间相互转换来说，地区生产总值、初始用地类型、人口密度则是推动其转换的主要因素。可见，初始用地类型在各类转换驱动要素中的相对贡献虽有不同，但仍是我国“三生”空间格局演变的重要因素。

与此同时，对于不同研究尺度来说，同种“三生”空间转换类型的具体驱动要素也有差异：①以生产空间和生活空间相互转换为例，在国家尺度上，居住区域面积占比显著影响了两类空间的相互转换；在区域尺度上，该类转换主要发生在区域 1（图 5.5），并且主要驱动因素同样是居住区域面积占比，但在其他地区，初始用地类型及人

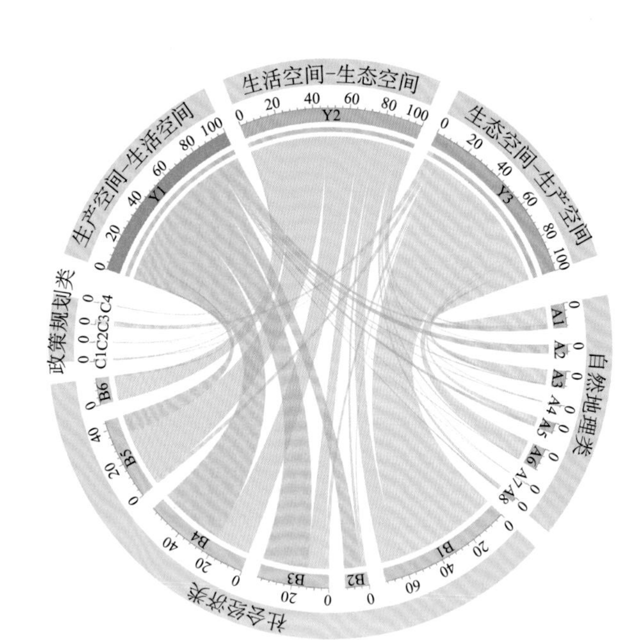

图 5.4　各驱动要素对全国“三生”空间转换类型的相对贡献

（驱动因子具体含义：A1 ~ A8 分别为海拔、坡度、坡向、坡位、土壤水力侵蚀面积占比、土壤风力侵蚀面积占比、距河流距离、多年平均降雨量；B1 ~ B6 分别为地区生产总值、人口密度、夜间灯光指数、居住区域面积占比、初始用地类型、距道路距离；C1 ~ C4 分别为主体功能区划、生态保护区划、林业工程区划、自然保护区划。后同）

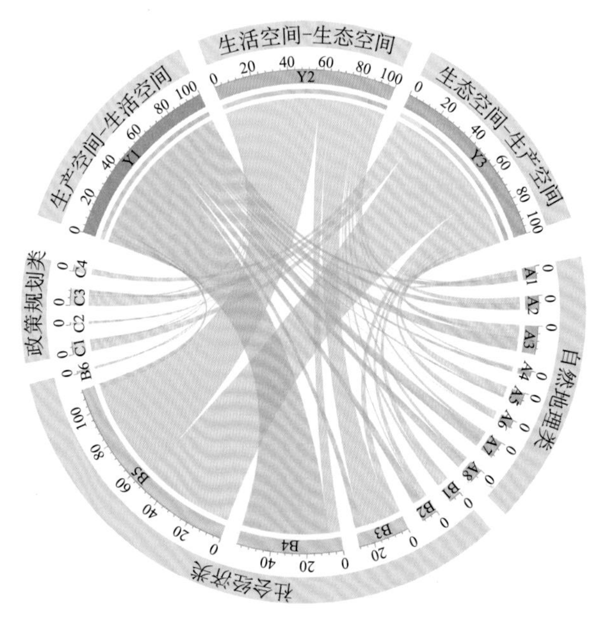

图 5.5　各驱动要素对区域 1“三生”空间转换类型的相对贡献

口密度促进了两类空间的转换。②以生活空间和生态空间相互转换为例，在国家尺度上，初始用地类型是推动其转换的关键因素；在区域尺度上，该类转换主要发生在区

域2（图5.6），但夜间灯光指数显著影响了两类空间的转换。③以生态空间和生产空间相互转换为例，在国家尺度上，地区生产总值密度是影响此类转换的最主要因素；在区域尺度上，该类转换主要发生在区域3（图5.7），初始用地类型是促进两类空间转换的关键要素。

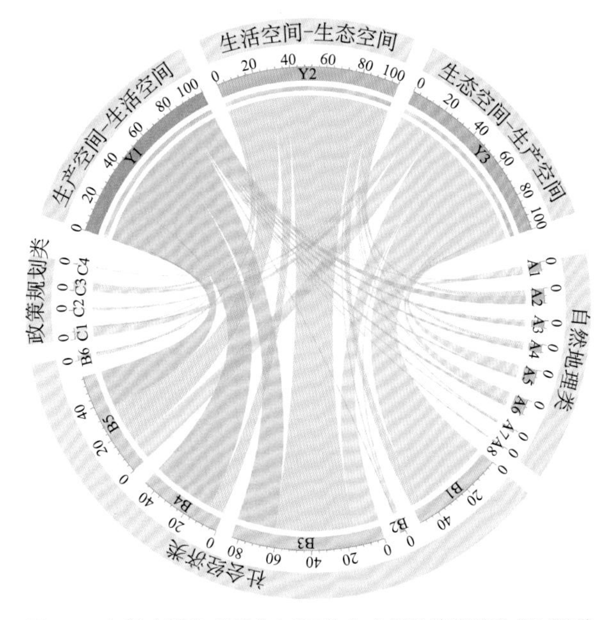

图 5.6　各驱动要素对区域 2“三生”空间转换类型的相对贡献

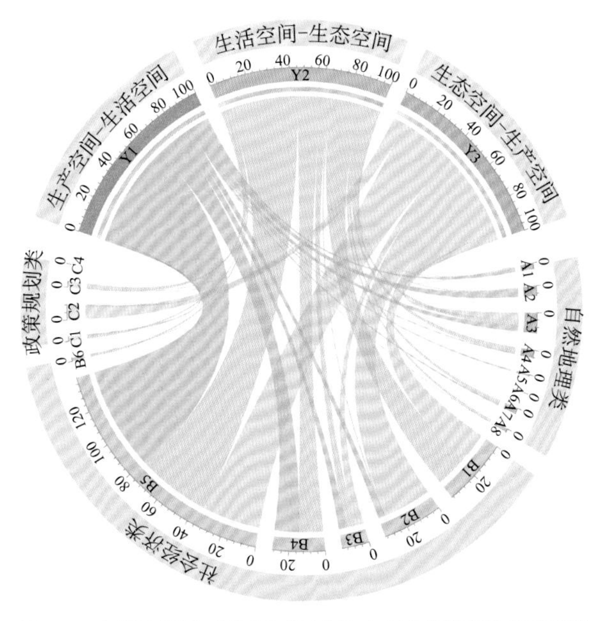

图 5.7　各驱动要素对区域 3“三生”空间转换类型的相对贡献

总体来说，20年来，我国“三生”空间类型的转换受社会经济要素的影响较大，特别是地区生产总值、人口密度、夜间灯光指数、居住区域面积占比、初始用地类型等。自然地理要素对生态空间与生产空间相互转换也有一定的促进作用。与此同时，影响我国“三生”空间格局演变的最关键因素因转换类型和研究尺度的不同而存在差异。

5.4.4 驱动作用分析

“三生”空间格局演变的关键驱动因子因转换类型及研究区域的不同而存在差异，与此同时，初始用地类型是多数地区“三生”空间转换的关键因子，而海拔是相对重要的自然地理要素。因此，进一步对这几个因子的驱动作用展开分析。

首先，“三生”空间格局演变的关键驱动因子因转换类型不同而存在差异，该部分以国家尺度上三种转换类型的最重要影响因子为例，进一步分析因子的驱动作用。对生产空间与生活空间相互转换来说，居住区域面积占比起到了关键性作用，并且与该类空间转换的可能性呈明显的正相关关系（图5.8）；对生活空间和生态空间相互转换来说，初始用地类型，特别是灌木丛，更容易引起这两类空间的相互转换（图5.9）；对生态空间和生产空间相互转换来说，地区生产总值最有可能导致该类转换，并且随着地区生产总值的增加，这两类空间之间转换发生的可能性随之降低（图5.10）。

其次，“三生”空间格局演变的关键驱动因子在区域间也存在差异，以我国四个区域内生产空间与生活空间相互转换为例，进一步分析因子的驱动作用。在区域1和2中，居住区面积占比为该类空间转换的最关键因素，并且随着居住区面积占比增加，

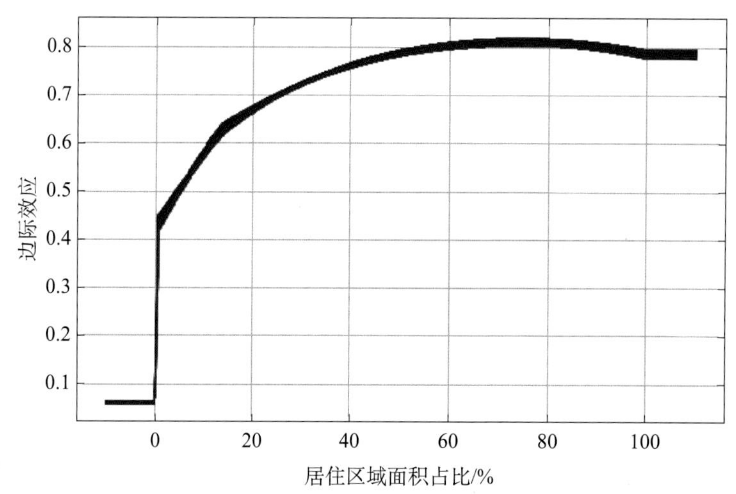

图5.8　国家尺度上居住区域面积占比对生产空间与生活空间相互转换的边际效应

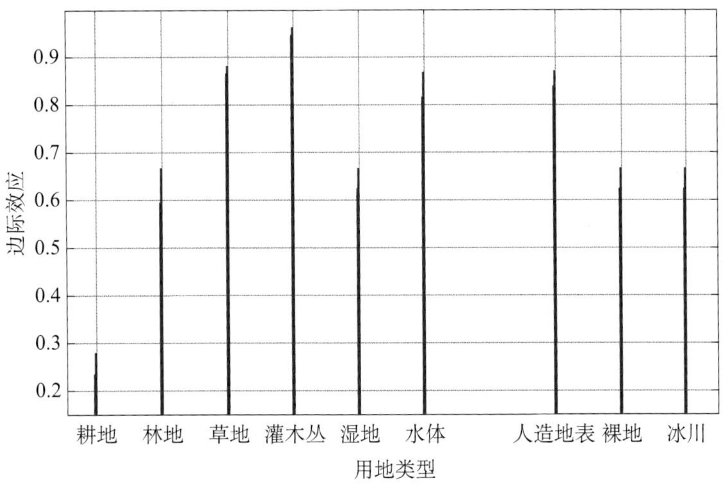

图 5.9 国家尺度上初始用地类型对生活空间与生态空间相互转换的边际效应

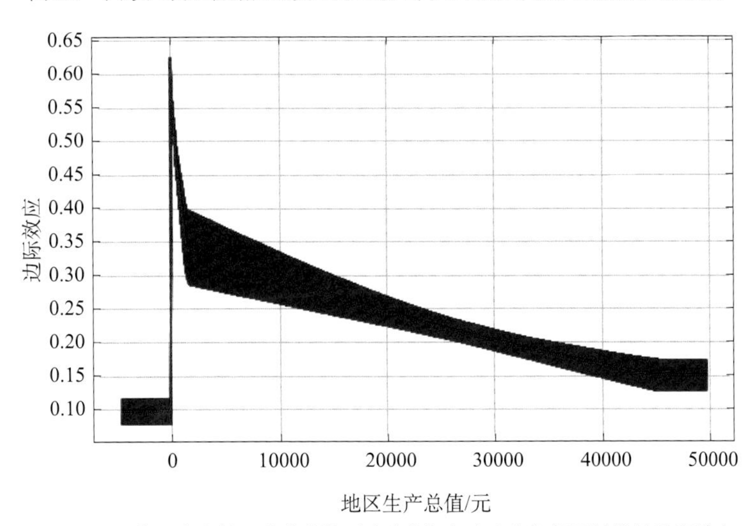

图 5.10 国家尺度上地区生产总值对生态空间与生产空间相互转换的边际效应

这两类空间转换发生的可能性随之增加，这表明在现有大型住宅区周围的生产空间极有可能也被开发为生活空间（图 5.11、图 5.12）。在区域 3 中，初始的用地类型，特别是耕地，主要影响着这两类空间的相互转换（图 5.13）。相比之下，区域 3 已经处于城市化发展的缓慢阶段（图 5.14，此外，区域多年的城市化发展水平多以省为单元进行统计，在此基础上进一步统计分析了各区域的城市化发展水平，其中，每个区域大致包含的省级行政区见表 5.10），空间利用类型相对稳定，位于城市周边的生产空间在城市进一步发展的过程中更易转换为生活空间。在区域 4 中，该地区城市化水平较低（图 5.14）、地域辽阔、人口稀少，生产空间与生活空间的转换主要发生在人口密集的城镇（图 5.15）。

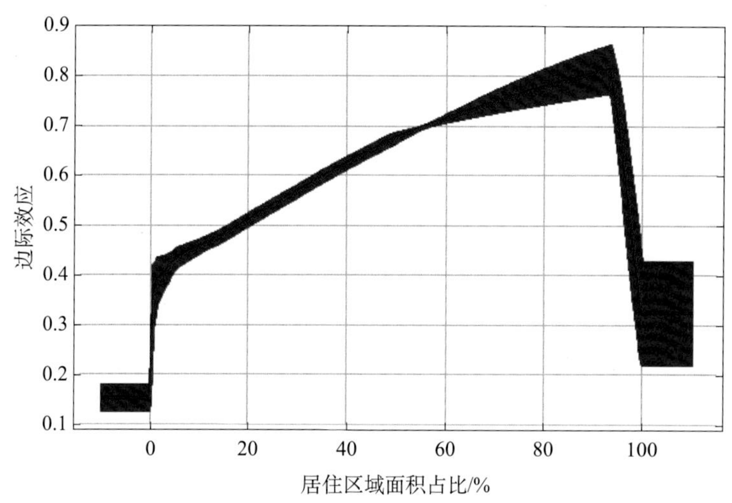

图 5.11　区域 1 居住区域面积占比对生产空间与生活空间相互转换的边际效应

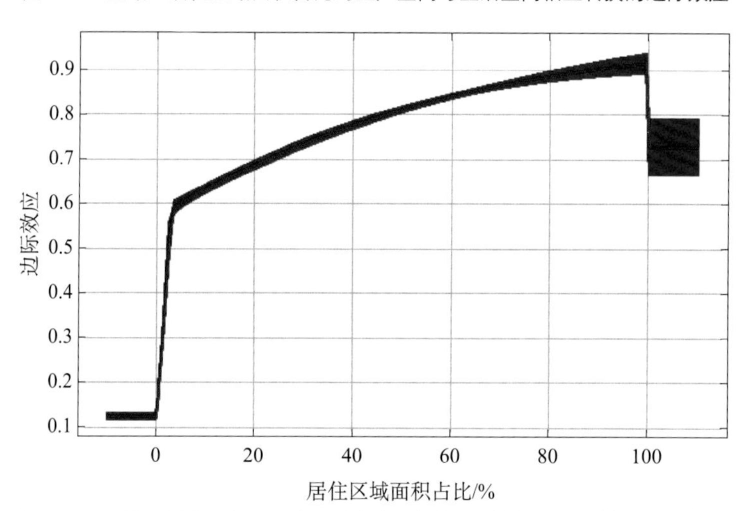

图 5.12　区域 2 居住区域面积占比对生产空间与生活空间相互转换的边际效应

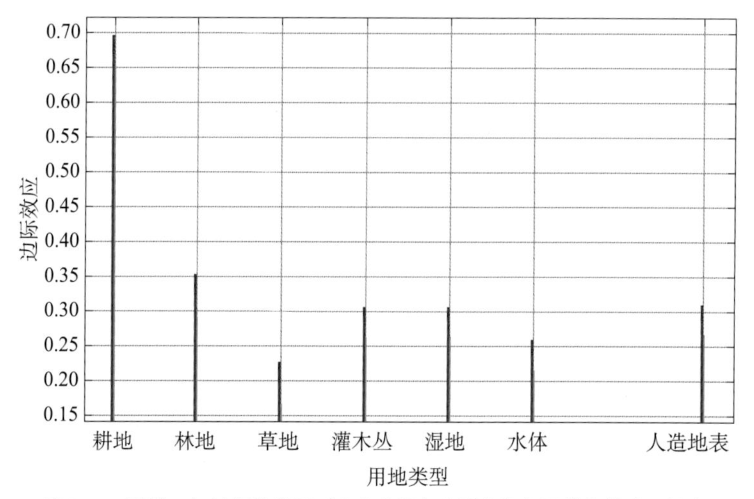

图 5.13　区域 3 初始用地类型对生产空间与生活空间相互转换的边际效应

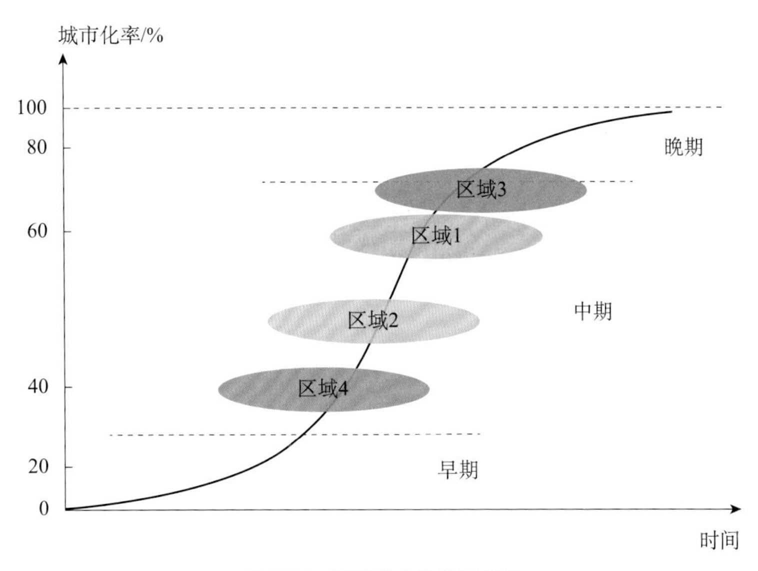

图 5.14 区域城市化发展水平

注：根据表 5.10 的省级行政区 2000—2019 年平均城市化率统计该区域城市化率。

表 5.10 城市化发展水平统计中各区域所包含的省级行政区

区域	省级行政区								
区域 1	天津	山东	河南	安徽	江苏	河北	北京	上海	
区域 2	山西	陕西	宁夏	湖北	重庆	湖南	贵州	江西	浙江
	福建	广西	云南	黑龙江	吉林	辽宁	四川	海南	
区域 3	广东								
区域 4	新疆	青海	西藏	甘肃	内蒙古				

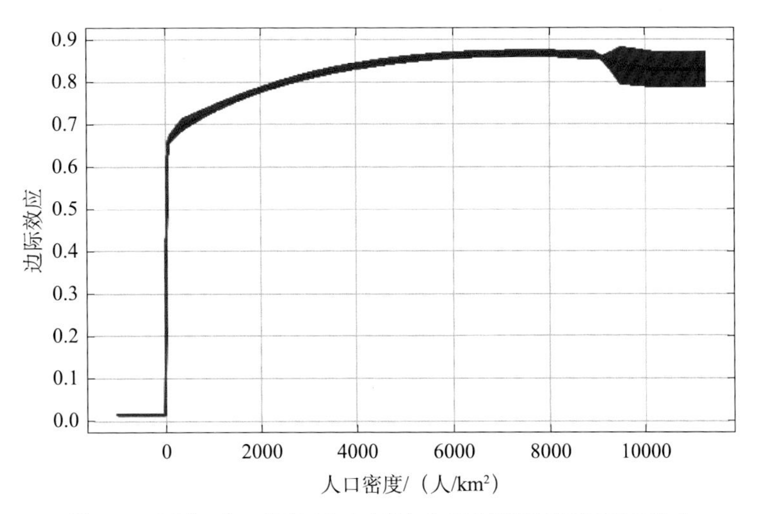

图 5.15 区域 4 人口密度对生产空间与生活空间相互转换的边际效应

再次，初始用地类型是我国“三生”空间演变的主要影响因子，但对不同转换类型和不同区域，这种驱动作用也存在差异：①对区域 1 的生活空间和生态空间相互转换来说，水体是这两类空间发生相互转换的关键因子（图 5.16）。这可能是因为，在城市中，人们向往良好的生态环境，水体（如该区域的太湖）周围的生态空间更容易被开发为生活空间。相比而言，在远离城市的地区，为加强水源（如该区域的微山湖）保护，政府往往动员居民搬迁，以扩大生态保护空间的范围。②对于区域 3 的生活空间和生态空间相互转换来说，草地是这两类空间发生相互转换的关键因子（图 5.17）。这可能是由于城市发展挤占了城市外围耕地，使得耕地转移到更远地区的生态用地（如草地）上，因此，从置换角度来说，一些城市的发展间接地发生在草地上。以该区域的珠海市和广州市为例（表 5.10），2018 年的城市化率分别为 90.08% 和 86.38%，生活空间增多，加速了耕地置换，也使得草地最容易损失，生态空间间接转换为生活空间。③对于区域 1 的生态空间和生产空间相互转换来说，湿地是影响该类转换发生的最关键因子（图 5.18）。以位于该区域的南大港湿地为例，为加大生态保护力度，保护区原有的生产空间恢复了生态功能，同时在保护区外围建设了河北省九大农场之一的南大港农场，促进了生态空间与生产空间的相互转换。由此可见，这种驱动作用的差异同样与区域发展水平和生态保护政策等有关。

最后，海拔是影响我国“三生”空间格局演变的关键自然地理因子。以生态空间与生产空间相互转换为例，在国家尺度上，海拔对这类转换的影响，随着我国海拔的升高分为三个部分（图 5.19）。第一部分是在海拔为 −155～0 m 的区域，即吐鲁番的艾丁湖。自 2000 年来以来，艾丁湖逐渐干涸，干涸区域红柳丛生或被开垦为耕地。因此，离湖心越远（海拔升高），艾丁湖越易干涸，进而增加了生态空间与生产空间相互转换的可能性。第二部分是在我国的大部分地区（海拔 0～4800 m）。随着海拔升高，用地的功能性变得逐渐单一，这意味着生产空间可能是永久耕地，相应的生态空间也相对固定，因而降低了两者之间转换的可能性。第三部分主要在青藏高原（海拔 4800 m 以上）。在这个区域，海拔的升高促使生产空间中作物的生长状况趋于严峻，土地复垦或撂荒更加频繁。此外，我国四个区域内海拔对“三生”空间演变的影响与国家尺度的影响相吻合，并揭示了更为详尽的区域性驱动信息（图 5.20～图 5.23）。

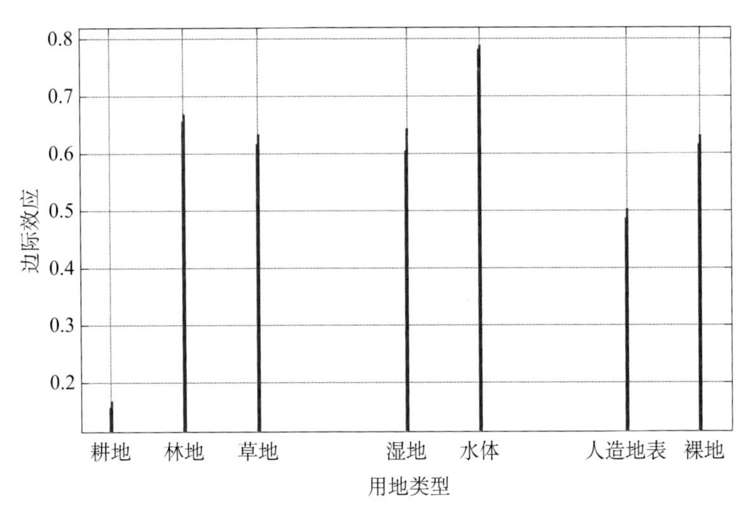

图 5.16 区域 1 初始用地类型对生活空间与生态空间相互转换的边际效应

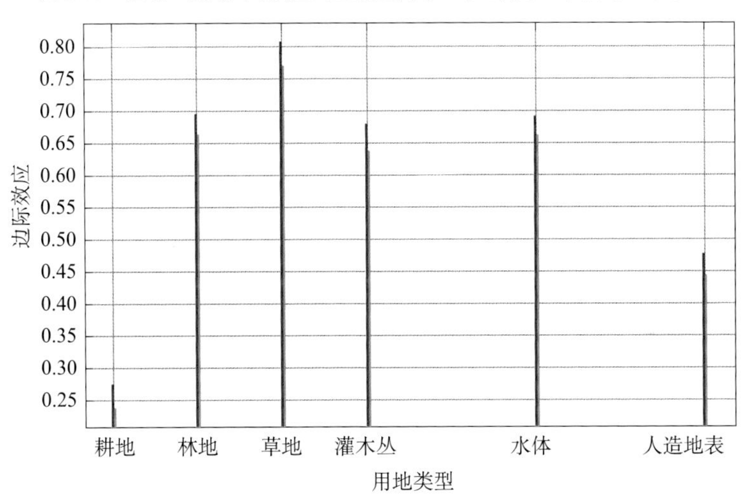

图 5.17 区域 3 初始用地类型对生活空间与生态空间相互转换的边际效应

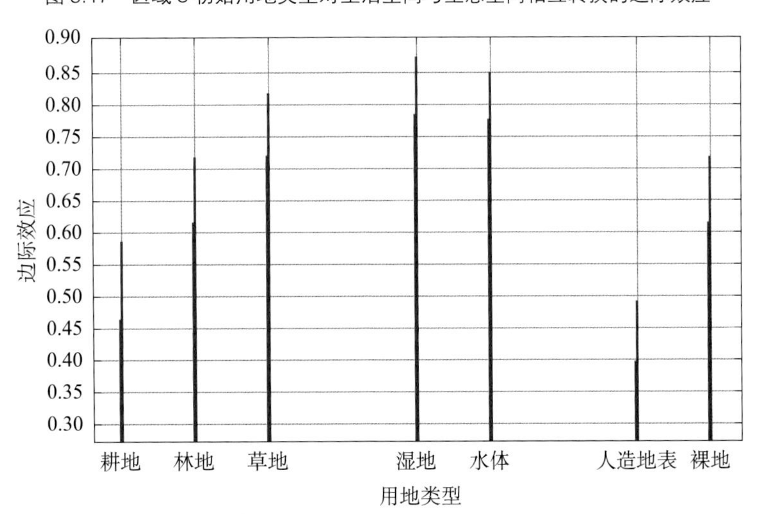

图 5.18 区域 1 初始用地类型对生态空间与生产空间相互转换的边际效应

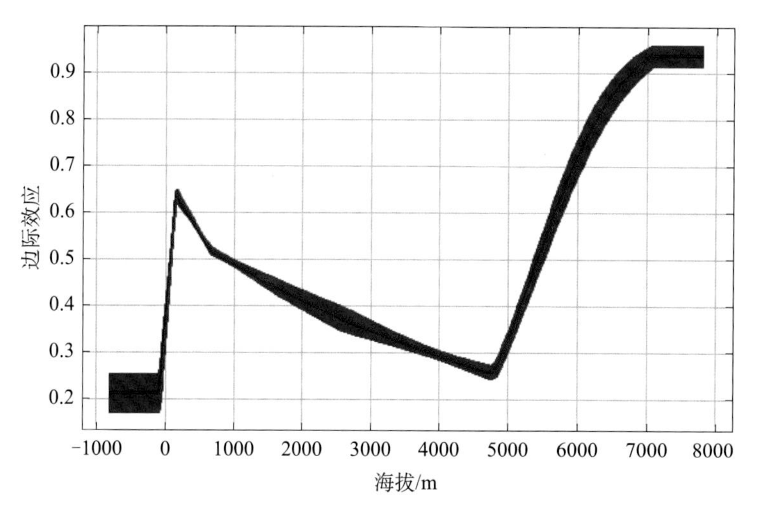

图 5.19　国家尺度上海拔对生态空间与生产空间相互转换的边际效应

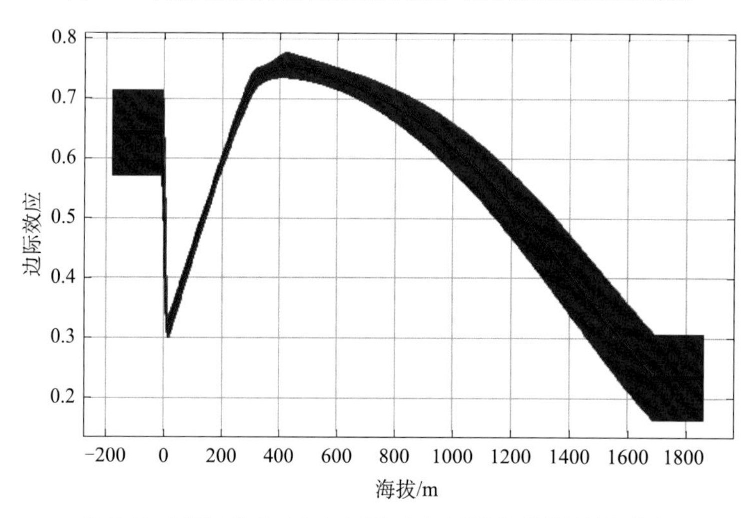

图 5.20　区域 1 海拔对生态空间与生产空间相互转换的边际效应

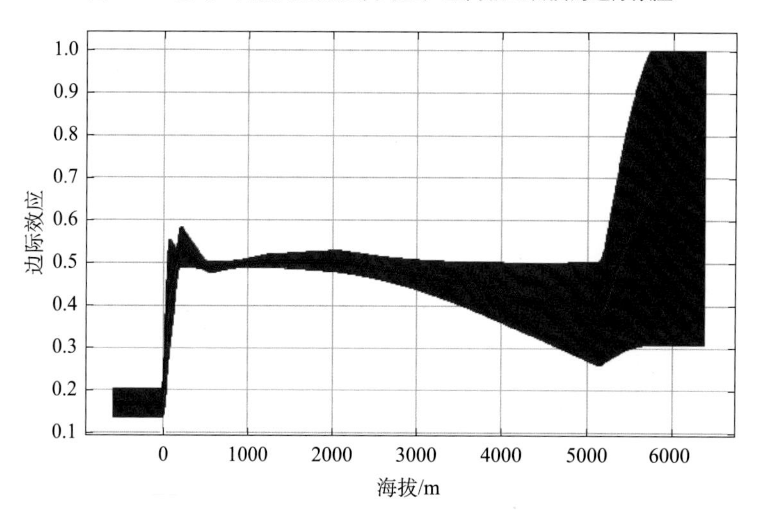

图 5.21　区域 2 海拔对生态空间与生产空间相互转换的边际效应

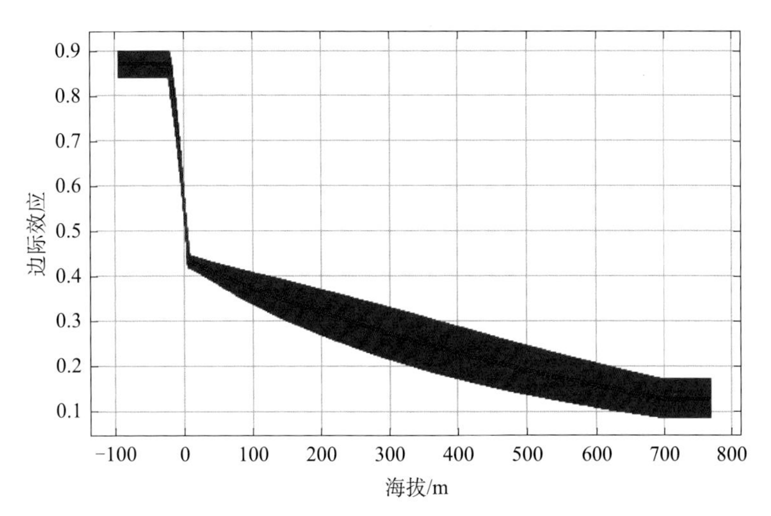

图 5.22　区域 3 海拔对生态空间与生产空间相互转换的边际效应

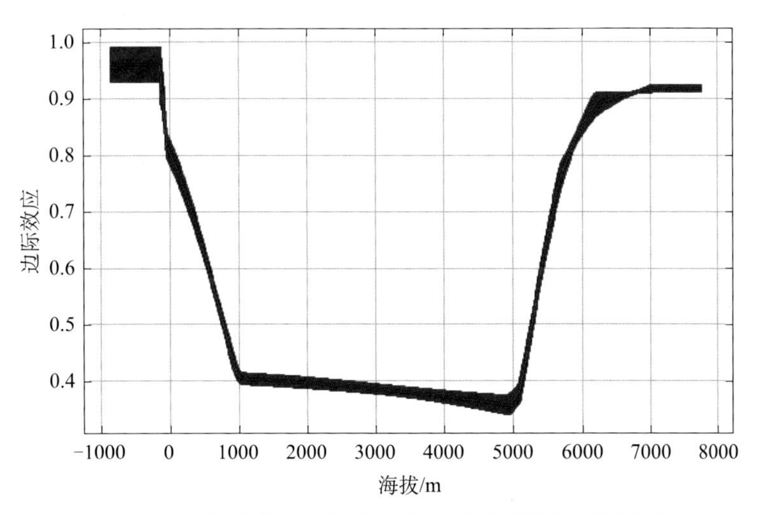

图 5.23　区域 4 海拔对生态空间与生产空间相互转换的边际效应

第6章
“三生”空间统筹优化方法

6.1 “三生”空间优化理论基础

6.1.1 系统科学理论

6.1.1.1 系统论

系统论一般认为，一个系统是由若干个要素或组成部分按一定的结构组成的，并具有每个要素不单独具有的功能。因此，一个新的系统可以反映单个元素或单个子系统不具备的属性和功能。任何要素或结构的变化都会对整个系统的性质和功能产生一定的影响。系统论侧重从系统观点、动态观点和等级观点出发，将一切事物都视为由相互作用和相互依赖的子系统所构成具有特定功能的有机整体，强调事物的整体性、动态性、有序性和相关性等（陈群元，2009）。

在系统分类问题上，根据钱学森系统科学体系的思想，系统论是系统科学的学科体系之首，系统科学是从事物的整体与部分、局部与全局以及层次关系的角度来研究客观世界的（包括自然、社会和人自身）。系统是系统科学研究和应用的基本对象，所谓系统是指由一些相互关联、相互作用、相互影响的组成部分构成并具有某些功能的整体。系统观点和系统思想与方法论也就成为系统科学研究客观世界的基本着眼点和出发点。研究系统的相关问题大多由浅入深、由简单到复杂或由单一子系统到复杂多系统。按照科学体系系统大致分为四类，即简单系统、简单巨系统、复杂巨系统和特殊复杂巨系统。生物体系统、人体系统、人脑系统、地理系统、社会系统、星系系统等都是复杂巨系统。其中，社会系统是最复杂的系统，又称作特殊复杂巨系统。这些系统是开放的，与外部环境有物质、能量和信息的交换，所以又称为开放的复杂巨系统。系统内部结构和系统外部环境以及它们之间的关联，决定了系统整体性和功能，揭示系统存在、演化、协同、控制与发展的一般规律。当子系统通过耦合和胁迫作用共同推动系统组织演变时，复杂系统就具有了单一系统所不具有的功能和状态，但并不是子系统功能和状态的简单加和。多数时期内通过子系统之间协同作用和整合所形成的综合系统，其功能一般会大于各子系统功能之和，这也是系统协同发展的重要目标。“三生”空间系统包含生产空间、生态空间、生活空间，系统内部包含水资源、土地资源、能源等不同资源要素及其组合，且要素间具有极其复杂的相互影响关系。按照系统论中“要素－结构－功能”的理论观点，系统结构是系统功能实现的基础。而系统结构依赖于系统要素的组织形式和作用方式。只有系统性地对国土空间结构进行拆分，并分析空间与功能之间的相互作用关系，才能对国土空间综合分区进行建模，利用定量决策分析模型说明国土空间优化的地理决策机理。“三生”空间涵盖土地资源、水资源、矿产资源、生态环境、经济社会发展等多维度、多方面、多要素，对这些空间要素进行综合集成和统筹优化才能够最大程度发挥生产、生活和生态功能，实现国土空间优化配置的最终目标。因此，可将系统论作为“三生”空间系统优化的理论基础（徐磊，2017）。

6.1.1.2 自组织理论

自组织理论指某一系统在非人为因素影响下能够自发地产生有序状态，包含时间、空间、结构和功能等多个方面。基本理念是各种结构下的自组织系统功能、演变过程千差万别，但必然存在某一普遍的规律支配着系统演化。Prigogine 等（1977）将自组织产生的结构分为两大类：一类为系统在平衡态中产生相变而形成的有序结构，即平衡结构；一种是在远离平衡态条件下通过相变而形成的结构，即耗散结构。

自组织结构或现象具有某些共同特征。首先，自组织系统具有一定的结构，在时间、空间上存在振荡和不平衡。在没有外力干预的情况下，系统可以通过演化和运动实现自身的形成和更新。尤其是复杂系统，自组织过程并不是简单的自整合，而是通过自创生、自复制、自生长等多种进化方式形成综合组织。其次，自组织结构具有临界性，称为自组织临界性。当组织演化到临界状态时，一个小的局部扰动就可能使组织结构失衡，从而产生非线性机制和波动。最后，自组织由结构、功能和波动三个要素组成。结构是指系统在空间、时间和功能上的结构。只有结构组织存在，动态不平衡才能在外部条件或边界发生变化时演化形成不平衡状态，称为耗散结构。功能反映了系统自组织和影响外界的能力。系统通过自身功能交换物质和能量，促进自身结构变化以适应新环境和稳定状态。波动是指复杂系统的内部非线性特性。当接近平衡状

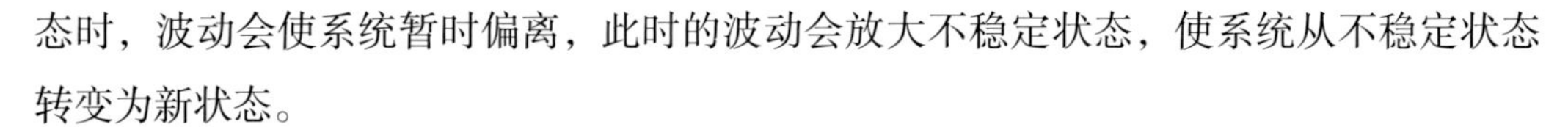

态时，波动会使系统暂时偏离，此时的波动会放大不稳定状态，使系统从不稳定状态转变为新状态。

6.1.1.3　耗散结构理论

Prigogine 等（1977）在进行热力学相关研究时，通过对远离平衡态现象的长期考察发现，在一个开放、动态的非平衡系统中，系统内要素之间进行复杂非线性作用时，一旦系统内某个有序参量变化达到阈值，系统将会通过涨落实现突变而产生自组织现象。这种能够通过不断与外界环境进行物质和能量交换引入负熵形成新的有序状态的结构，称为耗散结构。耗散结构的形成首先要求系统是开放的，在与外界环境的质量和能量交换中获得负熵，体现环境与系统之间的相互作用和选择。其次，被调查的系统只有在远离平衡状态时才具有生命力。不断更新自身，形成新的耗散结构，是系统有序运动的源泉。第三，在系统的演化和运动中，应通过功能－结构－波动的相互作用来实现有序偏离系统运行，将系统推向新的平衡状态。第四，系统必须包含非线性机制，只有这样系统内的各个子系统或要素之间才能产生复杂的协同作用和耦合作用，有效促进系统有序参数的不断发展，使系统从无序变为有序。耗散结构理论以开放系统为研究对象，以系统理论为出发点，研究系统的结构、功能、演化和发展规律，是系统科学理论的延伸和拓展。它从远离平衡态的复杂系统出发，考虑系统演化过程中物质和能量的交换，探索系统远离平衡态的动力机制，从而为人们开辟了一个新的学科领域，把握和分析系统量变和质变的演化方向，提供更科学、更广泛的方法论。它不仅丰富了系统科学质量互变相关的内容，而且随着研究的深入，耗散结构理论已应用于经济、社会等诸多领域，开辟了研究经济社会现象的新思路。

6.1.1.4　协同学理论

德国理论物理学教授赫尔曼·哈肯（2005）提出了协同学的相关概念及理论体系，指出协同学是研究复杂开放系统在某一特定的环境中，所含的多个子系统之间如何利用非线性作用实现空间、时间及功能上的有序，并最终产生系统协同效应的相关理论，探寻的是系统从低级协调到高级协调以及从无序到有序，再从有序到无序的演变机理。任何系统都存在无序与有序这对矛盾，协同论以现代科学的最新成果——系统论、信息论、控制论、突变论等为基础，吸取了耗散结构理论的大量营养，采用统计学和动力学相结合的方法，通过对不同的领域的分析，提出了多维相空间理论，建立了一整套的数学模型和处理方案，在微观到宏观的过渡上，描述了各种系统和现象中从无序到有序转变的共同规律。一个由多个子系统组成的复杂系统中，子系统在序参量的控制下，通过快慢变量的相互作用使得系统体现一定结构和功能，形成系统自组织和开放状态；在系统运动和发展过程中，与外部环境进行物质或能量交换。其中，慢变量率先打破系统平衡态，导致系统内部逐渐远离平衡状态，此时，系统中的快变量产生推动，在快慢变量的共同作用下，整个系统从原来的稳定状态逐渐转变为新的平衡状态。

协同学理论揭示了复杂系统在有序参数的支配下从无序到有序、从平衡到远离平衡的内在动力机制，解决了不同性质的各种系统如何协同合作的问题。系统的竞争和协同作用同时对系统的演化方向产生影响，也是系统波动的重要原因。竞争与协同相互依存，辩证统一。竞争可以促进系统产生活力和动力，而协作可以更优化地利用资源，实现资源效益的最大化。由于“三生”空间本底土地的稀缺性和局限性，不同空间功能的子系统相互协作和竞争，各子系统之间是相互依赖、相互转化的互动关系。在协同作用机制下，不同层次的功能子系统共同构成一个动态的功能整体。保持系统内有序参数之间的有序协调，发挥协同竞争机制，是整个“三生”空间系统有序发展的重要抓手，也是自组织系统理论的具体体现。

6.1.2 可持续发展理论

可持续发展理论是20世纪末期，人类面对日趋严重的环境污染与生态恶化，总结并反思过去未顾及生态环境的工业化发展过程，提出的一种新的生产生活方式和理念。其核心内容就是如何面对以及处理人与自然之间的相互关系，如何在保证人类能够正常发展前提下实现对资源环境的可持续利用。关于可持续发展的定义，目前并无准确统一的共识，但普遍认可世界环境与发展委员会发布的《我们共同的未来》（国际环境与发展研究所，1990）中的描述：既满足当代人的需求，又不损害后代人满足其需求的能力。区域可持续发展是在一个包含时间和空间维度视角下，以人的发展为核心，考虑自然资源和生态环境的承载和约束，在生产方面逐步改变经济发展的增长模式，在社会发展方面考虑生活质量和品质的均衡和提升，实现生态系统、社会系统及经济系统之间相互联系、相互协调的过程。此外，“三生”空间是区域可持续发展和建设的重要载体，在“三生”空间布局利用中，需要时刻强调某一范围内某一空间资源开发和利用不仅满足当代人的需求，也不影响后代人的发展。

可持续发展的内涵具有动态特征。在不同的发展阶段，资源利用和社会发展的观念正在逐步变化和完善。生态的高层协调融合了人与地的关系、自然与人的关系等和谐理念。考虑到区域之间的公平和效率，可以看出可持续发展的内涵不是一成不变的，而是随着时代的发展和社会的进步逐渐演变的。可持续发展理论的内涵一般有几个特点：一是在生态可持续发展方面，强调生态环境的可持续利用，改变以往单纯追求经济发展，忽视包容和约束环境与生态对发展的影响。注重生态要素保护，经济社会发展要受生态资源环境承载能力的制约。二是在经济可持续发展方面，改变传统落后的生产方式，摆脱消耗资源、牺牲环境的生产方式，促进产业结构转型升级，引入创新机制，提高产品技术含量，减少和控制污染物排放。三是在社会可持续发展方面，以提高人类生活质量和改善生存所需的基础设施条件为目标，追求生活质量的提高和生态文明的发展。此外，其发展的内涵包括创新发展、协调发展、绿色发展、开放发展和共享发展，核心理论是资源永续利用理论、外部性理论和三种生产理论等。面向国土空间优化战略需求，“三生”空间协同优化、统筹发展应在“以人为本”的可持续发展理念引导下寻找到科学的认知方法（杨惠，2018）。

6.1.3 区位理论

区位通常是指社会经济等人类活动在空间上分布的位置，即分布的地点或地区。区位理论起源于19世纪初，是关于人类活动和空间分布及其在空间中相互关系的学说，旨在探寻人类社会经济活动的空间规律，按照其发展顺序先后形成了农业区位论、工业区位论和中心地理论等。德国经济学家杜能（1986）在《孤立国同农业和国民经济的关系》一书中假定了孤立国的存在，并从经营角度研究了农业布局的规律与区位选择的途径。杜能认为，农业土地利用类型和农业土地集约化程度不仅取决于土地的自然条件，还依赖于生产力发展水平及经济状况，更重要的是农业用地到市场的距离。因此，杜能的农业区位理论主要讨论如何通过合理布局农业生产使运费降到最低，从而达到节约成本、增加利润的目的。虽然杜能的农业区位理论存在忽视农业生产自然条件、忽视其他产业布局等缺陷，但在此后区位理论的发展中，市场竞争、交通条件、集聚程度等区位因子成为人们关注的焦点。

工业区位论由德国经济学家阿尔弗雷德·韦伯（2010）提出，其理论的核心思想是通过分析与测算运输、劳动力及集聚等因素的相互关系，找到工业产品的生产成本最低点，将该点作为工业企业的理想区位。中心地理论由德国地理学家克里斯塔勒提出（卢山冰 等，2024）。他指出，中心地是向居住在其周围地域（尤其是农村）的居民提供各种货物和服务的地方，市场、交通和行政三个原则支配了中心地的形成，并从城市或中心居民点的物品供应、行政管理、交通运输等职能的角度系统分析了中心地的规模、等级、人口密度等。

根据区位理论，“三生”空间优化布局的过程中，必须要考虑区域土地利用现状的自然地理条件和社会经济状况，从而保证资源的合理利用和经济效益的最大化。因此，在进行“三生”空间适宜性评价、自然资源承载力评价时，要着重考虑区域自然资源和社会经济条件区位优势性，确保“三生”空间优化结果的合理性。

6.1.4 空间均衡相关理论

6.1.4.1 空间均衡理论

空间均衡在国土空间发展中，相对于经济、社会和生态来说可以从两个方面进行理解，一方面是数量结构上，区域内各城市在经济、社会和生态空间的数量大体相同；另一方面是作为空间状态，空间功能子系统之间相互作用、相互联系，但各子系统并没有改变对方的能力，区域各类功能子系统能够稳定实现自身发展和功能维持。在实际国土空间开发中，各地区存在资源禀赋差异，吸引资本、技术和劳动等要素的能力不同，空间开发水平也有所差异，因此，即便空间主体为均质分布，区域间的发展情况也会存在明显异质性。所谓的空间均衡立足于状态均衡，而不是简单的数量均衡，指各个地区或单元的某一空间功能主体都没有改变其他空间用途的能力，在空间利用效益上达到“帕累托效应”。区域空间均衡可以结合空间开发与资源环境的承载能力来体现，当某一地区开发强度低于资源环境承载水平，处于空间开发不足的失衡状态；而当空间开发强度高于资源环境承载能力时，会出现环境污染、空间功能适宜性下降等负面效应；当空间开发水平与资源环境承载能力相协调时，可以理解为国土空间处于均衡状态。

空间平衡即平衡空间功能，是指生产、生活、生态功能在空间上实现最佳效益，集中了人与人、人与地、人与自然的各种空间关系。空间的均衡发展并不否定产业集聚和分工。它是根据经济产业集聚的优势，选择具有优势的生产要素，然后通过要素的自由流动和优化配置，实现土地和空间利用效益的最大化。在不同的地区，人们将空间用于不同的目的和限制，空间开发与保护之间存在平衡。但是，由于经济社会增长方式和空间结构的差异，不同地区的均衡节点也存在较大差异。总体而言，空间均衡的存在基于区域内经济、社会、环境的长期差异。通过对空间利用和保护的合理规划和安排，实现不同功能空间中各种生产要素的协调和配置，可以促进空间的提升，达到要素供需总体平衡。在土地和空间利用格局上，让空间开发成本低、效率高、开发需求强的地区承担相应的生产功能，让生态价值高、空间开发难度较大的地区主要承担生态负荷功能，可以解决区域空间利用的外部性问题。空间的均衡利用并不否认区域之间存在差异，而是利用差异进行合理的要素配置和资源安排，促进区域内各种空间的协调发展（程钰 等，2017；哈斯巴根，2013）。

6.1.4.2 空间相互作用理论

任何一个城市都不能孤立存在。为保障生产生活的正常运转，城市之间、城市与区域之间，物质、能源、人员和信息的交流不断，称这些交换为空间相互作用。正是这种相互作用将空间上分离的城市组合成一个具有一定结构和功能的有机整体。同样的，生产－生活－生态空间也不能独立存在。空间相互作用理论作为研究区域经济发展和空间结构演变的基础，体现的是区域各城市单元之间时间上与空间上的相互联系。正是由于空间相互作用的存在，才能把“三生”空间整体联系起来。空间相互作用理论最早由美国地理学家乌尔曼提出（柳坤 等，2014）。他认为空间相互作用产生的条件有三个：互补性、中介机会和可运输性。

空间相互作用理论研究区域之间发生的商品、人口与劳动力、资金、技术、信息等的相互传输过程，是研究区域规划、城市规划、交通网规划的重要理论基础，对区域之间经济关系的建立和变化有着很大影响。其主要内容为：①距离衰减原理，指空间相互作用强度随距离的增加而减低；②引力模式，指空间相互作用量的大小由规模和距离决定，与规模成正比，与距离成反比，比如距离生产空间更近的用地更容易转变为生产空间；③潜能模式，反映不同空间的集聚能力；④空间相互作用模式。1967 年，英国地理学者威尔逊（A.G.Wilson）将引力模式和潜能模式融为一体形成一个放大的引力模式，定量分析一个封闭系统中两个空间区域之间的相互作用强度。

6.1.5 技术框架

按照多学科融合、多理论支撑、多方法互补、定性与定量并重、理论与实践相结合的原则，进行理论与方法的融合。

6.1.5.1 理论融合分析

梳理有关土地空间结构优化、“三生”空间分类体系划分、生态网络建设、城市空间建设布局模拟等研究成果，形成系统的理论认识，优化国土空间开发布局的思路和技术方法。优化区域国土空间发展布局，必须立足于对区域人口、经济、国土资源和生态环境的背景条件、现状特征和未来发展趋势的科学认知及系统研判。因此，在优化“三生”空间布局时，需要对研究区人口、经济、国土资源和生态环境系统的现状和未来趋势有一个初步的认识和总体把握。

6.1.5.2 系统科学方法

系统科学方法通过要素与要素之间的物质、能量流动，要素与结构之间的网络联系和信息反馈、系统结构与功能之间的耦合关系以及系统内部结构与外部环境之间的交互关系，对研究对象的变化模式进行分析、研究，以全面反映系统运行规律。其中，系统动力学是一种依靠计算机进行模拟仿真的方法。它针对系统复杂的动态反馈性，对其结构和功能进行分析，对系统内部众多因素形成的各种反馈环进行研究，对系统行为模式进行仿真预测，研究并解决系统问题。从系统分析角度出发，运用系统动力学仿真方法研究“三生”空间开发过程中涉及的人口、经济、土地及资源环境等子系统之间的耦合和反馈关系。

6.1.5.3 机器学习与情景分析

机器学习作为人工智能体系的重要分支体系，将数理统计模型与计算机理论相结合，将高维度非结构化的数据变换成结构化的有用信息，以期从复杂混沌数据集中发现系统模式和规律，并将机器学习到的知识（某种模式或规律）用于预测未知情形。

情景分析法是以假设的某种情景或趋势的持续发展为前提条件，预测研究对象的行为模式或者结果的一种分析方法，根据不同情景的比对分析，为政策的提出与实施提供参考。情景主要是用来表现系统的未来发展方向，情景的设置需要结合其他有关学科的基础理论以及分析方法，须基于对系统历史变化规律、现状基础和未来态势的科学认知和系统分析，同时还应符合国家社会宏观层面的政策背景，应具有可实现性。

“三生”空间优化技术框架（图 6.1）大致分为以下五部分：

（1）系统分析，明确问题

这一阶段的主要任务包括收集有关系统情况的数据，明确建模目的和需要解决的问题，进一步分析系统的主要问题、主次矛盾，确定状态变量、速率变量以及辅助变量等。根据建模目的划定系统界限，确定内生变量、外生变量、输入和输出量。

（2）系统结构与反馈机制分析

该阶段的主要任务包括划分系统层级，确定子系统、子模块，分析系统局部与总体反馈关系。借助因果关系图和流程图等工具确定变量种类及不同变量之间的因果关系，分析反馈回路之间的耦合关系，确定主回路及其行为特性等。

（3）建立定量模型

这一阶段的主要任务包括设计系统状态变量、速率变量和辅助变量等之间的数学方程式关系，确定不同方程和函数的各类参数，确定系统的初始状态。

（4）模型的检验与评估

运行模型，将模型的行为和结果与历史行为和结果进行对比分析，确定模型的正确性和有效性。可借助参考模式、历史检验、灵敏性分析等方法来检验模型的适宜性。

（5）模型模拟与政策分析

利用建立的模型研究系统的行为特性，分析系统存在的问题。以系统动力学理论为基础对所研究的问题进行政策分析，并提出决策建议，修改模型结构和改用不同的机器学习算法来获取合理优化。

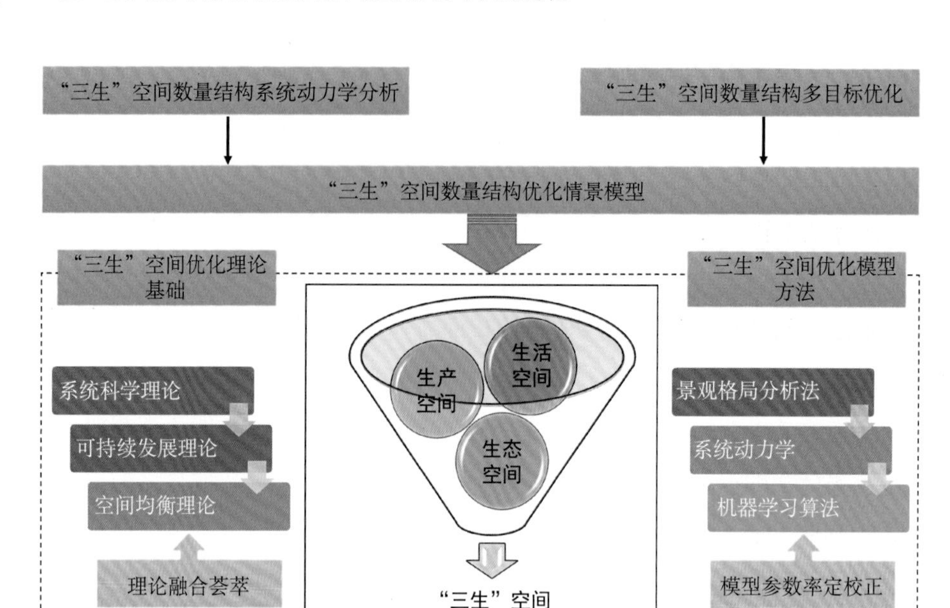

图 6.1 “三生”空间优化技术框架

6.2 “三生”空间优化模型方法

6.2.1 景观格局分析法

景观格局优化是在景观生态规划、土地科学和计算机技术的基础上提出的，也是景观生态学研究的难题。景观生态规划问世仅二三十年，在我国的历史更短。欧洲学者一般习惯称其为景观生态规划或景观规划，美国学者更喜欢使用景观管理、区域规划等名称。结合景观生态学理论对某一地区的景观格局进行优化设计的研究很少见，优化的理论和方法仍处于探索阶段。因此，景观格局优化还没有一个准确的定义或成熟的方法。景观格局优化首先假设景观格局对景观中物质、能量和信息流的产生及变化有很强的影响，而这些生态流动对景观格局的调整和维护也至关重要。景观格局的优化不仅要根据生态因素调整景观斑块类型，还要运用景观生态学的理论和方法优化景观管理方法，实现区域可持续发展，维护区域生态安全。景观格局优化的目标是优化和调整景观中不同组成部分和斑块的数量和空间分布，使各组成部分协调有序地改善受威胁或破坏的生态功能，提高景观的整体生产力和稳定性，实现区域可持续发展。由于景观格局强烈影响景观中能量和物质的交换及流动，反过来，生态景观流动的运行又会改变现有的景观格局，使系统向更稳定的自然状态转变。稳定性需要外部能量来维持，因此，往往需要人为干预和管理，以实现生态效益、经济效益和社会综合效益最大的景观格局。优化景观格局，首先要了解优化什么样的格局，如何优化景观格局。根据相关研究，景观格局优化的内容可分为理论与方法研究、标准研究和景观管理研究。从理论上讲，需要研究景观格局的基本理论、格局与过程的关系、景观格局对功能的影响以及各种景观类型的空间分布约束。景观格局是可持续发展格局，判断优化景观格局的标准是什么，哪些景观格局指标可以表明优化的景观格局管理是通过人类活动在景观层面管理生态系统，达到平衡、稳定和生态系统的可持续发展。景观格局优化问题本质上是利用景观生态学原理来解决土地的合理利用问题。通过调查研究区的自然和社会数据，分析相应景观类型的合理空间分布格局，调整植被的空间和数量。景观上的合理分布使景观的综合价值最大化（陈文波 等，2002）。

景观生态学研究最突出的特点是强调空间异质性、生态过程和尺度关系，这已成为景观生态学与其他生态学科的主要区别之一。研究景观的结构，即单元的特征及其空间格局，是研究景观功能和动态变化的基础。空间格局分析法是指用于研究景观结构的组成特征和空间配置关系的分析方法，既包括一些传统的统计方法，也包括一些专门用于解决空间问题的格局分析方法。景观格局指标包括两个部分：景观单元特征指标和景观异质性指标。应用这些指标定量描述景观格局，可以比较不同的景观，研究它们在结构、功能和过程上的异同（陈靓，2006）。

6.2.1.1　景观单元特征指数

（1）斑块面积指数

斑块也称缀块，泛指与周围环境在外貌和性质上不同，并具有一定内部均质性的空间单元。这种内部均质性是相对于外部环境而言的。斑块包括植物群落、湖泊、草原、农田和居民生活区等，因其大小、类型、形状、边界以及内部均质程度不同会显现出很大的不同。斑块面积指数包括斑块平均面积、景观相似性指数、最大斑块指数、最大斑块面积等。

整个景观的斑块平均面积 = 斑块总面积 / 斑块总数；单一景观类型的斑块平均面积 = 类型的斑块总面积 / 类型的斑块总数，用于描述景观粒度，在一定意义上揭示景观破碎化程度；景观相似性指数 = 类型面积 / 景观总面积，度量单一类型与景观整体的相似性程度；景观的最大斑块指数 = 最大斑块面积 / 景观总面积；类型的最大斑块面积 = 类型的最大斑块面 / 类型总面积，显示最大斑块对整个类型或者景观的影响程度。

（2）斑块数指数

斑块数指整个景观的斑块数量，整个景观的斑块密度 = 景观斑块总数 / 景观总面积；单一类型的斑块密度 = 类型斑块数 / 类型面积；整个景观单位周长的斑块数 = 景

观斑块总数 / 景观总周长；单一类型单位周长的斑块数 = 类型斑块数 / 类型周长，揭示景观破碎化程度。

（3）斑块周长指数

斑块周长是景观斑块的重要参数之一，反映了各种扩散过程的可能性；整个景观边界密度 = 景观总周长 / 景观总面积；单一类型边界密度 = 类型周长 / 类型面积，揭示了景观或类型被边界分割的程度，是景观破碎化程度的直接反映。

6.2.1.2　景观异质性指数

景观异质性是指在一个景观系统中景观要素类型、组合及属性在空间或时间上的变异性。其中，属性可以是具有生态学意义的任何变量，或者是类型变量（如植被类型、土壤类型），或者是数值型变量（如样本分布密度、植物生物量、热能、径流量、湿度等）。变异性包括不均质性和复杂性。

常用的景观异质性指数包括丰富度、均匀度、优势度。丰富度是指景观中不同生态系统的总数。相对丰富度指数计算公式如下（Romme，1982）：

$$R=\left(\frac{T}{T_{\max}}\right)\times 100\% \tag{6.1}$$

式中：R 是相对丰富度指数百分数；T 是丰富度，即景观中不同生态系统类型总数；$T_{\max}$ 是景观最大可能丰富度。

均匀度描述景观中不同生态系统分布的均匀程度。相对均匀度计算公式如下：

$$E=\left(\frac{H}{H_{\max}}\right)\times 100\% \tag{6.2}$$

式中，E 是相对均匀度指数百分数，H 是修正了的 Simpson 指数，$H_{\max}$ 是在给定丰富度 T 条件下的景观最大可能均匀度。

优势度与均匀度呈负相关关系，描述景观由少数几个生态系统控制的程度。相对优势度计算公式如下：

$$\mathrm{RD}=100-\left(\frac{D}{D_{\max}}\right)\times 100\% \tag{6.3}$$

式中，RD 是相对均匀度指数百分数，D 是 Shannon 的多样性指数，$D_{\max}$ 是多样性指数的最大可能取值。

6.2.1.3　景观空间分析方法

景观空间分析方法主要用于空间连续变量，即有梯度特征的景观。空间统计特征的比较结果是景观格局梯度变化的反映。这种分析方法通过对景观组分分布规律的分析，可以明确景观异质性的变化规律以及景观格局的等级结构。常用的空间分析方法有空间自相关分析、半方差分析、波谱分析、趋势面分析、克里金插值等。下面简要介绍两种。

（1）空间自相关分析

空间自相关分析的目的是确定某一变量是否在空间上存在相关关系，其相关程度如何。空间自相关系数常用来定量地描述事物在空间上的依赖关系。具体地说，空间自相关系数用来度量物理或生态学变量在空间上的分布特征及其对邻域的影响程度。如果某一变量的值随着测定距离的缩小而变得更相似，这一变量表现为空间正相关；若所测值随距离的缩小而更为不同，则称之为空间负相关；若所测值不表现出任何空间依赖关系，那么，这一变量表现出空间不相关性或空间随机性。空间自相关计算公式如下：

$$I=\frac{\sum_{i}^{n}\sum_{j\neq i}^{n}W_{ij}(x_i-\bar{x})\quad(x_j-\bar{x})}{S^2\sum_{i}^{n}\sum_{j\neq i}^{n}W_{ij}} \tag{6.4}$$

式中，x_i 和 x_j 是空间位置 i 和 j 的观测值，$\bar{x}$为所有观测变量的均值，S^2 为所有观测变量的方差，W_{ij} 是相邻权重（通常规定，若空间单元 i 和 j 相邻，W_{ij}=1；否则 W_{ij}=0），n 是空间单元总数。I 系数的取值在 -1 和 1 之间：小于 0 表示负相关，等于 0 表示不存在空间自相关性，大于 0 表示正相关。

（2）趋势面分析

趋势面是一个光滑的数学面，可以集中反映空间数据在大范围内的变化趋势。它是揭示平面区域内连续分布现象的空间变化规律的理想工具，也是实践中常用的描述空间趋势的主要方法。趋势面分析基于变量的观测值及其采样位置的多项式回归结果进行插值，从而产生一维、二维或三维的连续线、平面或实体表面。因此，趋势面本身就是一个多项式函数，其次数越高，与实际数据的拟合越好，但一般性和预测性较差。本质上，通过回归分析的原理，可以利用最小二乘法拟合一个二元非线性函数来模拟地理要素的空间分布，展现地理要素在区域空间中的变化趋势。趋势面分析常用于区分区域尺度的空间格局和局部尺度的空间变化，去除空间数据中存在的趋势或达到空间插值的目的。

6.2.2 系统动力学方法

系统动力学（System Dynamics，SD）出现于 1956 年。麻省理工学院的 Jay W. Forrester

教授首次提出了系统动力学理论（王其藩，2009）。作为系统科学的一个重要分支，系统动力学理论主要通过建立流位、流率体系来分析系统反馈情况，最初叫作工业动态学，是一门分析研究信息反馈系统的学科，也是一门认识系统问题和解决系统问题的交叉综合学科。从系统方法论来说，系统动力学是结构的方法、功能的方法和历史的方法的统一。它基于系统论，吸收了控制论、信息论的精髓，是一门综合自然科学和社会科学的横向学科。

6.2.2.1　*系统动力学结构*

系统动力学运用“凡系统必有结构，系统结构决定系统功能”的系统科学思想，认为系统的行为是由系统的结构所决定的，根据系统内部组成要素互为因果的反馈特点，从系统的内部结构来寻找问题发生的根源，而不是用外部的干扰或随机事件来说明系统的行为性质（吴萌，2017）。

（1）因果关系图与反馈回路

因果关系图，又称因果回路图，是用来定性分析系统中变量之间因果关系的图示模型，是系统动力学的基本分析工具。系统中两个变量之间的关系就是最基础的因果关系，通常用因果链来表示因果关系。系统中包括正、负两种因果关系。其中变量 *A* 的变大或变小引起变量 *B* 相对应的变大或变小（图 6.2）。

$A \xrightarrow{+} B \qquad A \xrightarrow{-} B$

图 6.2　两种不同的因果关系链

使用两个以上的因果关系链组合的闭合回路就是因果关系回路（图 6.3），一般划分为正因果回路与负因果回路。如果伴随着某个因素 *C* 的变化，总体回路的作用变强，这就是正因果回路；相反，如果伴随着某个因素的变化，总体回路的作用变弱，这就是负因果回路。

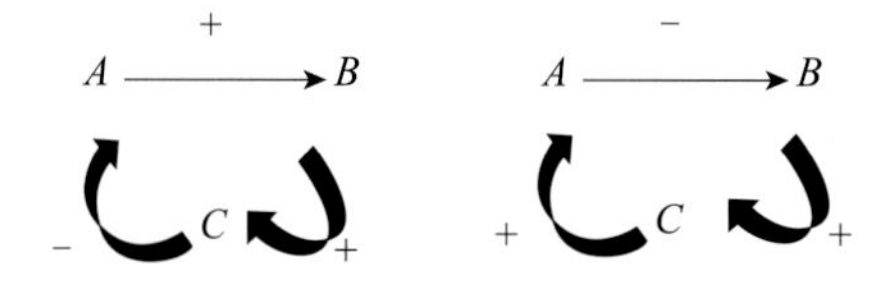

图 6.3　两种不同的因果回路

（2）变量与流图

流图是为了进一步分析出变量的性质，以因果关系图为基础的一种为深入分析系统，确定系统的反馈模式以及控制规律，而使用直观的符号来表现系统各因素之间的逻辑关系的图形表示法。流图与因果关系图的主要差别为，因果关系图主要是用来描述系统的各反馈结构，而流图则是在此基础上对各变量的不同性质进行描述。系统中的变量包括以下几种。

①水平变量：主要是展现动态系统变量的时间积累过程，用于表现系统的状态，也称状态变量（Level Variable）。人们在任何时间都可以观察到水平变量瞬间的取值。当前的水平变量取值等于前次的取值加上输入输出流之差再乘以观测时间间隔。

②速率变量：它是用来反映水平变量的时间变化以及系统中积累效应变化速度的变量，也称决策变量，表现了系统状态的变化速度或决策幅度的大小，是数学意义上的导数。在系统中改变速率变量会改变水平变量的数值。和状态变量相比，在系统中可以观测它在一段时间内的取值而不能观测其瞬间值。

③辅助变量：辅助变量是用来传递信息的中间变量，是介于状态变量和速率变量之间的变量。通常辅助变量能够用来描述复杂表达式中的一部分，简化速率变量的表达式。

④常量：也称为外生变量。可以直接或通过辅助变量传递给速率变量，且在系统设定的时间内几乎不发生变化的量称为常量。

系统动力学中一般使用特定的流图符号来表示水平变量和速率变量的关系（图 6.4），状态变量用一个矩形符号表示。指向状态变量的实线箭头，表示状态变量的输入流；自状态变量向外的实线箭头，表示状态变量的输出流。

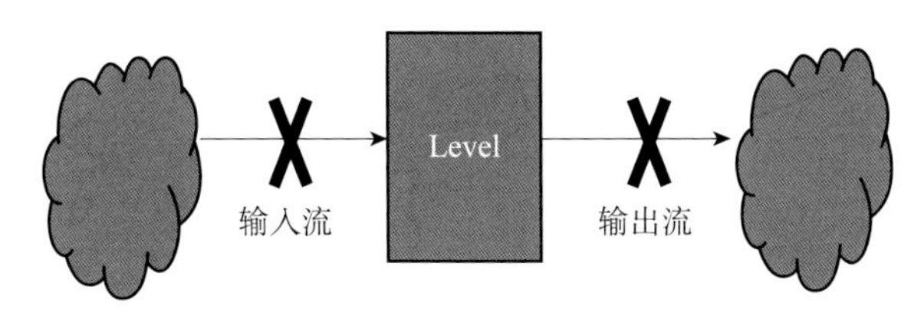

图 6.4 流图的一般形式

（3）延迟函数与表函数

系统中物质与信息的传达一般存在滞后性，此种表现一般称为延迟。发生在物质流线上的延迟称为物质延迟；发生在信息流线上的延迟称为信息延迟。根据物质流与信息流的差异，又可以进一步将延迟函数划分为物质延迟函数与信息延迟函数。系统中的物质延迟又可以分为一阶物质延迟与高阶物质延迟。一阶物质延迟就是仅使用一个存量来表达延迟中的物质，其基本形式为 DELAY（input，delay time）。其中，input 为输入变量；delay time 为延迟时间。高阶物质延迟通常是将几个一阶物质延迟串联而形成。信息延迟函数的基本形式为 SMOOTH（input，stime），其中 input 为待平滑的变量，stime 为平滑时间。

表函数用于表达两个变量之间的非线性关系，特别是软变量之间的关系。表函数的一般形式为 WITHLOOKUP（TY，*X*，XMIN，XMAX，XDIS）。其中，TY 为表名；

X 为自变量；XMIN 为自变量 X 的最小值；XMAX 为自变量 X 的最大值；XDIS 为自变量 X 的取值间隔。

6.2.2.2　系统动力学建模步骤

系统动力学的建模过程一般分为以下五步（图 6.5）。

（1）明确问题系统分析。首先需要确定建模的原则与目的，明确系统结构与系统边界，尽可能缩小边界的范围，初步确定描述系统的变量。

（2）行为模式与结构分析。以实际存在的系统行为模式为基础，设定期望的系统行为模式，作为完善与调整系统结构的目标。确定系统中的因果关系、反馈回路以及状态变量与速率变量。

（3）提出假设建立模型，绘制系统流图，并确定参数间的数学方程。确定系统的初始参数，进行变量单位检查与方程检查，然后运行模型。此步骤主要是将系统动力

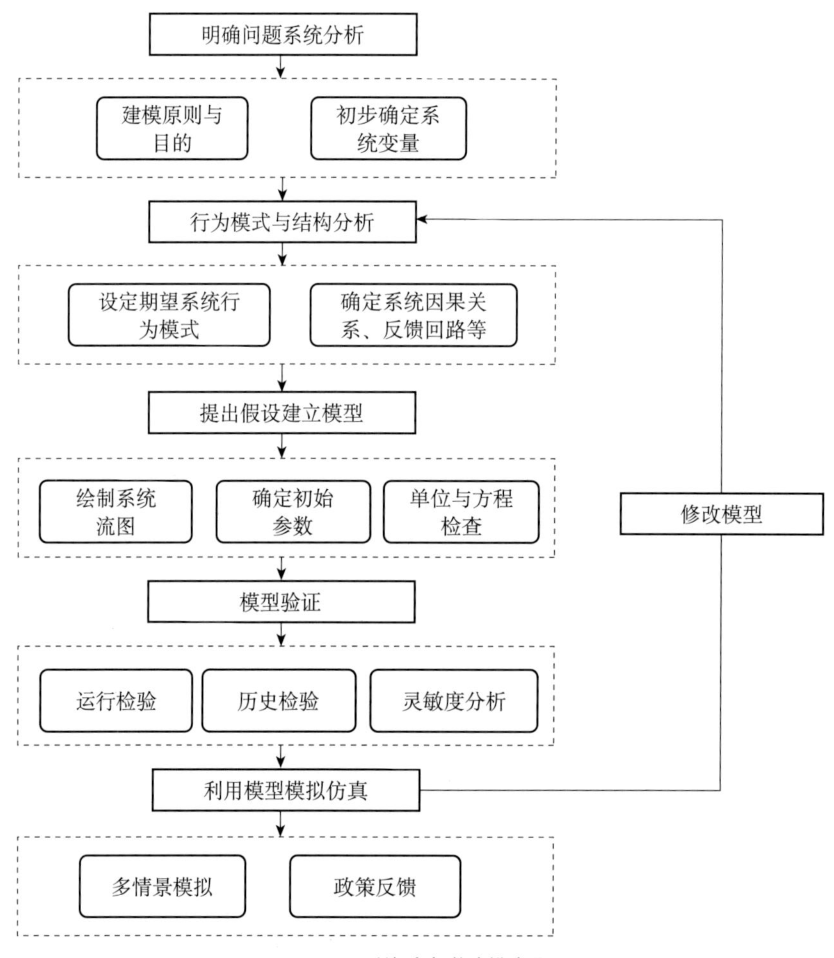

图 6.5　系统动力学建模步骤

学的假设用明确的数学关系来表述。

（4）模型验证。利用直观与运行检验、历史检验和灵敏度分析等方法对模型进行检验，确保模型的有效性。

（5）利用模型模拟仿真，依据研究目的设定模拟方案，分析在不同情境下的系统变化。

6.2.3 机器学习算法

机器学习属于人工智能，与统计学、数据挖掘、模式识别等相关学科密切相关。机器学习算法可以描述复杂系统的变化过程，可以容纳不确定性，表达歧义并揭示部分真相，具有自动决策和处理非线性信息问题的能力，用于分析和预测的模型。

6.2.3.1 BP 人工神经网络模型（BP-ANN）

人工神经网络（ANN）是 1980 年逐渐发展起来的一种模拟人脑的生物结构的机器学习方法。人工神经网络通过大量神经元的逐层互连对输入信息进行处理，形成复杂的非线性网络系统。ANN 包含一个输入层、多个隐藏层和一个输出层。输入层的神经元个数与输入数据的维度一致，输出层的神经元个数与输出数据的维度一致。人工神经网络具有很强的自学习、自组织和自适应的特性，可以从输入样本中总结出数据之间复杂的非线性规律（Tayyebi et al.，2014）。BP 人工神经网络模型（BP-ANN）是 ANN 中最经典、应用最广泛的多层前馈网络模型（图 6.6）。BP-ANN 在 ANN 的基础

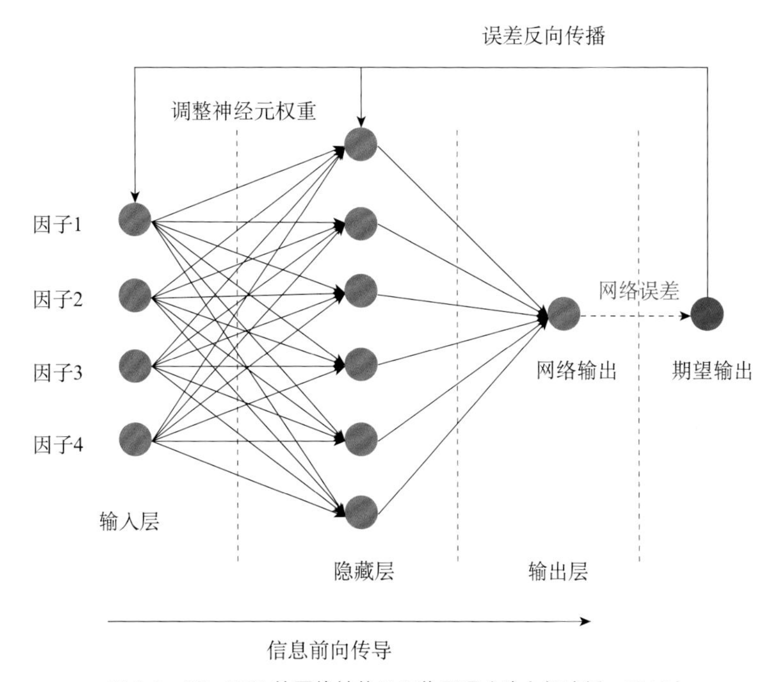

图 6.6 BP-ANN 的网络结构及工作原理（改自杨建新，2019）

上集成了反向传播算法来优化和调整网络权重，直到输出层误差达到可接受的容差值。误差反向传播算法的集成使得 ANN 的一组样本的输入、输出问题变成了一个非线性优化问题。人工神经网络详细工作原理见参考文献（麻红昭 等，1996）。

6.2.3.2 随机森林

随机森林（Random Forest，RF）是近年来常见的基于树的集成。该学习算法具有计算量小、对不平衡数据和异常数据具有鲁棒性、对多重共线性不敏感、泛化能力强、能有效避免过拟合和"维度灾难"、超参数少等优点。随机森林的学习过程如下：首先，在原始训练样本中采用 bootstrap 抽样方法，用替换的随机样本形成 N 个样本集，每个样本集的数据量约为原训练的 2/3 样本集。然后，基于每个样本集建立一个 CART 决策树，决策树的数量为 N；在每个 CART 决策树的构建过程中，m 是从 M 个特征参数中随机选择的（$m \leqslant M$）。在特征参数中，根据基尼系数最小的原则选择最优的特征参数，输入到决策树节点，控制其生长。最后，综合 N 个决策树的分类结果进行投票，确定最终结果。在随机选择训练样本集 N 时，每次大约有 1/3 的样本没有被选中，这部分数据称为袋外数据（Out-of-bag），可用于估计内部误差，即 OOB 误差。

随机森林中的每棵决策树都是随机生成的，相互独立，可以完全生长。决策树中的所有节点都可以保证使用随机选择的特征参数进行最佳分割。最终的分类结果由每个决策树结果投票，使得随机森林比决策树方法具有更好的稳定性。与其他基于数理统计的传统分类方法相比，随机森林具有更好的分类精度、分类速度和稳定性，适用于处理多源、高维的遥感影像数据，可以在保证分类精度的同时应对数据大量缺失的问题。

在随机森林学习过程中，需要设置两个参数，即生成树的数量 N 和节点输入特征参数的数量 m。选择合适的 N 值可以充分利用特征参数。增加 N 的值会稳定分类精度，但不能显著提高分类精度，反而会增加计算量。有研究指出，这两个参数对分类结果的影响并不敏感，可以使用默认值来获得更好的分类结果。

随机森林详细工作原理（图 6.7）见参考文献（陈凯 等，2015）。

6.2.3.3 支持向量机模型

支持向量机（Support Vector Machine，SVM）是一种基于统计学习理论的机器学习方法。SVM 基于结构风险最小化原理和 Vapnik-Chervonenki 理论，可以在模型复杂度和学习能力之间做出折中，具有良好的泛化和全局优化能力。由于训练数据也可能存在一定的误差或异常值，因此，在非线性分类模式中引入松弛系数和惩罚系数两个参数来调整模型输出。同时，通过核函数将非线性可分向量空间映射到线性可分高维希尔伯特空间，很好地解决了"维度灾难"问题。SVM 主要应用于二分类问题，其核心思想是将低维空间中的线性不可分问题通过核函数映射到高维希尔伯特空间，从而变为线性可分。

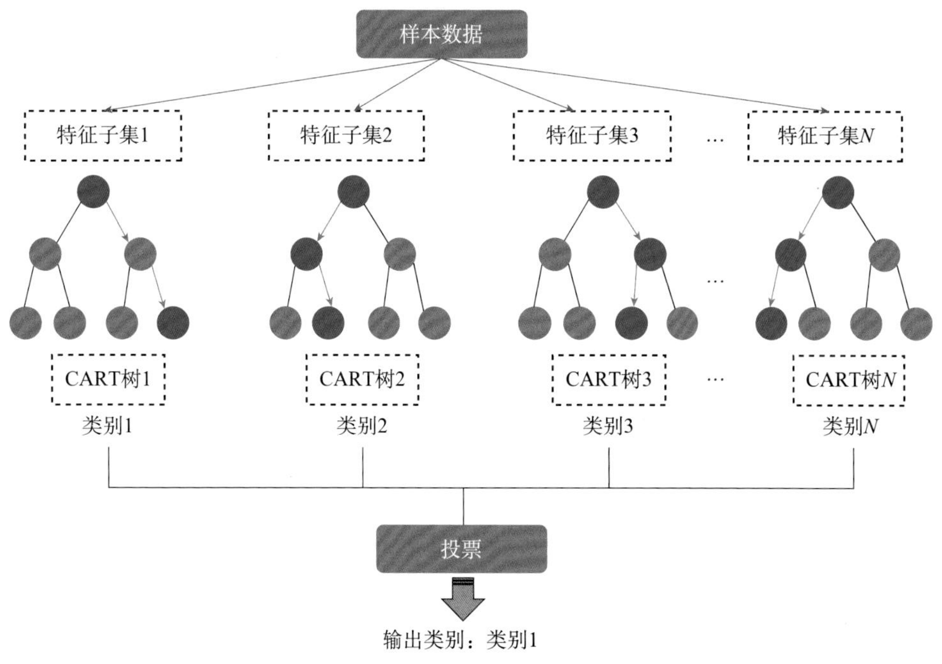

图 6.7 RF 工作原理（改自杨建新，2019）

支持向量机模型详细工作原理（图 6.8）见参考文献（杨青生 等，2006）。

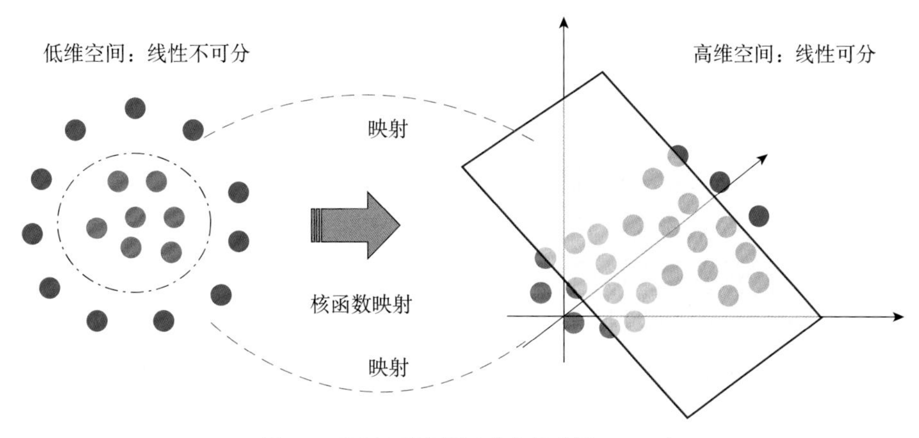

图 6.8 SVM 工作原理（改自杨建新，2019）

第 7 章

市域尺度：市域尺度“三生”空间优化实例

7.1　齐齐哈尔市“三生”空间优化实例

7.1.1　齐齐哈尔市“三生”空间优化框架

7.1.1.1　齐齐哈尔市概况

齐齐哈尔市（45°—48°N，122—126°E）位于黑龙江省西部、寒区黑土区腹地、松嫩平原中部，辖区面积约为 4.25 万 km^2，是嫩江流域最大的中心城市（图 7.1），其工业、交通、文教、科研和商贸等辐射整个黑龙江省西部和内蒙古、吉林部分地区（杨宇，2021；荆莹，2019）。同时，它也是中国重要的商品粮基地之一，被誉为“国家大粮仓”，全市典型黑土耕地面积为 7720 km^2。齐齐哈尔是黑土地“大熊猫”的典型代表，覆盖多种黑土类型及退化类型，涵盖了黑土、黑钙土、草甸土、白浆土、暗棕壤和棕壤六种土壤类型（姜海涛 等，2014）。然而，黑土区高强度、超负荷耕作，掠夺式开发，让黑土地不堪重负，宝贵的黑土资源正逐步流失退化，有机质含量下降了 30%～40%。2017 年 6 月，《齐齐哈尔市城市总体规划（2011—2020 年）》提出，要把统筹“三生”空间布局作为市域国土空间开发与优化的目标导向。2020 年，《齐齐哈尔市国土空间总体规划编制工作方案》明确指出，优化引导国土空间格局，要以生态服务及自然与人文景观保护重要性评价为基础，科学划定生态空间；以黑土地保护利用为基础，科学落实农业发展空间；按照区域协调、要素聚集、产业匹配的目标要求，科学确定城镇发展生活空间。市域国土“三生”空间统筹布局要综合考虑由任务导向转向区域发展问题导向的新时期国土空间规划实践要求。

以齐齐哈尔市为例，从“三生”空间视角出发，探究 2010—2018 年齐齐哈尔市国土空间时空演化特征，科学认知市域“三生”功能格局及耦合协同关系，定量识别冲突和权衡机制，以期在新一轮国土空间规划实践中更好地为黑土地资源保护利用和区域可持续发展服务。基于国家粮食安全战略背景，建立科学合理的市域国土空间“三生”功能评价体系，分析诊断国土空间健康状况，既有助于摸清国土空间功能开发利用现状，优化国土空间保护开发格局，同时也可为高效地利用黑土资源，经济、社会、环境可持续发展提供科学依据。

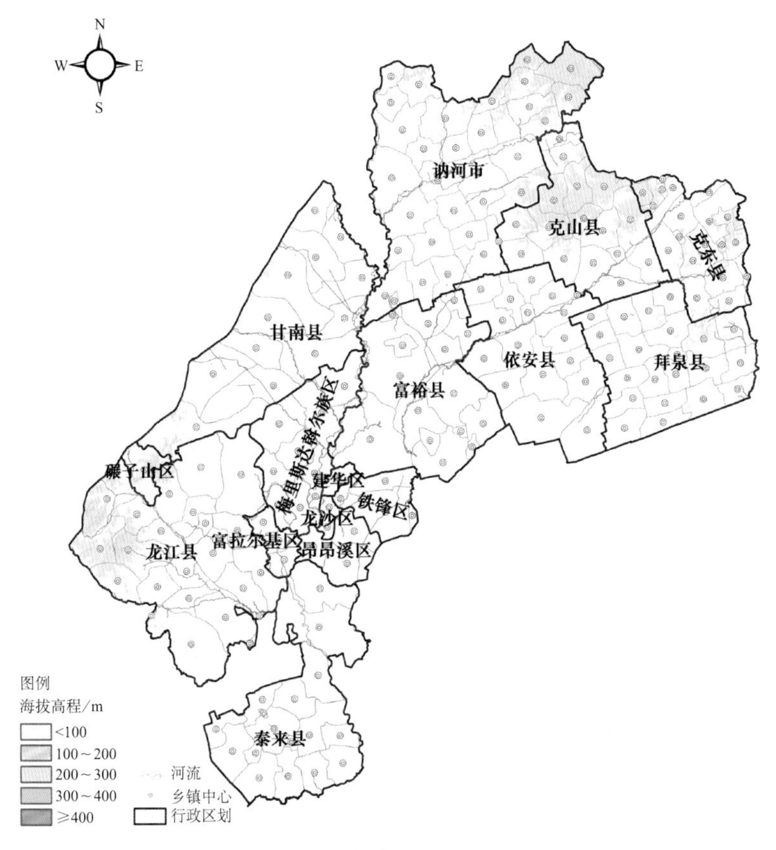

图 7.1　齐齐哈尔市地形区位图

7.1.1.2　齐齐哈尔市“三生”空间优化框架

立足齐齐哈尔市“三生”空间功能现状和空间规划发展形势，考虑黑土资源的特殊性、重要性以及国家粮食安全保障能力，以资源环境承载能力和经济社会可持续发展支撑能力为基础，构建多尺度“三生”空间功能评价指标体系。具体框架（图 7.2）和关键步骤如下：

（1）基于“三生”空间适宜性评价理论，以格网作为评价单元，结合齐齐哈尔市

“三生”用地实际情况，分析“三生”功能的适宜性时空特征；

（2）通过构建耦合协调度模型，以行政区为评价单元，对“三生”空间功能可持续发展水平进行测度；

（3）通过迭代法建立不同尺度的空间联系，根据行政区尺度和格网尺度各个功能评价因子的得分值与权重，建立“三生”空间功能多尺度融合模型，开展多尺度下“三生”功能冲突耦合协同分析；

（4）以多尺度“三生”功能冲突耦合协同分析结果为约束，建立基于FLUS（Future Land Use Simulation）模型的“三生”空间功能格局优化配置模型，提出市域国土空间统筹优化调控路径。

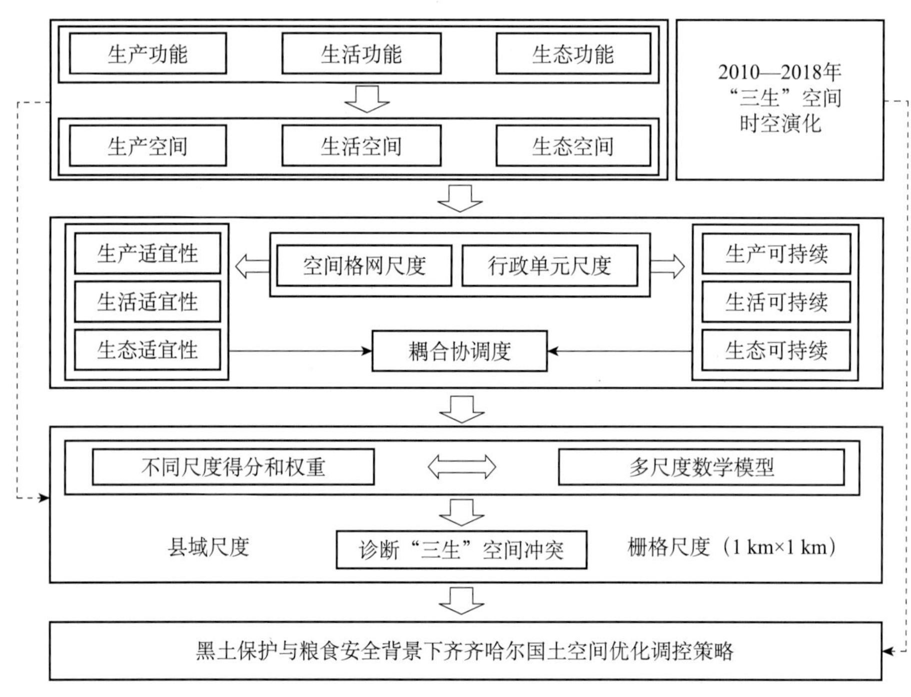

图7.2 齐齐哈尔市“三生”空间优化框架

7.1.1.3 齐齐哈尔市“三生”空间优化方法

（1）“三生”空间功能识别与分类

土地是一个综合的功能整体，其生产、生活和生态功能相互联系。但在土地利用过程中，由于开发利用的目的、强度、发展阶段不同，相应的功能发挥也有侧重。因此，从空间功能的主体性视角出发，开展齐齐哈尔市“三生”空间功能识别与分类，建立了现有“三生”空间功能分类体系（Lin，2020；刘继来 等，2017；刘超 等，2018）（表7.1）。

表 7.1 “三生”空间功能识别与分类体系

“三生”空间		土地利用类型	属性说明
一级分类	二级分类		
生产空间	农业生产空间	水田、旱地	水田和旱地为人类提供直接的农产品
	工业生产空间	工矿、交通建设用地	工厂、矿石场、交通道路等为人类提供产品或服务
生活空间	城镇生活空间	城镇建设用地	包括住宅用地、公共管理及服务用地等，城市居民的生活空间
	农村生活空间	农村居民点用地	建成区之外的人类生活空间
生态空间	林地生态空间	有林地、灌木林地、其他林地	林地、草地可以保持水土、保证生态循环，维持生态系统平衡
	草地生态空间	高、中、低覆盖度草地	
	水域生态空间	河流、湖泊、水库坑塘、湿地、滩涂	水体稳定区域温度，具有自我环境净化能力，是重要的生态用地
	其他生态空间	沙地、裸地、盐碱地、未利用地	沙地、未利用地等用地，难以开发利用，故维持其生态服务功能

（2）“三生”空间适宜性评价

“三生”空间适宜性评价旨在评价国土“三生”空间开发利用方式的适宜程度。基于对齐齐哈尔市“三生”空间适宜性的内涵解读（王检萍　等，2021），同时考虑数据的获取性与可操作性，“三生”空间适宜性评价指标体系构建如表 7.2 所示。其中，生产空间适宜性是指在特定条件下、一定范围内土地对生产功能的适宜程度。生产空间适宜性评价体系共选取 12 个指标，包括土地利用类型、年平均气温、年平均降水量、高程、坡度、土壤全钾、土壤全磷、有机质、pH、土壤水力侵蚀、路网密度、距沟渠距离。生活空间适宜性是指在特定条件下、一定范围内土地为人类提供居住保障功能的适宜程度，主要针对的是城镇、乡村居民点。生活空间适宜性评价体系共选取 9 个指标，包括土地利用类型、夜间灯光亮度、高程、坡度、距主要道路距离、距居民点距离、距地质灾害的距离、人口密度、经济密度。生态空间适宜性是指在特定条件下、一定范围内土地提高生态维系功能的适宜程度。生态空间适宜性评价体系共选取 8 个指标，包括土地利用类型、高程、坡度、NDVI、土壤水力侵蚀、距水体距离、距工矿用地距离、景观破碎度。

表 7.2 “三生”空间适宜性评价指标体系

空间类型	指标	权重	指标分级和打分			
			100	80	60	40
生产空间	土地利用类型	0.1664	耕地	建设用地 草地、沟渠	林地	其他

续表

空间类型	指标	权重	指标分级和打分			
			100	80	60	40
生产空间	高程 /m	0.0526	<180	[180，240)	[240，300)	≥300
	坡度 /°	0.0665	<3	[3，8)	[8，15)	≥15
	年平均气温 /℃	0.0326	≥4	[3，4)	[2，3)	<2
	年平均降雨量 /mm	0.0326	≥550	[500，550)	[450，500)	<450
	土地全钾 /（g/kg）	0.0998	≥15	[10，15)	[3，10)	<3
	土地全磷 /（g/kg）	0.0998	≥0.2	[0.1，0.2)	[0.05，0.1)	<0.05
	有机质 /（g/kg）	0.0998	≥100	[60，100)	[30，60)	<30
	pH	0.1337	[6.5，7.5)	[6.0，6.5)	[7.5，8.0)	≥8.0
	距沟渠距离 /m	0.0665	<50	[50，100)	[100，150)	≥150
	土壤水力侵蚀	0.0665	<1	[1，2)	[2，3)	≥3
	路网密度 /（km/km^2）	0.0832	≥0.148	[0.083，0.148)	[0.035，0.083)	<0.035
生活空间	土地利用类型	0.2083	城镇、农村	耕地、草地、沟渠	林地	其他
	夜间灯光亮度 /（cd/m^2）	0.1042	≥35	[15，35)	[0，15)	<0
	距主要道路距离 /m	0.1667	<500	[500，1500)	[1500，3000)	≥3000
	距居民点距离 /m	0.1250	<300	[300，600)	[600，900)	≥900
	距地质灾害距离 /m	0.1250	≥9000	[6000，9000)	[2500，6000)	>2500
	高程 /m	0.0417	<180	[180，240)	[240，300)	≥300
	坡度 /°	0.0417	<8	[8，15)	[15，25)	≥25
	人口密度 /（人 /km^2）	0.0833	≥2500	[1000，2500)	[300，1000)	<300
	经济密度 /（万元 /km^2）	0.1041	≥2000	[1000，2000)	[500，1000)	<500
生态空间	土地利用类型	0.2382	林地、草地	河流、湖泊、水库坑塘、湿地	水田、旱地、未利用地	其他
	高程 /m	0.0714	≥300	[240，300)	[180，240)	<180
	坡度 /°	0.0714	≥25	[15，25)	[8，15)	[0，8)
	NDVI	0.1428	≥0.5	[0.25，0.5)	[0.15，0.25)	<0.15
	土壤水力侵蚀	0.1428	<1	[1，2)	[2，3)	≥3
	距水体距离 /m	0.0953	≥6000	[4000，6000)	[2000，4000)	<2000
	距工矿用地距离 /m	0.1428	≥3000	[1500，3000)	[500，1500)	<500
	景观破碎度	0.0953	规则性好	规则性较好	规则性一般	规则性差

注：对指标因子进行分等定级打分，权重利用层次分析法进行确定，赋分结合已有研究、专家经验采用自然断点法分级赋值得到栅格因子图。

（3）“三生”空间功能可持续性评价

“三生”空间功能可持续评价是土地资源可持续利用的基础，也是实现区域发展多元性、社会需求多样性的基础。可持续发展要求生产集约、生活和谐、生态平衡。通过建立行政单元尺度上的“三生”空间功能耦合协调发展评价指标体系（表 7.3），系统分析市域土地利用现状的合理性，以及保障区域粮食安全的支撑能力，为诊断国土空间系统健康状况提供科学依据（Lin et al.，2020）。

表 7.3　“三生”空间功能耦合协同发展评价指标体系

一级功能	二级功能	指标	权重	数据获取
生产功能	农业供给功能	耕地面积比重	0.013	耕地面积 / 行政单元总面积
		粮食人均占有量	0.064	粮食产量 / 人口数
		粮食产出率	0.037	粮食产量 / 耕地面积
	非农业供给功能	二三产业用地面积比重	0.009	二三产业用地面积 / 行政单元总面积
		二三产业比重	0.011	二三产业产值 / 总产值
		土地产出率	0.270	总产值 / 行政单元总面积
生活功能	居住承载功能	生活用地面积比重	0.074	生活用地面积 / 行政单元总面积
		人口密度	0.056	总人口 / 行政单元总面积
		人均医院床位	0.127	总床位数 / 总人口
	社会保障功能	路网通达性	0.013	道路长度 / 行政单元总面积
		人均消费水平	0.062	人均可支配收入
		城镇化水平	0.083	城镇人口 / 总人口
生态功能	生态维持功能	生态用地比重	0.044	生态用地 / 行政单元总面积
		植被覆盖率	0.028	林地面积 / 行政单元总面积
		水域覆盖率	0.103	水域面积 / 行政单元总面积
	环境治理能力	空气质量	0.060	空气质量指数

注：利用熵值法获取各指标因子权重。

（4）耦合协调度模型

耦合协调度模型是一种可以更好地描述两个或多个系统在开发过程中的相互作用和影响的模型。耦合协调度是指各方面相互促进和制约的程度，不仅能够反映系统之间的协调程度，还能体现协调发展水平的阶段性系统高低水平。主要采用该模型计算“三生”空间适宜性结果与区域可持续发展的耦合协调度。耦合协调度取值在 [0，1] 的范围内，值越高表示耦合协同程度越大，具体公式见 4.2.5 节。

（5）多尺度融合模型

通过迭代法建立不同尺度的空间联系，根据行政区尺度和格网尺度各个功能评价因子的得分值与权重，建立“三生”功能多尺度融合模型（冉娜，2018）。

$$C_{p,\ l,\ e}=\left(1-\alpha\right)f_{p,\ l,\ e}+\alpha\sum_{i=1}^{m}f_i\times\beta \tag{7.1}$$

式中，$C_{p,\ l,\ e}$表示多尺度整合下国土“三生”功能（p，生产；l，生活；e，生态）的综合评价值，α为上一级尺度（行政单位尺度）评价结果的权重，$f_{p,\ l,\ e}$为p、l、e在网格尺度上的适宜性评价指标，f_i和β分别代表行政单位尺度“三生”功能的各个评价因子和相应的指标权重。认为“三生”空间适宜性评价结果与“三生”空间功能可持续性评价同等重要，故多尺度融合时α的取值设为0.5。最后，根据各网格各功能综合评价得分，采用自然断点法判断多尺度下的“三生”功能耦合程度。

（6）基于FLUS模型的“三生”空间格局模拟与优化

在“三生”空间适宜性评价及诊断“三生”空间功能利用存在的问题基础上，进一步利用FLUS模型，对齐齐哈尔市“三生”空间格局模拟优化。FLUS模型源于元胞自动机（CA），其参数设置包括土地利用转换成本、邻域权重因子、目标年土地利用类型面积（Li et al.，2017）。首先，采用神经网络算法（ANN）输入初始年份和验证年份的“三生”用地数据以及多种驱动因子（涵盖地形、坡度、距道路距离、距水体距离、人口经济、气象要素、土壤要素等），以此获得“三生”用地类型的适宜性概率。然后，基于自适应惯性机制的元胞自动机输入土地利用类型变化数量的目标，设置土地类型间相互转化成本和相互转化的限制矩阵。最后，叠加多尺度下“三生”功能冲突耦合协同分析结果为约束，建立国土空间功能提升路径框架，根据协同性分区结果，针对性地提出国土空间功能提升路径。

7.1.2 齐齐哈尔市“三生”空间演化格局

图7.3是齐齐哈尔市2010年、2018年“三生”空间功能格局分布。整体来看，这两年生产空间均占主导地位，龙江县、甘南县、讷河市占比较大；其中，农业生产空间主要与农村生活空间、林地生态空间、草地生态空间、水域生态空间这几种类型相互转换，面积净增长1077.07 km^2。工业生产空间流出变化不大，农业生产空间、草地生态空间等向工业生产空间转换，工业生产空间净增长31.21 km^2。生活空间在各区县呈聚集状，城镇生活空间主要与农业生产空间相互转换，城镇生活空间面积净增长24.7 km^2。农村生活空间主要向农业生产空间发生转换，同时农业生产空间、草地生态空间也向农村生活空间发生转换，农村生活空间面积净增长14.21 km^2。林地生态空间

主要向农业生产空间、水域生态空间、草地生态空间发生转换，林地生态空间面积净减少 14.98 km²。草地生态空间主要向农业生产空间、水域生态空间、草地生态空间发生转换，草地生态空间面积净减少 1669.18 km²。水域生态空间主要与农业生产空间、林地生态空间、草地生态空间相互转换，水域生态空间面积净增加 579.51 km²。其他生态空间主要与农业生产空间、水域生态空间、草地生态空间发生转换，其他生态空间面积净减少 42.52 km²。从空间分布上看，生态空间变动较为明显，主要集中在富拉尔基区、梅里斯达斡尔族区、讷河市的沿河地带，表明该区域生态空间受经济社会发展影响较大，生态功能稳定性较差。

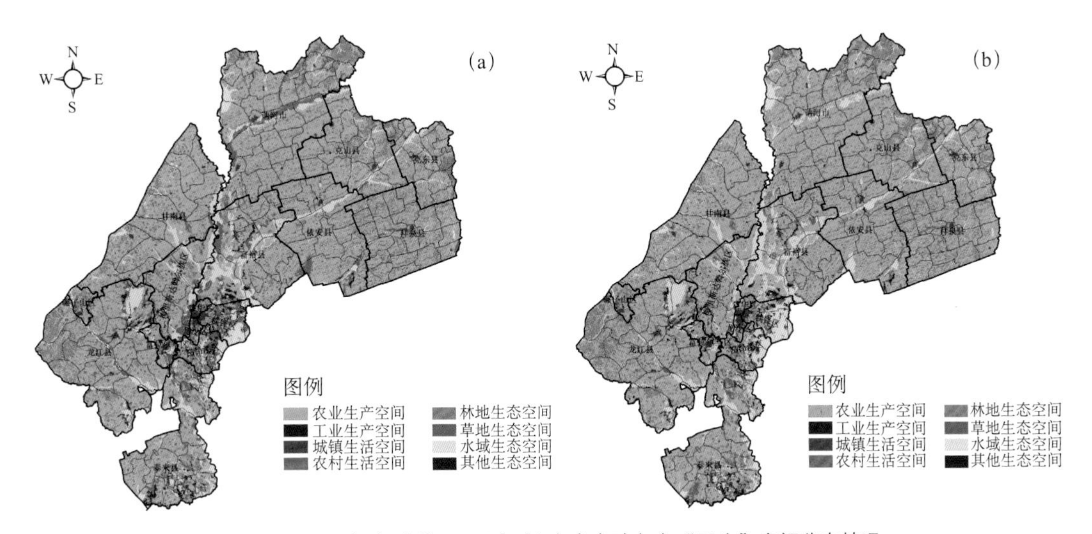

图 7.3　2010 年（a）和 2018 年（b）齐齐哈尔市“三生”空间分布情况

7.1.3　齐齐哈尔市“三生”空间冲突与耦合协调分析

基于“三生”空间适宜性评价指标体系，开展了齐齐哈尔市“三生”空间适宜性评价（图 7.4）。2010—2018 年，齐齐哈尔市生产空间适宜性水平整体有明显提高，特别是高适宜和最适宜地区，而中等适宜以下区域大面积减少。其中，生产空间高适宜区域主要分布于中部和东部地势平坦区域，表明该区域近年来黑土保护措施实施成效显著，农业生产空间适宜范围增加显著。最适宜区域主要分布在中心城区、主要交通枢纽、乡道附近的地区，这是因为中心城区人口密度大，经济、产业发展效率高，工业生产空间发展适宜性较好；此外，交通枢纽、乡道附近区域交通便捷，土地开发利用率较高，基础设施完善，也推动了生产空间的发展。生产空间适宜性水平较低区域主要分布在齐齐哈尔市东北部和中南部海拔较高、坡度较陡的地区，除特殊生态保护地区外，其他区域主要受地形特征影响，配套基础设施欠佳，在一定程度上增加了生

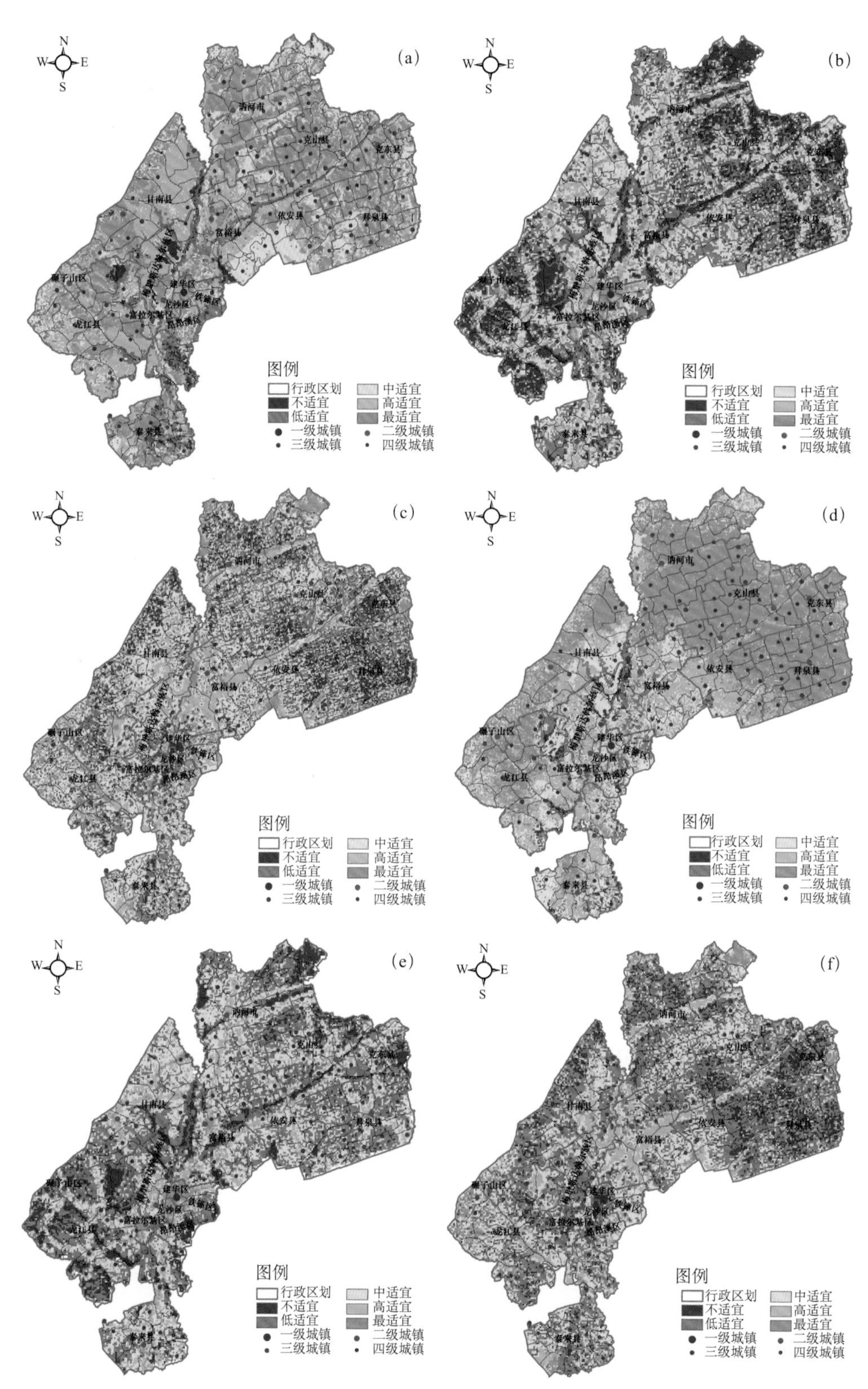

图 7.4　生产空间 2010 年（a）和 2018 年（d）、生活空间 2010 年（b）和 2018 年（e）、生态空间 2010 年（c）和 2018 年（f）适宜性评价结果

产空间开发成本，导致适宜性水平较低。

2010—2018 年，齐齐哈尔市生活空间适宜性水平整体有所提高，不适宜、低适宜和中适宜的地区减少，高适宜和最适宜的区域有一定程度增加，增加区域主要分布在齐齐哈尔市中部和东部地区，且呈明显的条带状，为主干道、交通枢纽点等道路交通便捷度高以及城市发展中心等地区。适宜性水平较低区域主要位于齐齐哈尔东北部和西南部的高海拔、林地覆盖面积大的区域。

与生产、生活空间相反，2010—2018 年，齐齐哈尔市生态空间适宜性水平整体有所下降，不适宜和低适宜的区域增加，而中适宜以上区域均出现了不同程度的减少。这是因为近年来农业生产空间的扩张以及重点城镇、工业的发展，导致生态空间被严重挤占，破坏了生态空间稳定性。具体来说，低适宜的地区多存在不同程度的水土侵蚀现象，零散分布于各县区。不适宜区域则在市区呈聚集状。值得关注的是，尽管全市生态空间适宜性水平呈现整体性降低，但北部地区仍有部分低适宜和不适宜区域状况得到改善，这表明该地区在生态环境保护等方面取得了一定成效。

图 7.5 为齐齐哈尔市行政区尺度“三生”空间功能可持续性评价（“三生”空间功能耦合协调度评价）结果。综合来看，两个时期“三生”空间耦合协调度均处于较低状态，市区“三生”空间耦合协调度水平最高，为基本协调状态，其余区县均处于濒临失调状态。从发展动态来看，2010—2018 年，市区“三生”空间可持续发展水平略有上升，仍维持在基本协调水平；其余地区除讷河市、甘南县、富裕县、龙江县、泰来县可持续发展程度有一定程度的改善，依安县、克山县、克东县、拜泉县可持续发展评价指数均有不同程度的下降。

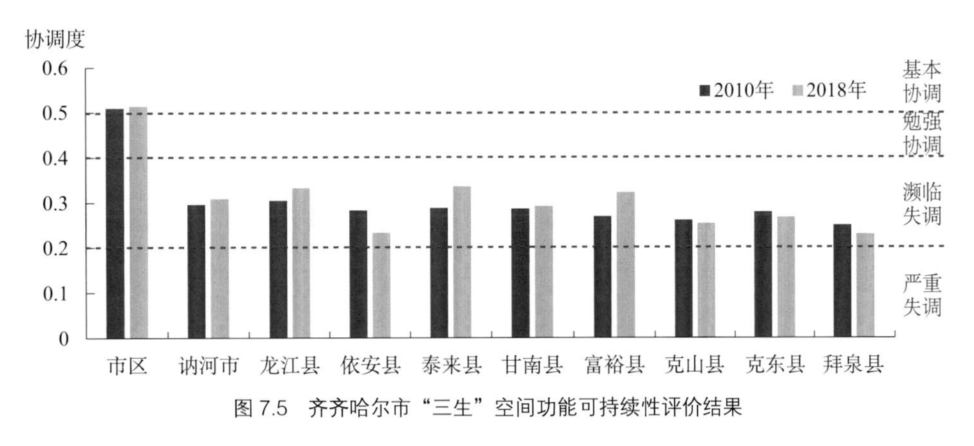

图 7.5　齐齐哈尔市“三生”空间功能可持续性评价结果

图 7.6 为齐齐哈尔市多尺度下的“三生”空间功能冲突耦合协调度结果。2010 年，齐齐哈尔市“三生”空间轻度失调地区占比为 19.68%，濒临失调地区占比为 37.05%，基本协调地区格网数占比为 32.44%。与 2010 年相比，2018 年全市“三生”空间轻度

失调地区格网数有一定程度增加，占比提高至 22.15%。值得注意的是，"三生"空间濒临失调地区格网数出现了大幅减少，勉强协调地区出现了大幅增加。2018 年，"三生"空间濒临失调地区占比减少了近 64%，勉强协调地区占比由 32.44% 增长至 52.75%，空间分布特征主要是由龙江县、讷河市逐步转移至泰来县、拜泉县、富裕县以及讷河市等地区。在耦合协调过程变化中展现出的不协调主要有两个方面：一是生产、生活、生态空间现有的发展水平与其适宜性所展现的应有发展方向不协调；二是生产、生活、生态空间三个子系统之间的发展水平高低不协调。

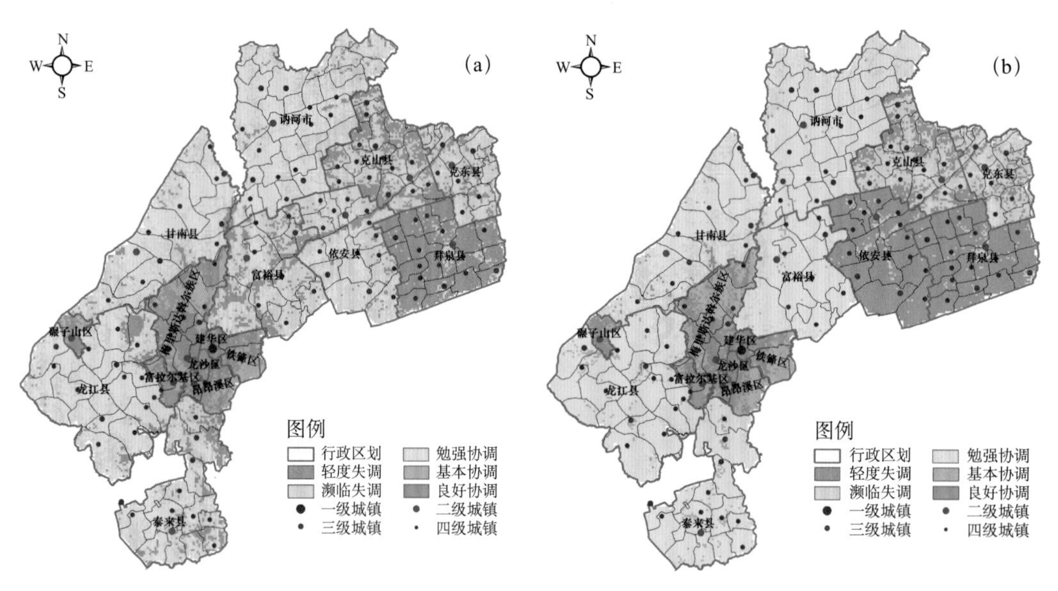

图 7.6　2010 年（a）和 2018 年（b）齐齐哈尔市多尺度下的"三生"空间功能冲突耦合协调评价结果

7.1.4　齐齐哈尔市"三生"空间统筹优化

以 2018 年为基期，叠加多尺度下"三生"功能冲突耦合协调分析结果，根据研究区实际情况设置约束条件，以《齐齐哈尔市国民经济和社会发展第十四个五年规划和二〇三五年远景目标纲要》和《齐齐哈尔市国土空间总体规划 2021—2035 年》所指出的耕地保有量等目标，在"三生"空间适宜性评价及"三生"空间功能利用格局问题诊断的基础上，进一步利用 FLUS 模型，对齐齐哈尔市"三生"空间功能格局进行模拟优化，为国土空间优化调控路径选择提供科学依据。

图 7.7 为齐齐哈尔市"三生"空间格局优化结果。在黑土保护与粮食安全综合发展情景下，市域"三生"空间仍是生产功能占据主导地位，但占比缩小了 6.72%；生活和生态空间占比有所增加，分别提升了 0.25% 和 6.47%。具体来说，农业生产空间转向了生态空间，生态功能显著提升。此外，由于全市加快构建现代化产业体系，城镇化

水平不断提高，生活空间也出现了小幅度增长。优化情景是考虑前面冲突的结果，以粮食生产目标为约束条件所得到的优化结果。齐齐哈尔市耕地面积小幅减少，但是考虑到社会经济的可持续发展，农业生产空间并不是越多越好，而且需要考虑和其他空间的协调性，既保障粮食安全的前提条件，还要考虑生态系统平衡问题。结合 2010 与 2018 年的“三生”空间分布可以看出，生产空间减少的部分主要位于 2010 年为生态空间而 2018 年为生产空间的地方，这些区域本身就是近林区或者近水域的生态用地。根据多目标的优化，将这些区域进行退耕还林、还草。这些地区本身的生态效益远高于生产效益，本身的生产适宜性不强，故生产空间的减少并不会违背国家粮食安全形势要求中东北粮食产量只能增长不能下降这一任务。相反，“三生”空间的进一步优化，将使齐齐哈尔市向更加协调的方向发展。

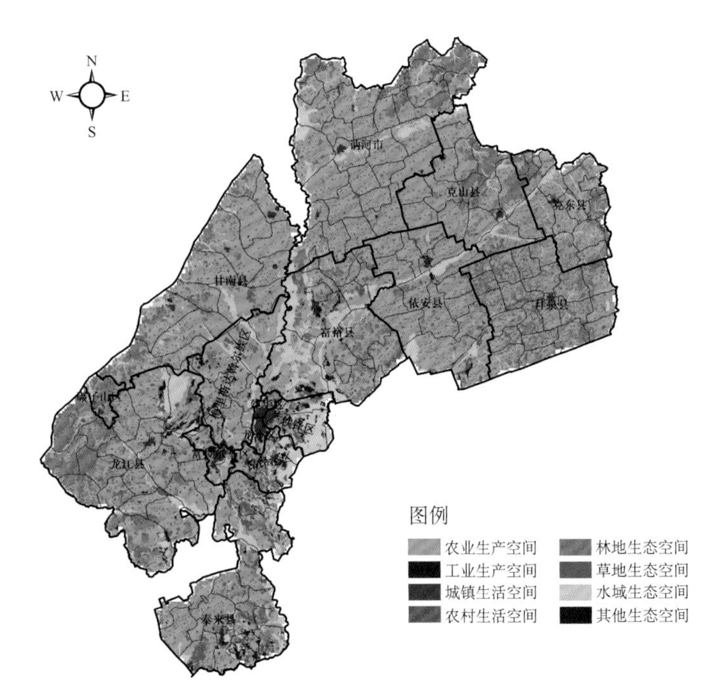

图 7.7　齐齐哈尔市“三生”空间模拟优化结果

7.1.5　本节小结

以齐齐哈尔市为例，在科学认知市域“三生”空间格局基础上，定量识别了“三生”功能时空分布特征及耦合协调度的空间异质性规律，并以黑土保护与粮食安全为目标，以多尺度“三生”功能冲突耦合协调度为约束，建立了“三生”空间功能格局优化配置模型，提出了市域国土空间统筹优化调控路径。取得主要结论如下。

（1）2010—2018 年，齐齐哈尔市生产空间与生活空间均有一定程度的增长。其中，生产空间增长了 1106 km^2，生活空间增长了 38.91 km^2；但生态空间受到经济社会发展影响较大，功能稳定性较差，减少了 1147.17 km^2。

（2）2010—2018 年，齐齐哈尔市生产空间整体适宜性水平有明显提高，特别是高适宜和最适宜地区，而中等适宜以下区域大面积减少；生活空间适宜性水平整体也有所提高，不适宜、低适宜和中适宜的地区减少，高适宜和最适宜的区域有一定程度增加，主要集中于齐齐哈尔市中部和东部地区，且呈明显的条带状分布。但生态空间适宜性水平整体有所下降，不适宜和低适宜的区域增加，而中适宜以上区域出现了不同程度的减少。这是因为近年来重点城镇以及工业的发展，在一定程度上破坏了生态环境稳定性，导致生态空间被严重挤占。此外，“三生”空间功能可持续性评价结果显示，齐齐哈尔市两个时期行政区尺度“三生”空间功能耦合协调水平均处于较低状态，市区“三生”空间耦合协调度水平最高，为基本协调状态，其余区县均处于濒临失调状态。

（3）2010—2018 年，齐齐哈尔市多尺度“三生”空间轻度失调和勉强协调地区有一定程度增加，而濒临失调地区呈现减少趋势。国土空间格局冲突表现为“三生”功能协同性弱，冲突强度地域差异明显，具体表现为国土空间利用水平低，对黑土资源的可持续性开发利用存在一定风险。

（4）将齐齐哈尔市“三生”空间分布情况（图 7.3）与“三生”空间功能耦合协调评价结果进一步叠加来看，全市可分为生产－生活优势区、优势生产功能带动区、生活功能提升区、生态功能保护区、薄弱综合提升区等五个功能区，协同性大小依次为生产－生活优势区 > 生活功能提升区 > 优势生产功能带动区 > 生态功能保护区 > 薄弱综合提升区。

根据协调程度分区结果可知，生产－生活优势区内多为三级城镇，应合理开发生态服务价值，重视区域内的自然与人文社会融合发展，利用优势功能进行提升。如昂昂溪区榆树屯镇，通过优化调整，生态空间有所扩大，应当积极发展区域特色产业，促进产业结构的调整和升级，以产业发展带动城镇、乡村的建设用地集聚，优化建设用地布局。需要注意的是，在进行城镇化建设时也要对该区黑土地进行保护，坚守城镇开发边界与生态红线，避免黑土流失。

优势生产功能带动区农业产值高、农业生产基础设施完善，大多分布在粮食主产区，扮演着齐齐哈尔市乃至黑龙江省粮仓的重要角色。以依安县为例，作为典型黑土示范区，县内的乡镇以优势生产功能带动区为主，故依安县的优化路径应以优势生产功能带动区为主要策略。第一，针对黑土侵蚀防控问题，要注重坡耕地水蚀防控、平地风蚀防治、侵蚀沟修复治理，实行免耕技术、在秋季实施秸秆粉碎还田、在春季免

耕播种等，减少水土流失。第二，作物提质增效，品质创优。以玉米全株利用增产增效技术体系为例，开展玉米优质粒及玉米须高产增效栽培、秸秆生物有机肥生产与应用等关键技术方面强化科研攻关。第三，重点进行耕层沃土工程，实行保护性耕作、有机肥还田、亚耕层培肥等措施，比如秸秆全量覆盖免耕播种、秸秆部分还田免耕播种、免耕播种、传统翻耕。在黑土健康调控与农产品品质创优、黑土地保育增效技术、高寒黑土多源增碳增效技术实现突破，同时也要完善基本农田建设，完善农田灌排系统和田间道路的建设。在进行规划发展时，完善交通、医疗、公园等基础设施建设，以人居发展带动各产业的协同发展。

生活功能提升区同样拥有丰富的农业生产资源，担负着重要的粮食生产与粮食安全的重任，但生活功能属性与优势生产功能区相比已明显提升，向着生产－生活优势区转变。以克山县古北乡为例，优化之后生活、生态空间增加，生活、生态功能较弱的局面也相应得到改善，通过规划手段合理确定城镇、村庄发展布局，避免建设用地无序扩张。可以通过城镇建设用地内部挖潜或是建设用地增减挂钩项目，提高存量建设用地的利用强度，减少对非建设用地的占用，引导土地利用方式向生态环境友好型方向发展。

生态功能保护区拥有丰富的水域、林地等生态资源，生产、生活适宜性水平较低。以龙江县济沁河乡为例，生产、生活适宜性条件一般，但生态适宜性较好，在黑土保护与粮食安全综合发展情景下，重点保护林地、未利用地等生态类用地，比如利用大青山的优势生态资源，发展生态旅游。在优化目标粮食安全的前提下，将不适宜种植的耕地，开展退耕还林，大力推进造林绿化工作，提高生态环境质量和生境斑块的适宜性。由于齐齐哈尔市生态空间及生态生产空间较少且不连片，主要集中分布在北部的尼尔基湖生态区和西部的碧水湾森林生态园，可以通过构建生态廊道提高生态空间的连通性，扩大生物种群的活动范围，进而提高齐齐哈尔市生物多样性和生态环境质量的整体提升。

薄弱综合提升区外源性带动作用不强，内源性发展动力不足，导致整体发展水平弱。该区虽具备一定的农业生产基础，但生产水平不高，且生活宜居性较差，生活发展受到限制；生态空间虽然分布广泛，但比较脆弱且较为零散，品质低下。因此，根据优化结果，该区应重点发展当地的特色产业，比如农业旅游、生态旅游、特色作物，在发展其已有的农业基础上，改善黑土地的土壤理化性质，固土增肥，减少耕地侵蚀，向着优势生产农业功能区过渡，进而利用优势功能带动“三生”空间协调发展。

7.2 宁波市"三生"空间优化实例

7.2.1 宁波市概况

宁波市（120°55′E—122°16′E，28°51′N—30°33′N，图 7.8）位于浙江省东部、我国海岸线中段，是东南沿海重要的港口城市、长江三角洲南翼经济中心，东有舟山群岛，北濒杭州湾，西接嵊州、新昌、上虞，南临三门湾。宁波市全市土地总面积 9816 km^2，现辖 10 个区（县、市），地势西南高、东北低。优越的区位优势和山海交融的环境特色，使得宁波成为世界第六大都市圈中的国际港口城市。2020 年，宁波市实现地区生产总值 12408.7 亿元，第七次全国人口普查数据显示，宁波市人口达 940.43 万人。随着经济社会的发展和人口的不断增长，对宁波市土地空间资源空间的合理配置提出了更高的要求。然而，近年来宁波市的发展方式给资源、能源和生态环境带来了巨大的压力，自然资本存量消耗远超资本流量更新，宏观生态环境恶化与资源枯竭等问题严重阻碍着今后的可持续发展。更有研究表明，2010 年以来宁波生产空间和生活空间持续扩张，生态空间被严重挤占，"三生"空间协调性差，且逐渐向不协调的趋势发展。随着新一轮国土空间规划颁布实施，宁波市经济将进入全面创新、协调和高质量的发展阶段，在美丽中国建设过程中，如何实现国土空间从增量扩张型向存量效率型转变，从简单管控向资源优配转变，从多头分散向统一协同转变将是亟待解决的关键问题。立足发展需求，本节以经济发展、粮食安全和生态优先多目标为导向，探索建立宏观数量把

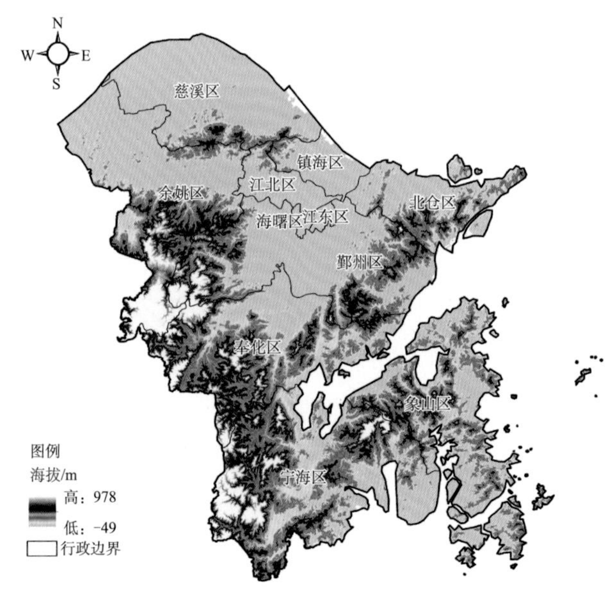

图 7.8　宁波市地形区位图

控和空间单元分配的优化配置模型，提出市域国土空间统筹优化调控路径与发展建议。

7.2.2　宁波市“三生”空间优化框架

本节中使用的数据见表 7.4。所有数据获取后，首先借助 ArcGIS 10.5 软件进行统一坐标系和空间分辨率等数据预处理工作。所有数据坐标系转换为 GCS_WGS_1984，Datum 为 D_WGS_1984，Prime Meridian 为 Greenwich，Angular Unit 为 Degree。所有栅格数据的空间分辨率统一为 30 m × 30 m，以便能够满足构建 GA-PLUS 模型所需的数据要求。对于空值区域，根据数据的类型和含义，对其进行空间插值或赋值为 0。

表 7.4　采用的数据集和来源

数据类型	数据名称		数据来源
土地利用 / 覆盖数据集	中国土地利用 / 覆盖遥感监测数据集		http://www.resdc.cn
限制转化区域数据	生态红线范围		《浙江省生态保护红线划定方案》
	生态带		《宁波市城市总体规划（2006—2020 年）》
	其他限制转化区域	机场空间、水工建筑空间、水库水面、港口码头空间、管道运输空间、设施农业空间、铁路空间、风景名胜及特殊空间	原始获取
驱动因子数据	地形地貌因子	数字高程模型（DEM）	https://www.resdc.cn
		坡度	原始获取
		地形位指数	原始获取
		景观破碎度	原始获取
	社会经济因子	GDP	https://www.resdc.cn
		人口密度	https://www.resdc.cn
	自然环境因子	温度	https://www.worldclim.org/
		降水量	https://www.worldclim.org/
		NDVI	https://developers.google.com/earth-engine/datasets/catalog/MODIS_006_MOD13Q1
		地质灾害风险	原始获取
	区位因子	距主要道路距离	原始获取
		距水体距离	原始获取
		距小区居民点距离	原始获取
		距学校的距离	原始获取
		距离医院的距离	原始获取
其他数据		行政区划	http://xzqh.mca.gov.cn/map

用于生产“三生”空间分布数据的中国土地利用 / 覆盖遥感监测数据集来源于中国科学院资源环境科学与数据中心（http://www.resdc.cn/）。该数据集以陆地卫星长时间序列遥感图像为主要数据源，通过人机交互可视化遥感解译生成。数据分类系统采用二级分类系统，一级分类包括根据土地资源及其利用属性分成的 7 个主要类型（耕地、林地、草地、水域、居民点空间、未利用空间和海洋）；二级分类为根据土地资源的自然属性分成的 25 个类型。采用核查线随机抽样核查等方法对该数据集进行验证，土地利用 / 覆盖数据集的精度达 95.66%，数据集总体精度满足研究需求。

限制转化区域数据包括宁波市生态红线范围、宁波市中心城生态带和其他限制转化区域三类。宁波市生态红线范围和宁波市中心城生态带分别来源于《浙江省生态保护红线划定方案》和《宁波市城市总体规划（2006—2020 年）》，采用 ArcGIS 10.5 软件对规划中的图件进行地理配准和数据矢量化操作，最终生成宁波市生态红线范围和宁波市中心城生态带数据；其他限制转化区域数据为基于高分二号卫星影像数据及网络爬取的 POI 数据解译所得，具体包括机场空间、水工建筑空间、水库水面、港口码头空间、管道运输空间、设施农业空间、铁路空间、风景名胜及特殊空间等 8 个小类数据。

驱动因子数据包括四种类型：地形地貌因子、社会经济因子、自然环境因子和区位因子。地形地貌因子包括数字高程模型（DEM）、坡度、地形位指数和景观破碎度指数。DEM 数据来源于中国科学院资源环境科学与数据中心（https://www.resdc.cn），其源数据来自于美国奋进号航天飞机的雷达地形测绘（Shuttle Radar Topography Mission，SRTM）数据，由最新 SRTM V4.1 数据整理拼接生成 30 m 分辨率的中国地区 DEM 数据；坡度数据是基于 DEM 数据，采用 ArcGIS 10.5 软件中的“Slope”工具生成的宁波市 30 m 分辨率坡度数据；地形位指数参考了 Reu 等（2013）的研究，将坡度和高程组合并重新计算所得；景观破碎度指数参考了 Li 等（2005）的研究，由宁波市土地利用总面积、斑块总数和最小斑块面积计算所得。

社会经济因子包括地区生产总值（GDP）和人口密度。这两个数据均来自于中国科学院资源环境科学与数据中心（https://www.resdc.cn），空间分辨率为 1 km × 1 km。

自然环境因子包括温度、降水量、归一化植被指数（NDVI）和地质灾害风险。温度和降水量数据均来自于 WorldClim 全球天气和气候数据的数据库（https://www.worldclim.org/），空间分辨率为 30 s 范围区域（约为 1 km^2）；NDVI 数据来源于 MODIS（Moderate-Resolution Imaging Spectrometer）MOD13Q1 V6 产品（https://developers.google.com/earth-engine/datasets/catalog/MODIS_006_MOD13Q1）。该产品提供的归一化植被指数（NDVI），被称为现有美国国家海洋和大气管理局甚高分辨率辐射计（NOAA-

AVHRR）衍生 NDVI 的连续性指数，数据空间分辨率为 250 m × 250 m，在研究过程中采用 Google Earth Engine (GEE) 平台对该数据集进行处理。地质灾害风险数据采用 ArcGIS 10.5 软件中的“Raster Kernel Density”工具对宁波市地质灾害点进行空间密度分析所得，以地质灾害点的空间密度来表征地质灾害发生的风险。其中，地质灾害点数据来源于中国科学院资源环境科学与数据中心（https://www.resdc.cn），包含宁波市崩塌、塌陷、泥石流、地面沉降、地裂缝、滑坡、斜坡 7 大类地质灾害的空间位置信息。

区位因子包括距主要道路距离、距水体距离、距小区居民点距离、距学校的距离和距医院的距离。所有的区位因子数据都是采用 ArcGIS 10.5 中的“Euclidean Distance”工具生成的。道路数据来源于国家地理科学数据中心（https://www. geodata.cn）；水体数据来源于国家地理信息目录服务处（https://www.webmap.cn/），包含 1 级、3 级、4 级和 5 级河流和湖泊；居民点、学校和医院的数据是通过 Python 编码在网络上爬虫获取的 POI 数据。

此外，本节用到的宁波市行政区划数据来源于全国行政区划信息查询平台（http://xzqh.mca.gov.cn/map)，数据包含宁波市的位置及其下辖 10 个县 / 区的行政边界等基本信息。

本节通过以下步骤开发了宁波市“三生”空间现状评估和优化的研究框架。

步骤 1：“三生”空间识别。从土地资源的“三生”功能视角出发，根据 30 m × 30 m 的土地利用网格数据，识别宁波市“三生”空间空间布局，分析宁波市“三生”空间时空变化特征。

步骤 2：GA-PLUS 模型构建。通过设置最大 GDP（SDGs1 消除贫困；SDGs8 经济增长）、最大人均粮食产量（SDGs2 消除饥饿）和最小碳排放量（SDGs13 气候行动）等目标，用 GA 优化宁波市“三生”空间宏观数量结构；以 GA 宏观数量结构优化结果为约束，设定限制转化区域和土地利用变化内置驱动因子，采用 PLUS 模型动态模拟宁波市“三生”空间单元布局变化。

步骤 3：模型精度验证。以 2010 年“三生”空间数据为基期，模拟在现有参数设置和驱动因子影响下 2018 年宁波市“三生”空间变化，并将模拟数据与真实数据对比，评估模型可靠性。

步骤 4：“三生”空间优化。以 2018 年“三生”空间为基础，构建 GA-PLUS 模型，优化宁波市“三生”空间，并针对性地提出宁波市国土空间统筹优化调控路径与发展建议。

7.2.3 宁波市“三生”空间优化方法

7.2.3.1 宁波市“三生”空间识别

土地系统作为复杂多功能的综合体，其内部的生产、生活和生态功能相互关联且相互制约。目前对于土地利用功能识别的研究包括生产、生活和生态的基本功能识别，生产、生活和生态的复合功能识别。本节以土地利用现状分类为基础，将不同的土地利用类型所表现出的优势功能作为识别其“三生”功能的依据，对土地利用数据对应的“三生”空间功能强度进行识别，构建用于识别“三生”空间类型的评价体系表（表 7.5）。

表 7.5 采用的数据集和来源

一级类	二级类	“三生”空间识别			“三生”空间类型
		生产空间	生活空间	生态空间	
耕地	水田	√			生产空间
	旱地	√			生产空间
林地	有林地			√	生态空间
	灌木林			√	生态空间
	其他林地			√	生态空间
草地	高覆盖度草地			√	生态空间
	中覆盖度草地			√	生态空间
	低覆盖度草地			√	生态空间
水域	河渠			√	生态空间
	水库坑塘			√	生态空间
	永久性冰川雪地			√	生态空间
	滩涂			√	生态空间
	滩地			√	生态空间
城乡、工矿、居民用地	城镇用地		√		生活空间
	农村居民点		√		生活空间
	其他建设用地	√			生产空间
未利用土地	沙地			√	生态空间
	戈壁			√	生态空间
	盐碱地			√	生态空间
	沼泽地			√	生态空间
	裸土地			√	生态空间
	裸岩石质地			√	生态空间
	其他			√	生态空间
海洋	海洋			√	生态空间

7.2.3.2　遗传算法

土地利用类型数量结构优化是一个多目标优化的问题，具有极大的不确定性。遗传算法作为一种多目标优化算法，通过设定决策变量、目标函数和约束条件等要素，进行适应度计算、选择计算、交叉运算和变异运算等步骤，能较好地应用于土地利用数量结构优化研究（Ding et al.，2021）。

遗传算法与其他优化算法相比有突出的优势，一方面，遗传算法在运行过程中不易受外界条件变化的干扰，适用于对复杂系统进行优化；另一方面，由于遗传算法是对整个群体进行的进化运算，它着眼于个体集合，具有大规模计算和并行搜索的特点。多目标优化问题目标是整体目标最优，而不是单个目标最优，多目标优化问题的解是一组解决方法的集合，遗传算法是求解这种集合的有效手段。遗传算法的构建过程如下。

（1）决策变量的选取

在模型构建中，决策变量的选取是基础和关键。以不同的目标为依据，各决策变量的设置和选择也有所不同。在变量的选取过程中，首先，要能够体现各类土地类型的特点；其次，要能够体现土地利用现状的分类体系；再次，要顺应土地利用未来的发展方向。基于此，该模型的决策变量是以宁波市“三生”空间现状为依据，根据宁波市的社会发展情况和土地资源的利用特点，以及城市规划的发展方向，进行全方位的考量，确定相关的可操作性的数据。共设置 8 个决策变量，包括农业生产空间（x_1）、工业生产空间（x_2）、城镇生活空间（x_3）、农村生活空间（x_4）、林地生态空间（x_5）、草原生态空间（x_6）、水域生态空间（x_7）、其他生态空间（x_8）。关于决策约束变量的数值，主要参考《中华人民共和国国民经济和社会发展第十四个五年规划和 2035 年远景目标纲要》和《全国国土规划纲要（2016—2030 年）》，结合宁波市社会经济发展和土地利用现状来确定。

（2）构建目标函数

土地是一个由自然、社会、经济组成的复合型系统，所以进行土地合理利用也要尽量满足自然、社会和经济的需求。随着对土地利用研究的不断深入，人们已经认识到单方面追求经济效益所带来的弊端，因此，本节以经济发展、粮食安全和生态优先三个方面相统一为目标，构建“三生”空间数量结构优化的目标函数，包括以下方面。

地区最大生产总值目标为

$$Y_{\max\_\mathrm{GDP}} = e_i \times x_i \tag{7.2}$$

式中，$Y_{\max\_\mathrm{GDP}}$ 为地区最大生产总值，e_i 为第 i 类土地利用类型的单位面积 GDP，x_i 为

第 i 类土地利用类型的面积。

地区最大粮食产量目标为

$$Y_{\max\_go} = g_1 \times x_1 \tag{7.3}$$

式中，$Y_{\max\_go}$ 为地区最大粮食产量，g_1 为单位农业生产空间面积的粮食产量，x_1 为耕地面积。

地区最小碳排放量目标为

$$Y_{\min\_carbon} = c_i \times x_i \tag{7.4}$$

式中，$Y_{\min\_carbon}$ 为地区最小碳排放量，c_i 为第 i 类土地利用类型的单位面积碳排放量或者碳汇量进行标准化以后的值，x_i 为第 i 类土地利用类型的面积。

（3）构建约束条件

约束条件的构建是模型优化的关键性步骤，是对模型结果的范围进行限制性约束。要得到实用性的土地利用优化结果，必须以科学合理的约束条件作为基础。约束条件的构建涉及定量的原则，因此，在建立过程中，必须保证数据的真实性和可靠性，使其可以表现出一个地区的人口情况、经济发展情况及土地利用情况等特点。

本节主要约束条件为空间面积约束。在考虑已有生态红线、生态带、生态保护区等限制转化区域面积的基础上，综合宁波市国土空间规划所划定的各类“三生”空间的数量结构比例，进而确定所期望的各类“三生”空间的面积，并限制其总面积。

$$Y_{\text{area}} = \sum_{i=1}^{8} x_i \tag{7.5}$$

式中，Y_{area} 为规划中未来该地区的总面积。

依据“三生”空间的面积范围约束，进而生成遗传算法初始种群：

$$x_i = x_{i\_\min} + \partial \times (x_{i\_\max} - x_{i\_\min}) \tag{7.6}$$

式中，$x_{i\_\min}$ 为规划中规定的第 i 类土地利用类型的最小面积，$x_{i\_\max}$ 为规划中规定的第 i 类土地利用类型的最大面积，∂为 0～1 之间的随机数。

综上所设的各类目标和约束条件，得到遗传算法的适应度函数为

$$F_{\text{suitable}} = Y_{\max\_\text{GDP}} + Y_{\max\_go} + 1 / Y_{\min\_carbon} \tag{7.7}$$

7.2.3.3　PLUS 模型

PLUS 模型源于元胞自动机（CA）模型，它通过更好地将影响土地利用变化的空间因素和地理细胞动态结合，增强了 CA 的时空动态表达和预测能力。PLUS 模型将已

有的转化分析策略（TAS）和格局分析策略（PAS）二者优势进行融合，引入了新的规则挖掘策略——空间扩张分析策略（Land Expansion Analysis Strategy，LEAS）。LEAS在避免对随类别数量指数增长的转化类型进行分析的同时，保留了模型在一段时间内分析土地利用变化机理的能力，通过提取两期土地利用变化间各空间类型的扩张部分并采样，采用随机森林算法对各类土地利用扩张和各种影响因素（即驱动因素）进行挖掘，从而获取各空间类型的发展概率和各类空间驱动因素的影响权重，用于挖掘土地利用变化的机理，模拟多类任意土地利用类型斑块的产生和演化。除此之外，PLUS模型还包含一种新型的基于多类随机斑块种子的CARS（CA Based on Multiple Random Seeds）模型，是一种特殊的CA模型，结合了“自上而下”和“自下而上”机制对陆地系统的影响，使该模型在发展概率的约束下自动生成动态模拟斑块，以局部微观土地利用变化带动土地利用总量，同时与多目标优化算法耦合，使模拟结果具有较强的鲁棒性。

总之，PLUS模型新的规则挖掘策略和补丁生成机制，在学习土地利用的非线性变化时具有显著的效果，其较好的内部运行机制和精度很好地契合了本节的任务。因此，本节通过整合多时相的“三生”空间和驱动因子，在GA模型的基础上进一步采用PLUS模型对宁波市“三生”空间进行优化。

7.2.3.4 驱动因子选取

驱动因子是导致土地利用方式和目的发生变化的重要因素。通过对各因子与土地利用变化的相关性分析，根据宁波市目前发展规划的实际情况，以及相关数据获取的可行性，综合国内外有关驱动因子研究结论，选取地形地貌因子、社会经济因子、自然环境因子和区位因子四大类作为宁波市“三生”空间格局演化的驱动因子。

地形地貌因子作为土地利用制约的重要因素之一，直接影响“三生”空间分类方式。海拔高低、地势起伏程度等地形因子均在一定程度上影响各类空间的分布，进而影响“三生”空间布局情况。单一高程和坡度因子无法综合体现地形因子的作用过程，因此，除高程和坡度因子外，加入地形指数和景观破碎度指数，共同作为“三生”空间演化的地形地貌因子。

随着经济快速发展，人民对生活水平质量的要求也逐渐提高，GDP和人口的分布也趋于集中化，并推动周边小区、商场等生产空间和生活空间的集中发展，不当的空间扩张可能引发潜在的空间充足，因此，本节选择GDP和人口密度作为影响宁波市“三生”空间演化的社会经济因子。

宁波市位于沿海区域，台风频发，同时伴随强降雨的发生，极端天气频发往往伴随地质灾害的发展，潜在威胁周边区域内人民的生命财产安全。因此，在常规降水、温度、NDVI 等自然环境因子的基础上，增加地质灾害风险因子，共同作为影响宁波市“三生”空间演化的自然环境因子。

区位因子对土地利用类型的发展方向具有巨大影响。距离学校、医院、小区较近的区域，生活空间分布集中。基础设施齐全、交通可达性高的区域更适合生活空间和生产空间的发展。本节通过计算道路、医院、学校、水域、小区的欧氏距离，生成区位因子数据。

7.2.3.5　精度验证

Kappa 系数和总体分类精度通常用于数据的一致性检验和衡量分类精度。Kappa 系数具体计算公式见 3.2.3 节。

7.2.4　宁波市“三生”空间演化格局

表 7.6 和图 7.9 分别展示的是宁波市“三生”空间数量结构和空间布局的识别结果。从数量和空间分布上看，宁波市“三生”空间主要类型为林地生态空间，2010 年和 2018 年林地生态空间面积占比分别达到 46.10% 和 45.81%。结合图 7.9 分析可知，宁波市林地生态空间广泛分布于宁波市南部的高海拔地区，如余姚、鄞州和奉化的西南部，鄞州和北仑的东南部，以及宁海、象山等地。这些地形高、地貌类型复杂的地区，生产、生活空间扩张困难，土地利用仅维持其固有的生态空间功能。其次是工业生产空间，2010 年和 2018 年占比分别为 35.72% 和 34.26%，主要分布于宁波市北部和中部地区，包括慈溪、余姚、江北、镇海和奉化北部、鄞州中部。这得益于中北部和北部地区地势平坦，土地质量较好，农业生产便捷性高，但这些地区仍存在土地集约利用水平低的问题。2010 和 2018 年宁波市的城镇生活空间和农村生活空间面积均有不同程度的增加，城镇生活空间面积占比由 6.36% 增加至 7.11%，农村生活空间面积占比由 4.98% 增加至 5.37%，生活空间面积共增加了 97.39 km^2。城镇生活空间主要分布于宁波市中心城区海曙、江东、江北和北仑，以及慈溪和余姚等经济发展较好的地区。随着城市化进程的推进，城镇生活空间面积扩张明显，主要表现为在原有基础上向周边辐射发展，尤其是镇海、江北、慈溪、北仑和象山，城镇生活空间存在以侵占农业生产空间为代价的大面积扩张现象。农村生活空间则分散于宁波市各地，主要为临近城镇生活空间和农业生产空间的地区，同时具有密集的和通达度较高的交通路网设施。城镇生活空间的扩张带动了宁波市经济的快速增加，同时也影响着工业生产空间的发展，主要表现为经济发展带动宁波市邻海区域出现产业集群现象。2010—2018 年，农业生产空间增加了 58.56 km^2，主要分布在慈溪和镇海东部沿海地区。草地生态空间和水域生态空间占比较小。草地生态空间零落分布于森林生态空间之间。水域生态空间

主要为较大的地表河流和湖泊水面，以及分布在农业生产空间和城镇生活空间聚集区域用于农业灌溉和生活饮用的小型水库和河流。此外，宁波市还有少量的其他生态空间，主要为沿海地区滩涂空间，逐渐被工业生产空间替代。

表 7.6　宁波市“三生”空间数量结构分布

	2010 年“三生”空间		2018 年“三生”空间		变化面积
	面积 /km²	比例 /%	面积 /km²	比例 /%	/km²
工业生产空间	3047.09	35.72%	2922.20	34.26%	−124.89
农业生产空间	205.77	2.41%	264.33	3.09%	58.56
城镇生活空间	542.52	6.36%	606.47	7.11%	63.94
农村生活空间	424.69	4.98%	458.13	5.37%	33.45
林地生态空间	3932.67	46.10%	3907.90	45.81%	−24.76
草地生态空间	103.31	1.21%	107.32	1.26%	4.00
水域生态空间	245.31	2.88%	261.46	3.07%	16.15
其他生态空间	28.96	0.34%	2.51	0.03%	−26.45

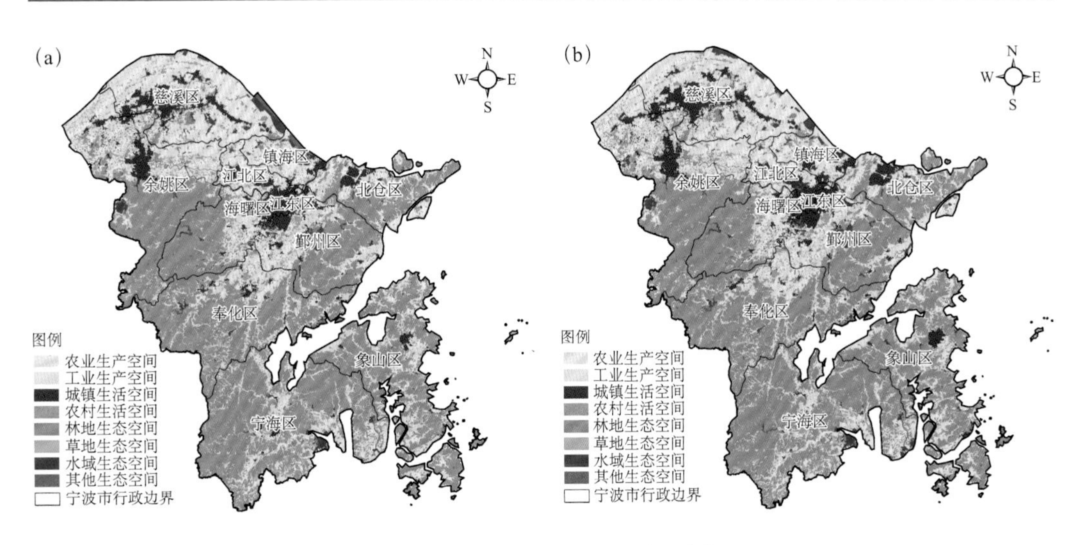

图 7.9　宁波市“三生”空间格局分布

（a）2010 年；（b）2018 年

由图 7.10 可知，2010—2018 年宁波市“三生”空间之间转移明显。不同“三生”空间之间均存在或多或少的转入和转出，主要表现为农业生产空间和森林生态空间的转出，农业生产空间、工业生产空间、城镇生活空间和农村生活空间的转入。农业生产空间转出面积最大，转出面积占宁波市总面积的 3.07%。农业生产空间主要转出为城镇生活空间（转出 0.91%）和农村生活空间（转出 0.75%），这与前文所述生活空间扩张侵占农业生产空间相一致。在农业生产空间被侵占的同时，也有占宁波市总面积 0.7% 的林地生态空间被开垦为农业生产空间。工业生产空间转入明显且集中，转入面积占宁波市总面积的 1.2%，主要由宁波市东北部的林地生态空间（转入 0.23%）、水域生态空间（转入 0.21%）和其他生态空间（转入 0.23%）转入。值得注意的是，水域生态空间在向工业生产空间转出的同时，也存在工业生产空间向水域生态空间的转入，二者基本达到占用和补偿的相对平衡。此外，城镇生活空间和农村生活空间的转移也相对明显，生活空间转出面积和转入面积分别占宁波市总面积的 0.93% 和 2.19%，生活空间在经济发展和城镇化的影响下增加显著。

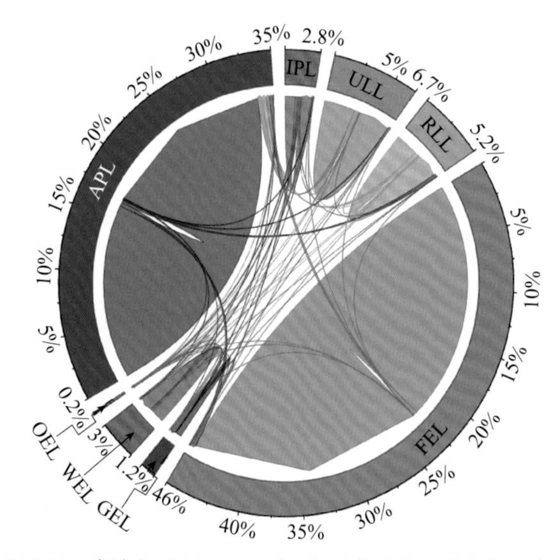

图 7.10　宁波市 2010—2018 年“三生”空间面积变化桑基图

（IPL 表示工业生产空间，APL 表示农业生产空间，ULL 表示城镇生活空间，RLL 表示农村生活空间，FEL 表示林地生态空间，GEL 表示草地生态空间，WEL 表示水域生态空间，OEL 表示其他生态空间。余同）

7.2.5　宁波市“三生”空间统筹优化

图 7.11 为 GA-PLUS 模型模拟的宁波市 2018 年 PLEL 空间分布图。从图中可以看出，2018 年的模拟图与实际图（图 7.9b）非常相似。两个图之间的 Kappa 系数为 0.8422，总体模拟精度为 89.55%，证明模拟的 2018 年宁波市“三生”空间构成和分布与实际基本吻合。这表明本节所建立的模型能够较好地模拟宁波市实际“三生”空间格局变化，仿真结果是可信的。

图 7.12 给出了宁波市“三生”空间数量结构和空间布局优化结果，图 7.13 为宁波市“三生”空间优化后与 2018 年“三生”空间之间面积转移的桑基图。由图 7.12 和图

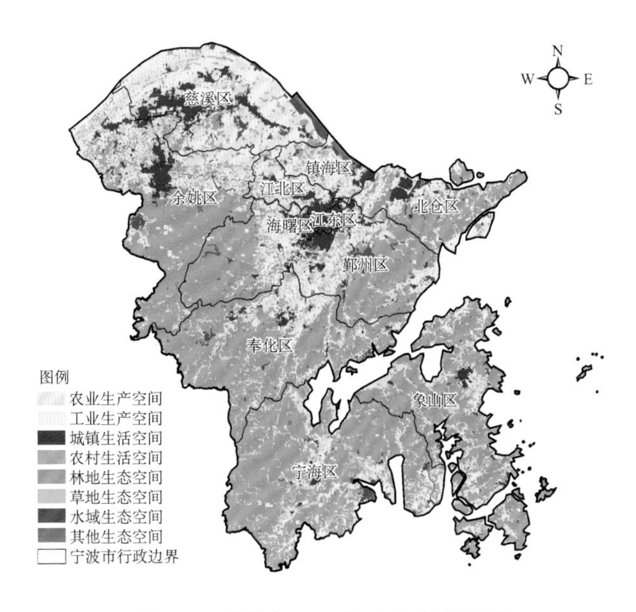

图 7.11　宁波市 2018 年 PLEL 模拟结果

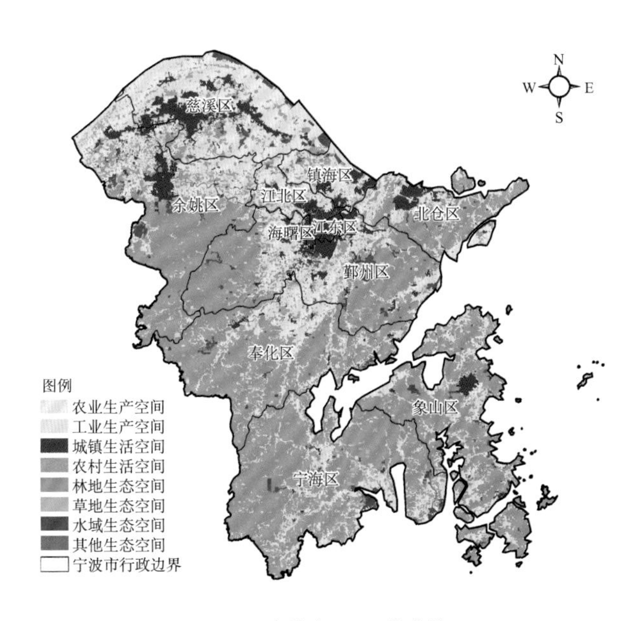

图 7.12　宁波市 PLEL 优化结果

7.13 可知，与目前发展状况相比，优化后的宁波市“三生”空间数量结构和空间布局变化明显。农业生产空间、草地生态空间面积和其他生态空间面积减少，其中农业生产空间减幅较大，相比于 2018 年减少了 203.43 km^2。农业生产空间减少主要表现为向林地生态空间之间的转移，以及部分位于宁波市中部地区和北部地区的农业生产空间转出为农村生活空间，这与宁波市自然村归并政策相呼应。自然村归并使村落面积增加，农村生活空间出现聚集和扩张。草地生态空间减少了 25.46 km^2。草地生态空间减少主要为宁波市南部宁海和象山草地生态空间转化为林地生态空间所致，此举有助于提高宁波市生态系统稳定性，促进植被碳汇。此外，其他生态空间面积减少了 0.69 km^2，占 2018 年其他生态空间总量的 27.61%。其他生态空间主要为宁波市丰富的沿海滩涂资源，滩涂资源等其他生态空间的合理开发也是未来宁波市国土空间优化的方向之一。优化后，工业生产空间、城镇生活空间、农村生活空间、林地生态空间和水域生态空间面积有所增加。林地生态空间增幅最大，相比于 2018 年增加了 114.99 km^2，主要由农业生产空间转移而来，两者转移基本达到平衡。这一方面将土层深厚、土壤肥沃地区的林地生态空间开垦为耕地，确保高质量耕地的补充；另一方面将奉化和宁海南部地形复杂、耕地质量差的低产山旱田和坡耕地退耕还林，保障宁波市生态系统的稳定性。生活空间总面积增加了 47.7 km^2，主要为农村生活空间的增加（增加了 36.01 km^2），原因主要为前文所述宁波市自然村归并的政策导向所致。城镇生活空间有少量增加，未来宁波市合理控制城镇扩张，提高城镇生活空间利用质量和水平，以有限的空间带动经济的高质量发展是重要攻关难点。水域生态空间面积增加了 46.8 km^2，主要为宁波市南部的大型地表水面增加和宁波市北部农业生产空间周边河流、水塘的扩张所致。工业生产空间面积增加了 20.09%，主要位于北仑沿海地区。宁波市通过打造沿海地区产业集群，以产业带动经济发展是宁波市实现城市经济 - 生态可持续发展的重要突破口之一。

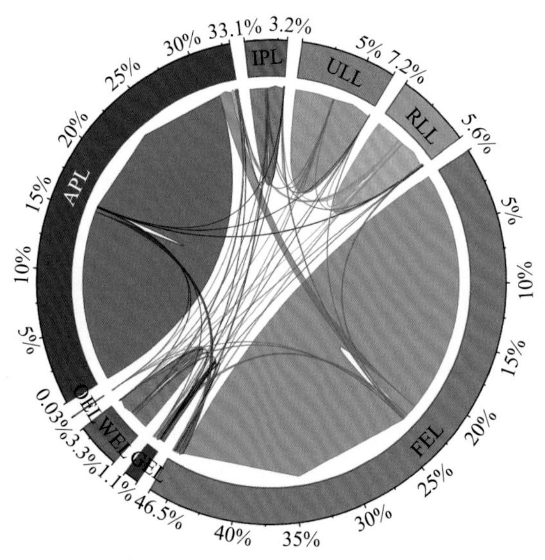

图 7.13　宁波市 2018 年和优化“三生”空间桑基图

此外，Lin 等（2021）的研究表明，宁波市北部地区 2010—2018 年城镇生活空间快速扩张造成生态服务价值和土地生态适宜性降低。多尺度冲突检测的结果表明，2018 年宁波市“三生”空间冲突主要体现在余姚和象山。进一步将本节的结果与其对比可知，上述问题得到明显改善。江北、镇海和余姚北部，慈溪南部等地城镇生活空间扩张速度减缓，林地生态空间、水域生态空间等面积明显增加，即土地的生态适宜性得到改善；余姚中南部、象山中部和东部出现明显的林地生态空间向城镇生活空间转变，复杂地形影响下生活空间难以扩张的问题得到初步解决路径，未来宁波市的国土空间布局优化和土地利用合理开发可以此为突破口，寻求解决方案。这些进一步验证了本节所建立模型的可靠性和研究成果的重要意义。

然而，土地系统作为一个复杂的巨系统，其发展和演化是众多复杂因素驱动的结果。尽管以上结果和讨论均说明了本节所建立模型的可靠性和所能做的重要贡献，但对于每种驱动因子间的相互关联机制以及其叠加效应下对“三生”空间的影响路径仍未得到有效解决，需要进一步研究。

7.2.6 本节小结

本节通过识别宁波市土地利用功能，划分了宁波市“三生”空间类型，并详细分析了宁波市 2010—2018 年“三生”空间时空格局变化和空间转移情况。经济增长和城镇化发展使得宁波市农业生产空间和林地生态空间大量转出为工业生产空间和生活空间是目前宁波市土地利用发展存在的主要问题，是“三生”空间低耦合、高冲突的主要原因。进一步的 GA-PLUS 模型以联合国可持续发展目标为导向，设定了经济发展、粮食安全和生态优先等优化目标，用于实现对宁波市未来“三生”空间的宏观数量把控和空间单元高效分配，且在限制转化区域的控制下，在决策目标的指引下，在宏观数据的约束下，在多种关键要素的驱动下进行优化，结果既有效地保障了宁波市的生态红线和耕地红线不受破坏，又能真实地反映宁波市未来的发展需求和规划目标。通过对比优化前后的宁波市“三生”空间格局发现，优化后的宁波市“三生”空间特征变化明显，冲突区域的“三生”空间发展问题得到有效缓解。城镇生活空间扩张速度减缓，城镇生活空间挤占避免了以牺牲粮食安全为代价的经济发展。生态空间面积增加明显，这为宁波市“美丽中国”生态文明建设目标和碳达峰 / 碳中和目标的实现提供了基础。农村生活空间分布散乱情况有所改善，村落面积明显增多，优化后的农村生活空间密且广，极大地保障了宁波市乡村振兴规划的实施。但宁波市土地利用发展问题依然突出，南北“三生”空间分异明显，如何合理开发南部生态空间，促使“三生”空间在宁波市全域均衡发展，仍是未来宁波市国土空间规划重点考虑的问题之一。综上所述，本节基于国家发展需求和联合国可持续发展目标，考虑土地利用功能和土地利用变化驱动机制，建立了一种宏观数量把控和空间单元分配相结合的国土空间优化配置模型，为宁波市国土空间统筹优化调控路径与发展提供了方向，为宁波市国土空间规划决策者制定有针对性的土地空间规划以实现区域可持续发展提供了技术支撑。

同时，本节建立的模型，以及形成的限制约束条件、驱动因素体系，在其他地区同样适用，可以推广。

此外，依据宁波市“三生”空间演化现状格局及GA-PLUS模型优化结果，同时综合宁波市现有国土空间规划政策文件，提出以下政策建议，以期促进宁波市国土空间布局优化和可持续发展。

（1）坚守耕地红线，提升耕地质量。宁波市应进一步制定相关政策，遏制市中心城区，以及慈溪、象山等地城镇化扩张占用农业生产空间的现象，确保非农建设尽量不占或少占耕地，保持农业生产空间占补动态平衡。同时，宁波市还需加大耕地质量保护和提升力度，改善宁海、象山和奉化等地区坡耕地的地力条件和耕作条件，并加大农业生产空间周边水利设施建设和灌溉水库、河流水面等水域的扩张。

（2）控制建设空间总量，提高土地集约利用水平。宁波市应深入评估城市经济高质量发展空间需求，依据土地适宜性和实际发展需求合理进行城镇生活空间和工业生产空间的开发和扩张，并控制城镇生活空间和工业生产空间总量，提高工业生产空间的集约高效利用方式，推进废弃工业生产空间复垦开发和生态修复，保障土地高效集约利用。

（3）保护生态空间，促进区域生态安全和可持续发展。宁波市应合理规划全域国土空间总体布局，针对市中心城区城镇生活空间挤占农业生产空间和宁波市南部生产、生活空间难以扩张的空间现状问题，提出空间开发战略，在保障宁波市生态安全的同时合理利用有效土地资源。对不合理的和破坏生态系统功能的城镇生活空间和工业生产空间进行改善，修复生态空间功能，推进宁波生态文明建设，提升宁波市总体可持续发展水平。

第 8 章

区域尺度：区域尺度“三生”空间优化实例

8.1　长江三角洲“三生”空间优化实例

8.1.1　区域概况

长江三角洲（简称“长三角”）城市群以上海（32°34′—29°20′N，115°46′—23°25′E）为中心（顾朝林 等，2006），地处长江入海口的冲积平原（图 8.1），是“一带一路”倡议（2013 年中国提出的旨在加强国家间经济联系并可能为全球可持续发展创造新机遇的倡议）与长江经济带的重要交汇区，在中国全面现代化建设中发挥着重要的战略作用（顾朝林 等，2009）。然而，近年来，由于快速发展和城市化，长三角城市群的生态格局发生了巨大的变化。农田、森林、草地、河流、湖泊、湿地等生态系统明显减少，上游水土流失严重。湿地生态系统功能退化，生态破坏与土地利用的矛盾日益突出（杨清可 等，2018）。2019 年，《长江三角洲区域一体化发展规划纲要》提出建设“美丽长三角”的目标。

对长三角地区“三生”空间优化的研究旨在探索长三角地区生产 - 生活 - 生态空间的时空分布特征，并基于景观生态学的方法构建空间冲突指数，分析生产 - 生活 - 生态空间的冲突指数。然后在冲突管理的基础上，提出一种基于元胞自动机马尔可夫（CA-Markov）的模拟方法，用来模拟多种情景下的生产 - 生活 - 生态空间冲突指数的空间分布格局。

对长三角地区“三生”空间冲突测算和多情景模拟的研究步骤如下：

（1）根据 1 km × 1 km 的栅格数据研究分析长三角“三生”空间演化

格局；

（2）基于景观格局指数对长三角“三生”空间冲突指数进行测算；

（3）构建两种2030年长三角地区“三生”空间发展情景，通过CA-Markov模型对其进行分析模拟（Lin et al., 2020）。

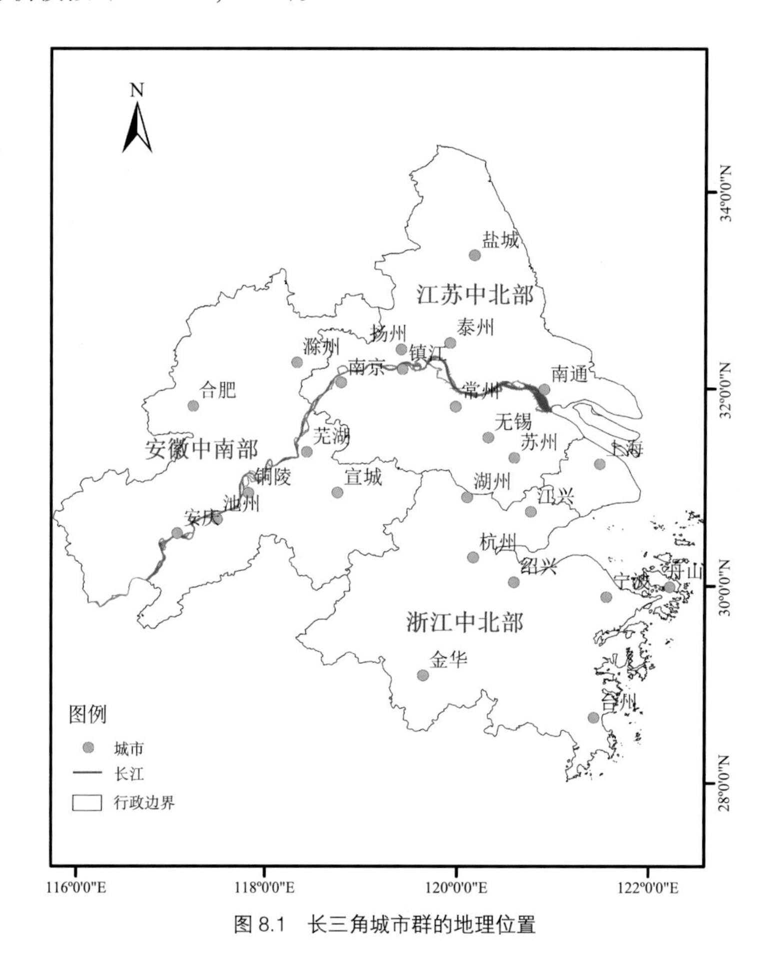

图 8.1　长三角城市群的地理位置

8.1.2　长三角“三生”空间演化格局分析

根据于莉等（2017）的土地分类系统，在重新分类土地利用产品的基础上，获得了2010年和2015年长三角地区“三生”空间的栅格数据。根据多功能性原则，将“三生”空间分为四类，即生态空间，包括生物多样性保护、洪水调节和蓄水、一般可调节性、河岸保护和水源保护用地；生活－生产空间，包括农村居住地、城镇建设和工商业生产用地；生产－生态空间，包括耕地和园地；生态－生产空间，包括渔业养殖和林地。长三角地区的“三生”空间格局如图8.2所示。

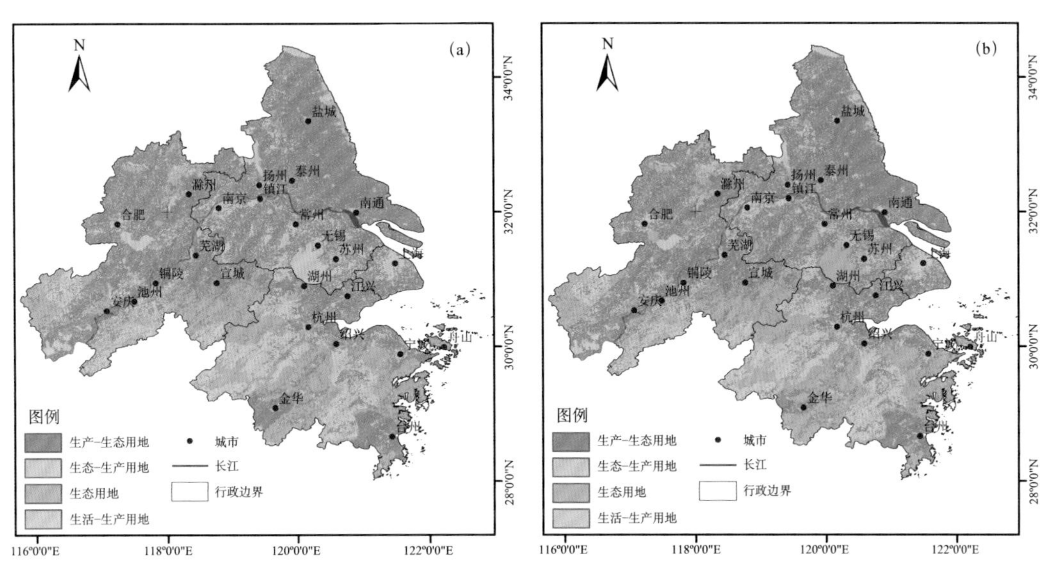

图 8.2　2010 年（a）、2015 年（b）长三角“三生”空间格局

表 8.1 展示了长三角地区 2010 年至 2015 年“三生”空间面积转移矩阵，其中生态 - 生产空间是“三生”空间中面积变化最大的，其次是生态空间和生活 - 生产空间，生态 - 生产空间相对稳定。虽然生态 - 生产空间面积变化最大，但是其面积变化主要表现为增长的趋势，更多地接受来自其他空间土地的转移，因此，其具有较小的空间脆弱性。根据面积转移矩阵分析，长三角地区“三生”空间的空间脆弱性依次为生态空间、生产 - 生态空间、生活 - 生产空间和生态 - 生产空间。

表 8.1　长三角“三生”空间 2010—2015 年面积转移矩阵　　　单位：km^2

2010 年	2015 年			
	生态空间	生态 - 生产空间	生产 - 生态空间	生活 - 生产空间
生态空间	4180.98	4782.95	1749.97	86.24
生态 - 生产空间	620.75	29413.42	162.39	22.12
生产 - 生态空间	267.38	162.45	105641	619.15
生活 - 生产空间	620.75	139.80	2729.93	18173.32

8.1.3　长三角“三生”空间冲突测度

参考廖李红等（2017）的研究成果，以景观生态学为基础，考虑“三生”空间的复杂性、脆弱性和稳定性，建立空间冲突指数（SCI）。SCI 可以通过下式进行计算：

$$SCI=CI+FI-SI \tag{8.1}$$

式中，CI、FI、SI 分别为空间复杂性指数、空间脆弱性指数以及空间稳定性指数。

（1）“三生”空间复杂性指数（CI）

快速城市化扩张使土地利用变得更加复杂与破碎，导致土地利用效率低下与空间冲突加剧。面积加权平均拼块分形指数（AWMPFD）（周德 等，2015a）在一定程度上反映了人类活动对空间景观格局的影响，一般来说，受人类活动干扰小的自然景观的分形值高，而受人类活动影响大的人为景观的分形值较低。借鉴景观生态指数中的面积加权平均拼块分形指数来表征“三生”空间复杂性指数（CI），可以测量空间斑块的形状复杂性。

$$\mathrm{AWMPFD}=\sum_{i=1}^{m}\sum_{j=1}^{n}\left[\frac{2\ln(0.25P_{ij})}{\ln(a_{ij})}\left(\frac{a_{ij}}{A}\right)\right] \tag{8.2}$$

式中，P_{ij} 为斑块周长，a_{ij} 为斑块面积，A 为空间类型总面积，i、j 为第 i 个空间单元格内第 j 种空间类型，m 为研究区总的空间评价单元数，n 为“三生”空间类型总数。为下一步测算方便，将其结果线性标准化到 0 和 1 之间。

（2）“三生”空间脆弱性指数（FI）

土地利用系统脆弱性主要来自于外部压力的影响，在不同的阶段，土地利用类型对外界干扰的抵抗能力也不同。景观脆弱性指数可用来表示土地利用系统脆弱度——空间脆弱性指数（FI），是度量土地利用空间单元对来自外部压力和土地利用过程响应程度的指标（周德 等，2015a）。

$$\mathrm{FI}=\sum_{i=1}^{n}F_i\times\frac{a_i}{S} \tag{8.3}$$

式中：F_i 为 i 类空间类型的脆弱度指数；n 为空间类型总数，n=4；a_i 为单元内各类景观面积；S 为空间单元总面积。为下一步测算方便，将各空间单元的脆弱性指数计算结果标准化到 0 和 1 之间。

（3）“三生”空间稳定性指数（SI）

土地利用稳定性可用景观破碎度指数来衡量，公式如下：

$$\mathrm{SI}=1-\mathrm{PD} \tag{8.4}$$

$$\mathrm{PD}=\frac{n_i}{A} \tag{8.5}$$

式中，PD 为斑块密度，n_i 为各空间单元内第 i 类空间类型的斑块数目，A 为各空间单元面积。PD 值越大，表明空间破碎化程度越高，而其空间景观单元稳定性则越低，对应区域生态系统稳定性亦越低。最后，将各空间单元的稳定性指数计算结果标准化到 0 和 1 之间。

借鉴冲突的倒 U 形曲线模型，按照冲突的抛物线发展进程，可将空间冲突的可控性分为稳定可控、基本可控、基本失控和严重失控 4 个层次。本节根据研究区空间冲突指数的累积频率曲线分布特征并结合等间距法将空间冲突指数划分为稳定可控冲突 [0.00，0.25)、基本可控冲突 [0.25，0.50)、基本失控冲突 [0.50，0.75)、严重失控冲突 [0.75，1.00]4 个区段（裴彬 等，2010）。

通过以上公式对长三角地区“三生”空间冲突进行测算，得到如表 8.2 和图 8.3 所示的结果。

表 8.2　2010 年和 2015 年长三角地区“三生”空间冲突测算结果

冲突等级	2010 年			2015 年		
	斑块数量 / 个	比例 /%	平均冲突	斑块数量 / 个	比例 /%	平均冲突
稳定可控	61767	29.88	0.283	0	0	0.522
基本可控	133049	64.36		57624	27.88	
基本失控	11911	5.76		136510	66.03	
严重失控	0	0		12593	6.09	

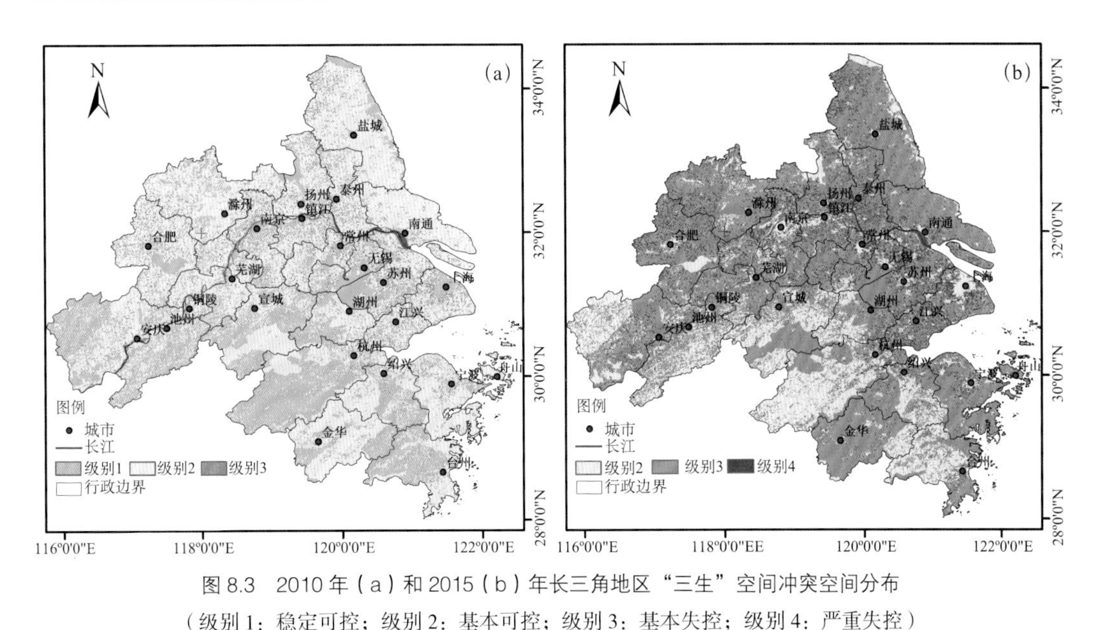

图 8.3　2010 年（a）和 2015（b）年长三角地区“三生”空间冲突空间分布

（级别 1：稳定可控；级别 2：基本可控；级别 3：基本失控；级别 4：严重失控）

由表 8.2 可知，2010 年长三角地区“三生”空间冲突等级主要为稳定可控和基本可控，占总数的 94.24%，平均冲突指数为 0.283，平均冲突指数处于基本可控冲突等级，总体冲突水平较低，表明此时长三角“三生”空间冲突水平良好。与 2010 年相比，2015 年长三角地区“三生”空间冲突水平急剧下降，空间冲突指数主要处于基本失控和严重失控的水平，占总数的72.12%，平均冲突指数由2010的0.283上升到0.522，“三生”空间冲突水平的急剧上升对区域可持续发展构成了严重的威胁（Zhou et al.，2012；Subedi et al.，2013；Nouri et al.，2014；Kityuttachai et al.，2013）。由图8.3可以看出，严重失控区域主要发生在上海和江苏省中南部长江流域附近。这是因为这些地区经济快速发展，城市化进程加快，城市土地的逐渐扩张逐渐掠夺了许多生态空间、生态－生产空间和生活－生产空间，如耕地等生态调节区。

8.1.4 长三角“三生”空间统筹优化

情景分析作为实施管理和辅助决策的重要手段，已经广泛应用于资源、生态环境和区域发展等领域。该研究通过设置两种不同的情景来实现对“三生”空间统筹优化的模拟。第一种情景是基准发展情景，指“三生”空间在自然、经济和社会因素驱动下的正常演化过程，同时考虑基本农田保护和生态保护红线。第二种情景是协同发展情景，在第一种情景的基础上进行适当的优化，以协调“三生”空间的冲突水平。在协同发展情境中，适当地控制生活－生产空间的工业、商业和城市用地，通过调整转移概率适当地扩大生态空间。协同发展情景还使人们更加重视水土保持和河岸生态保护，将其定为不可转移区域。另外，协同发展情景还考虑退耕还林政策的实施，对生产－生态空间的耕地根据其坡度将大于25°的区域设置为林地。协同发展情景中最重要的一点是考虑长江流域岸线的保护，将长江流域河岸附近3 km区域的缓冲区作为生态空间，保护长江流域岸线的生态环境。

利用IDRISI软件中的CA-Markov模型对长三角“三生”空间格局分情景进行模拟。其中基准发展情景，以自然、经济、社会因素为驱动因素，以基本农田保护和生态保护红线为限制性因素。协同发展情景，以自然、经济、社会因素作为驱动因素，以基本农田保护、生态保护红线、水土保持和河岸生态保护、退耕还林政策以及长江流域河岸保护作为限制性因素。将以上因素输入模型，得到2030年长三角地区“三生”空间在基准情景和协同发展情景下的空间分布格局，如图8.4所示，且模型的Kappa系数为0.86，具有较高的模拟精度。通过冲突测算公式对2030年两种情景下的“三生”空间冲突进行测算，得到如表8.3所示的结果。

通过图8.4可知，2030年基准情景中生态空间面积在2015年的基础上持续下降，占总数的15.15%；生产－生态空间面积也有明显的下降，由2015年的53.41%下降到41.88%；生产－生活空间面积相比于2015年有显著的上升，由2015年的9.15%上升到28.85%，这是基准情景下城市快速扩张的结果；生态－生产空间面积较稳定，变化在3%以内。如表8.3所示，基准情景下“三生”空间冲突水平较2015年相比略显温

和，处于基本失控等级的面积下降到 34.83%，并且处于稳定可控和基本可控等级的面积上升到了 57.22%。然而，基准情景下长三角“三生”空间冲突平均指数为 0.513，整体情况仍处于基本失控的等级，冲突水平较高，状况不容乐观。

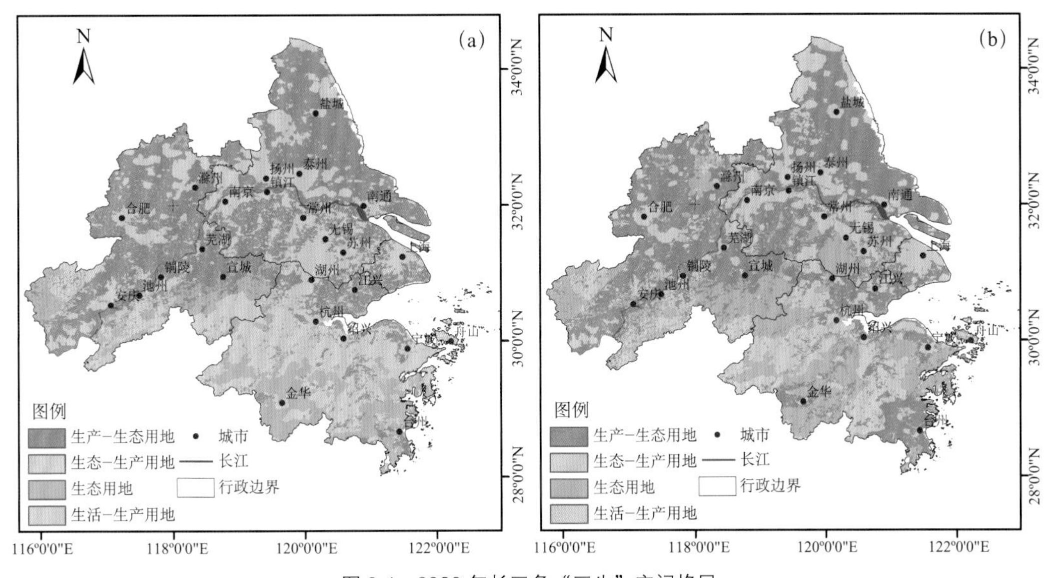

图 8.4　2030 年长三角“三生”空间格局

（a）基准情景；（b）协同发展情景

表 8.3　长三角“三生”空间基准情景和协同发展情景空间冲突测算结果

冲突等级	斑块数量 / 个		比例 /%	
	基准情景	协同发展情景	基准情景	协同发展情景
稳定可控	31145	132598	15.07	64.14
基本可控	87140	70152	42.15	33.93
基本失控	72014	3977	34.83	1.93
严重失控	16428	0	7.95	0
平均冲突	0.513	0.134	—	—

协同发展情景与基准情景恰好相反，相比于 2015 年，生态空间面积有显著的上升，占总面积的 21.14%。生态 – 生产空间和生产 – 生态空间由于情景设置的原因，分别下降到 14.11% 和 44.22%，一部分转化为生态空间，一部分转化为生活 – 生产空间。相比于基准情景，协同发展情景对生活 – 生产空间进行了一定的限制措施，使得生活 – 生产空间的面积在管控措施下增加到总面积的 20.53%。由表 8.3 可以看出，协同发展情景下长三角地区的“三生”空间冲突得到有效的治理，冲突水平大幅度下降，情况表现良好。大部分区域的冲突等级下降至基本可控和稳定可控等级，分别占 33.93% 和

64.14%，只有少于 2% 的区域处于基本失控的等级。除此之外，“三生”空间平均冲突指数达到 0.134，表明此情景下长三角地区整体处于稳定可控的等级，冲突水平较优。生态区域的扩张有助于缓解长三角地区的“三生”空间冲突，限制生活－生产空间的改造也有助于“三生”空间的协同发展。

“三生”空间的协同布局对于构建合理的空间发展模式，构建世界级城市群的可持续发展框架具有重要意义。以生态景观科学为基础，识别城市绿地系统的空间冲突，是协调人口与自然环境关系的可行途径，具有重要的现实意义。长三角城市群在中国现代化总体格局中发挥着重要的战略作用，但由于快速发展和城市化，土地利用出现了严重的矛盾。本节建立了空间冲突指数来识别长三角城市群的“三生”空间冲突，此外，还建立了 CA-Markov 模型来模拟 2030 年两种情景下的“三生”空间冲突，即基准发展情景和协同发展情景，以评估政策措施对“三生”空间冲突的影响。2010—2015 年，长三角城市群的生态空间和生活－生产空间呈下降趋势，而生态－生产空间和生产－生态空间有小幅度的增长。随着该地区城市化和工业化的快速发展，生态－生产空间和生产－生态空间挤压了生态空间和生活－生产空间，导致“三生”空间冲突在此期间持续不断，冲突水平持续上升。根据对 2030 年设置的两种情景进行模拟和冲突测算，可以得出结论，“生态红线政策”“适当限制城市扩张”以及长江两岸的生态管理将有助于缓解“三生”空间冲突，促进空间结构的协调发展。

8.2 黑龙江省“三生”空间优化实例

8.2.1 黑龙江省概况

黑龙江省（图 8.5）是中国最大的商品粮生产基地，享有“北大仓”的美誉。然而，从黑土地开垦至今，局部地区土壤水蚀风蚀加剧、有机质含量下降，同时还存在黑土层逐年变薄、农业效益不高、区域发展缺乏系统性解决方案等瓶颈问题，国土“三生”空间功能协同和可持续发展面临前所未有的困难和挑战（谢一茹，2020；蒲罗曼，2020）。作为中国的粮食主产区，黑龙江省农业用水占水资源比重大，至 2020 年，农业用水量占总用水量 86.4%，加上黑龙江是重工业基地，工业用水至 2020 年增加至 5.9%，在总用水量占比中位居第二。未来在非农业用水增加、产业结构调整和气候变暖等相关因素不断变化的新形势下，提高农业水资源利用效率是“三生”空间协同发展的关键制约因素。“三生”空间协同发展需要实现的目标是在不超出土地自然系统承载能力的前提下，通过各种途径尽可能地改善人类的生活品质，实现区域可持续发展。

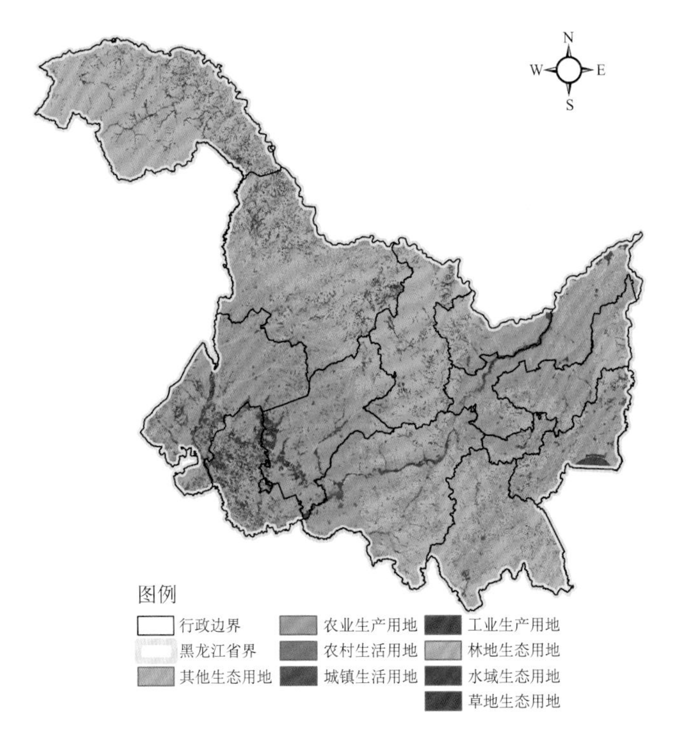

图 8.5　黑龙江省“三生”空间示意图

8.2.2　黑龙江省“三生”空间演化格局分析

黑龙江省地处中国东北部，北、东部与俄罗斯隔江相望，西部与内蒙古自治区相邻，南部与吉林省接壤，是中国最北端及最东端的省级行政区，东经 121°11′—135°05′，北纬 43°26′—53°33′，辖区总面积 47.3 万 km^2，居全国第 6 位。边境线长 2981.26 km。黑龙江地貌特征为“五山一水一草三分田”。地势大致呈西北、北部和东南部高，东北、西南部低，由山地、台地、平原和水面构成；地跨黑龙江、乌苏里江、松花江、绥芬河四大水系，属寒温带与温带大陆性季风气候。黑龙江省位于东北亚区域腹地，是亚洲与太平洋地区陆路通往俄罗斯和欧洲大陆的重要通道，是中国沿边开放的重要窗口。黑龙江省下辖 12 个地级市、1 个地区，共 54 个市辖区、21 个县级市、45 个县、1 个自治县，2021 年常住人口 3125.0 万人，实现地区生产总值（GDP）14879.2 亿元，按可比价格计算，比 2020 年增长 6.1%。第一产业增加值 3463.0 亿元，增长 6.6%；第二产业增加值 3975.3 亿元，增长 5.0%；第三产业增加值 7440.9 亿元，增长 6.3%。三次产业结构为 23.3∶26.7∶50.0。在新中国成立初期，黑龙江省凭借资源优势和国家政策支持，大力发展重工业，为我国经济建设起了重要作用。改革开放以来，随着东南沿海等其他区域逐渐发展，黑龙江省由于产业单一、环境污染严重等原因致使地位逐渐降低。近些年，作为东北老工业基地，由于转型困难，经济持续低迷，城乡发展不平衡，城市发展相对快速，存在偏向城市的政策和观念，使得农村发展相对缓慢，甚至有些偏远地区依旧保留着落后的状态，生活设施基础设施缺乏、交通条件较差、村民教育水平和文化素质较低等问题始终存在，经济和社会的现代化程度较低。

（1）生态空间——绿色空间不足，生态效益差

黑龙江省地产丰富，大部分城市属资源型，靠山吃山靠水吃水，经长期不加节制的开采，目前很大一部分地区面临资源枯竭的境地，表层矿早已开采完毕，深层矿开采难度大，又因常年开采煤矿导致空气质量极差。随着城镇化脚步不断加快，城市发展进入了高速且粗放式扩张，城市面积不断扩张，对周边包括各类开发区在内的乡镇空间占用明显，尤其是对乡村用地和各类生态用地占用尤为明显。将城镇发展资金优先投入工业用地和房产开发，导致城市周边的农村用地大量转变成工业用地和居住用地。而作为城市生态关键的一环——公共绿地被压减到极致，各类公共绿色用地甚至被高楼大厦所取代，生态空间也在城市的发展中被忽略。尤其是东北老城区，生态板块较少，几乎找不到城市生态园区的存在，城市生态环境极差且不连续，衍生了许多生态环境问题，同时伴随出现的还有生态效益逐渐减弱（周玉婷，2022）。

（2）生产空间——发展模式需要转变，空间功能有待优化

黑龙江省作为我国传统老工业基地及能源矿产生产加工基地，在新中国成立初期为我国工业化进程提供了强劲动力，但由于受到资源短缺的影响，长时间以来始终保持传统重工业为主的单一产业结构弊端，使轻工业长期处于落后状态，经济发展粗放，造成经济效益低下，大量消耗和浪费了资源，加剧环境污染，后期提出转型升级战略，但由于产业结构受到重创，从增量时代转型到存量时代，骤然的转变没有带来立竿见影的效果。虽然黑龙江省城镇的发展由粗放型转变为集约型，产业发展趋向于节能、环保、高效等新方向，但是产业发展模式的转变也势必影响生产空间的转变，产业转型导致产业用地不符合原先规划的用途，城镇空间布局出现问题。黑龙江省产业优化的关键是如何推进产业耦合，在考虑区位布局时，要综合考量土地、资源、能源、科技、人才、工业基础等微观要素，还要考虑政策等宏观因素，使布局最优（周玉婷，2022）。

（3）生活空间——空间品质一般，公共服务不足

黑龙江省在城镇生活空间发展中地域差异明显，省会城市人口密度较大，一年四季分明，历史文化悠久，生活较宜居，但也面临着年轻人大量流失、老龄化较严重等问题。同时，城镇居住环境存在新建区地处偏远、交通不便、人烟稀少，老城区年久失修、改造难度大、基础设施老化严重等问题，生活质量差，居民幸福程度低，与理想生活环境相比，在配套公共服务设施覆盖率、人均绿地面积、人均居住面积、人均道路面积等方面有着较大差距，无法满足现阶段城市居民生活需要（周玉婷，2022）。

8.2.3　黑龙江“三生”空间冲突测度

本节借助层次分析法（AHP），以专家打分的形式确定各个指标权重。为了使各因素之间进行两两比较得到量化的判断矩阵，引入 1～9 标度。根据心理学家的研究提出，人们区分信息等级的极限能力为 7±2，特制定表 8.4。由于各元素自身与自身比较同等重要，因此，判定矩阵对角线上的元素不用做判断比较，只需要给出矩阵对角线上三角形中的元素。可见 $n\times n$ 矩阵，只需要给出 $n\times(n-1)/2$ 个判断数值。

表 8.4　1～9 标度表

标度 a_{ij}	定义
1	i 因素与 j 因素同样重要
3	i 因素比 j 因素略重要
5	i 因素比 j 因素较重要
7	i 因素比 j 因素非常重要
9	i 因素比 j 因素绝对重要
2，4，6，8	为以上两两因素判断值之间的中间状态对应的标度值
倒数	若 j 因素与 i 因素比较，得到判断值为 $a_{ji}=1/a_{ij}$，$a_{ii}=1$

AHP 法根据研究问题分为准则层、目标层与措施层，按给出的层次模型，对各阶层指标进行两两比较，得出判断矩阵。利用判断矩阵计算各要素对目标层的权重，其计算步骤及公式如下：

$$\boldsymbol{A}=\begin{pmatrix} w_1/w_1 & w_1/w_2 & \cdots & w_1/w_n \\ w_2/w_1 & w_2/w_2 & \cdots & w_2/w_n \\ \vdots & \vdots & \vdots & \vdots \\ w_n/w_1 & w_n/w_n & \cdots & w_n/w_n \end{pmatrix} \tag{8.6}$$

$$\boldsymbol{W}=(w_1,\ w_2,\cdots,\ w_n) \tag{8.7}$$

$$(\boldsymbol{A}-n\mathbf{I})\boldsymbol{W}=0 \tag{8.8}$$

式中，W 为特征向量，n 为特征值，$\mathbf{I}$ 为单位矩阵。若 $\boldsymbol{W}$ 未知，则可根据决策者对物体之间两两相比的关系，主观做出比值的判断，使 $\boldsymbol{A}$ 矩阵为已知，故判断矩阵记作 $\overline{\boldsymbol{A}}$。由于各因素两两比较时，不可能做到判断的完全一致性，因而存在估计误差，这必然导致特征值及特征向量也存在偏差。这时 $\boldsymbol{AW}=n\boldsymbol{W}$ 变为 $\overline{\boldsymbol{A}}\boldsymbol{W}'=\lambda_{\max}\boldsymbol{W}'$，这里 $\lambda_{\max}$ 是矩阵 $\overline{\boldsymbol{A}}$ 的最大特征值，$\boldsymbol{W}'$ 是带有偏差的相对权重向量。为避免或降低这种由判断不相容带来的误差，需要衡量矩阵 $\overline{\boldsymbol{A}}$ 的一致性。当矩阵 $\overline{\boldsymbol{A}}$ 完全一致时：

$$\sum_{i=1}^{n}\lambda_i=\sum_{i=1}^{n}a_{ii}=n \tag{8.9}$$

存在唯一的非零 $\lambda=\lambda_{max}=n$。而当矩阵 $\overline{\boldsymbol{A}}$ 存在判别不一致时，$\lambda_{max}\geqslant n$。这时

$$\lambda_{max}+\sum_{i\neq max}\lambda_i=\sum_{i=1}^{n}a_{ii}=n \tag{8.10}$$

$$\lambda_{max}-n=-\sum_{i\neq max}^{n}\lambda_i \tag{8.11}$$

以其平均值作为检验判断矩阵一致性指标（CI）：

$$\mathrm{CI}=\frac{\lambda_{max}-n}{n-1}=\frac{-\sum\limits_{i\neq max}^{n}\lambda_i}{n-1} \tag{8.12}$$

当 $\lambda_{max}=n$，CI=0 时，完全一致；CI 值越大，判断矩阵的完全一致性越差。CI ≤ 0.1，一般认为判断矩阵的一致性可以接受，否则需要重新进行两两比较判断。且判断矩阵的维数 n 越大，判断的一致性越差，故应放宽对高维判断矩阵一致性的要求。引入修正值 RI（表 8.5），并取更为合理的 CR 为衡量判断矩阵一致性的指标。

表 8.5　判断矩阵一致性检验指标

维数	1	2	3	4	5	6	7	8	9
RI	0.00	0.00	0.58	0.90	1.12	1.24	1.32	1.41	1.45

在 AHP 法中，计算判断矩阵的最大特征值与特征向量多采用方根法，其计算步骤如下。

（1）计算判断矩阵每行所有元素的几何平均值

$$\overline{w}_i=\sqrt[n]{\prod_{j=1}^{n}a_{ij}},\ i=1,\ 2,\ \cdots,\ n \tag{8.13}$$

得到 $\overline{\boldsymbol{w}}=(w_1,\ w_2,\ \cdots,\ w_n)^{\mathrm{T}}$。

（2）$\overline{w}_i$ 归一化

$$w_i=\frac{\overline{w}_i}{\sum\limits_{i=1}^{n}\overline{w}_i},\ i=1,\ 2,\ \cdots,\ n \tag{8.14}$$

得到归一化的 $\overline{\boldsymbol{w}}=(w_1,\ w_2,\ \cdots,\ w_n)^{\mathrm{T}}$，即为所求特征向量的近似值，也是各因素的相对

权重。

（3）计算判断矩阵的最大特征值 λ_{max}

$$\lambda_{max}=\sum_{i=1}^{n}\frac{(A\overline{w})_i}{n\overline{w}_i} \tag{8.15}$$

式中，$(A\overline{w})_i$ 为向量 $\boldsymbol{Aw}$ 的第 i 个元素。

以下为“三生”空间指标权重计算结果（表 8.6）（周玉婷，2022）。

表 8.6　城乡协调发展水平评价指标体系权重

准则层	权重	指标层
城市综合发展子系统	优质的生态空间（0.2）	二氧化硫排放强度
		城市生活垃圾无害化处理率
		人均公园绿地面积
		建成区绿化覆盖率
	高效的生产空间（0.4）	城市规模以上工业企业单位数
		城市规模以上工业企业专利申请数
		城市地均工业增加值
		城镇登记失业率
		二三产业总产值占 GDP 的比重
	宜居的生活空间（0.4）	城市居民人均可支配收入
		城市居民人均消费支出
		城市每万人医疗机构床位数
		城市人均道路面积
		每万人拥有公共交通车辆
		城市恩格尔系数
农村综合发展子系统	优质的生态空间（0.2）	化肥使用强度
		耕地覆盖率
		造林面积占比
	高效的生产空间（0.4）	单位耕地面积农业机械动力
		农村人均农林牧渔产值
		农作物受灾面积占比
		粮食生产率
	宜居的生活空间（0.4）	农村居民人均可支配收入
		农村居民人均消费支出
		农村每万人医疗机构床位数
		农村恩格尔系数
		农村居民平均每百户年末移动电话拥有量

接下来，引入耦合协调度模型，以城镇乡村各占二分之一的比例，计算 2020 年黑龙江省耦合协调程度（表 8.7）。

$$T = \alpha \times U_p + \beta \times U_l \tag{8.16}$$

$$D = \sqrt{(C \times T)} \tag{8.17}$$

式中，$\alpha = \beta = 1/2$，U_p、U_l代表城镇与乡村的测度指标，D 表示耦合协调度，C 为耦合度，T 反映整体效果。

表 8.7 “三生”空间协调度的计算结果

	生活空间	生产空间	生态空间	综合得分
城镇协调度	0.0811	0.0456	0.033	0.315
农村协调度	0.1471	0.2225	0.141	

随着城市系统贡献份额的减少，乡村系统贡献份额的增加，黑龙江省城乡协调发展耦合协调度呈现上升趋势，以第一产业为主，城市发展建设相对缓慢。黑龙江省是著名的产粮大省，乡村建设优于城市，城市发展受限。乡村城镇化发展较好，基础设施和社会保障完善，乡村发展水平位于东北地区前列，但城乡耦合协调度水平总体较低，整体处于轻度失调阶段。

8.2.4 黑龙江省“三生”空间统筹优化

从系统角度基于 SD 模型进行未来数量结构的模拟，再以 SD 模型的数量结构为约束，采用神经网络样本训练与迭代运算，耦合 PLUS 模型实现数量结构的最优空间分配。SD 模型采用的社会经济与自然资源数据包括人口、地区生产总值（GDP）、水资源、土地利用数据。PLUS 模型包含的地理驱动因子包括 DEM、坡度、地形位指数、景观破碎度、GDP、人口密度、温度、降水量、NDVI、距道路距离、距水体距离、距城镇中心距离、距学校医院距离。所有数据获取后，首先借助 ArcGIS 10.5 软件进行统一坐标系和空间分辨率等数据预处理工作。所有数据坐标系转换为 GCS_WGS_1984，所有栅格数据的空间分辨率统一为 30 m × 30 m。对于空值区域，根据数据的类型和含义，对其进行空间插值或赋值为 0。数据源来自黑龙江水利厅（http://slt.hlj.gov.cn/）、黑龙江统计年鉴（http://tjj.hlj.gov.cn/tjsj/tjnj/）、黑龙江环境状况公报（http://sthj.hlj.gov.cn/）、中国土地利用 / 覆盖遥感监测数据集来源于中国科学院资源环境科学与数据中心（http://www.resdc.cn/），划分为耕地、林地、草地、水域、城镇用地与未利用地。道路数据来源于国家地理科学数据中心（https://www.geodata.cn/）；水体数据来源于国家地理信息目录服务处（https://www.webmap.cn/）；自然保护区区划来源于《中国自然保护区区划系统研究》（http://www.gisrs.cn/）；气候数据来源于国家气候中心（National Climate Center of China，NCCC）（http://www.climatechange-data.cn/）。

参照 Lin 等（2020，2021）的研究，本章认为“三生”空间时空演变是一个耦合巨系统的复杂过程，生活、生产、生态空间既具有独立自组织性，又受到耦合系统整体范围的相互制约与驱动。其制约与驱动表现在气候变化、社会经济发展水平、自然资源约束与制度规划等方面的影响（赵蚰竹，2019；江东 等，2021；Liu et al.，2019；Huang et al.，2014）。为了模拟 PLE（生产－生活－生态）在不同气候变化场景（CCSs）下的演化趋势，首先建立了一个 SD 模型来显示 CCSs 下黑龙江省各地类数量结构的不同“假设”情景。SD 模型不仅考虑了气候变化、社会经济发展水平、自然资源约束与制度规划等大范围因素，又结合黑龙江省作为我国最大粮食主产区的研究区特点，将粮食自给率作为影响变量纳入 SD 模型耦合系统，并将耕地面积影响因素细分为灾毁耕地、补充耕地与退耕还林，以便将 CCSs 与 PLE 有效地联系起来。

根据对 PLE 过去景观动态的现有了解（He et al.，2015），CCSs-PLE 主要包括三个部分（图 8.6）设置气候变化情景，模拟不同 CCSs 下 PLE 耦合系统的各地类数量结构演化趋势，以数量结构为约束进行最优空间分配，评估气候变化对“三生”空间协同性的影响。CCSs-PLE 使用 RCP（Representative Concentration Pathways）情景来代表未来的气候变化，因为 RCP 结合了未来的替代路径来实现辐射强迫的目标。

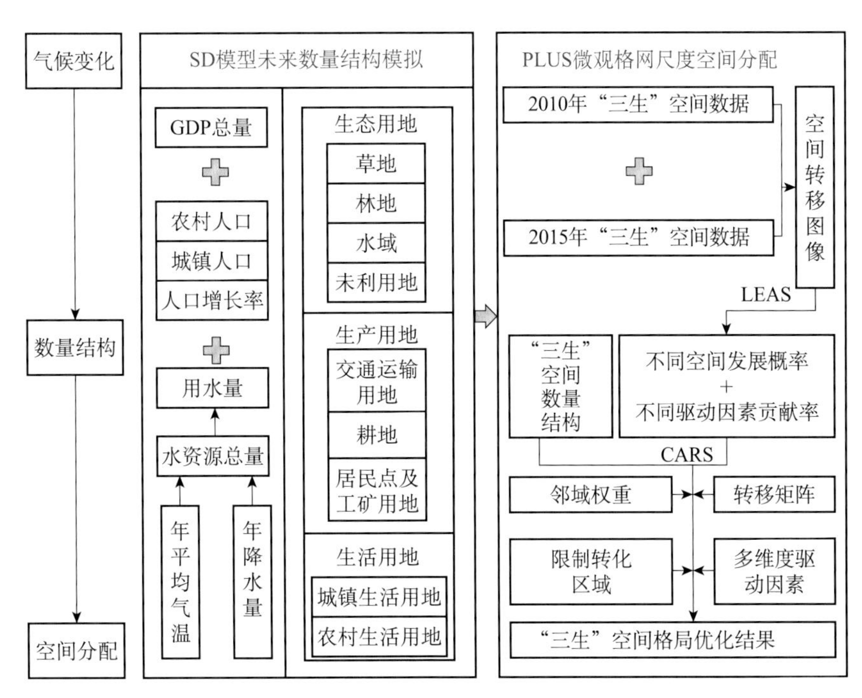

图 8.6 总体技术路线图

（LEAS：用地扩张分析策略；CARS：基于多类型随机补丁种子）

系统动力学方法借助计算机建模，可以展现对复杂问题的思维和研究过程，在处理高度非线性、高阶和多重反馈问题方面具有极大的优势。本节以黑龙江省行政区域作为耦合模型的边界，模型周期设置为2005—2030年，时间步长设置为1年，以2005—2021年的历史数据进行模型检验和仿真，预测周期为2022—2030年。每个元素在耦合系统中相互作用和限制，形成一个具有多层次、多重反馈的因果结构。通过分析系统结构、功能和行为之间的动态关系，将其应用于黑龙江省“三生”空间未来用地类型数量结构模拟，耦合系统见图8.7。SD模型假设CCSs会影响研究区的水资源，模拟了不同水资源约束条件下的未来“三生”用地数量结构，为下面PLUS模型进行空间分配提供数据总量输入。

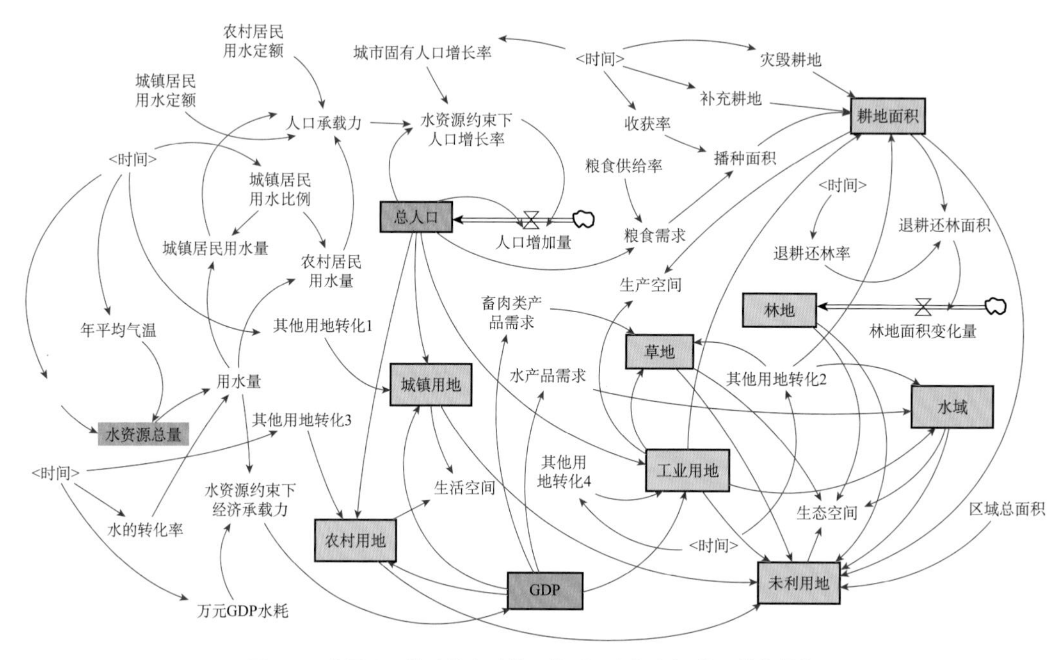

图8.7 基于SD模型耦合系统下的“三生”空间数量结构模拟

在模型建立之后，通过模型检验来验证模型准确性与稳定性。首先是直观性检验，通过对收集资料的进一步分析，进行单位一致性、结构合理性检验，在构建模型的过程中，参阅大量文献资料，力求模型结构与实际系统的结构相一致。耦合系统围绕人口、经济、水资源、气候变化、土地利用子系统进行构建，其中重要水平变量包含人口总量、水资源总量、GDP、各地类面积。根据这四个水平变量，扩充系统边界，以水平变量为中心，相应设置速率变量及辅助变量来完成系统边界设置。速率变量及辅助变量设置符合变化规律，系统边界设置真实有效。选取2005年作为基准年，以2005—2020年的历史数据验证变量公式。分别选取用水量、GDP及耕地面积作为随机验证变量，通过对比历史数据与模拟结果的相对误差，验证模型的模拟误差，借助公式（8.18）（孔冬艳 等，2021），计算了2005—2020年三个变量模拟值的相对误差。由

表 8.8 可知，除 2017、2018 年的耕地面积为 5% 左右，其他年份所有数值的相对误差均小于 0.1%，模拟效果极好。进而利用 2005—2020 年的拟合数据预测 2021 年各变量的值，将预测结果与 2021 年的实际值进行对比，验证模型的预测误差。由表 8.8 可知，预测数据的相对误差不超过 0.02%，模型具有高度准确性。

$$\delta = \varepsilon / R \times 100\% \tag{8.18}$$

$$\varepsilon = R - M \tag{8.19}$$

式中，δ 是相对误差，ε 是绝对误差，M 是模拟值，R 是真实值。

表 8.8　SD 模型有效性检验

年份	相对误差 /%		
	用水量	GDP	耕地面积
2005	0.0070	0.0069	0.0008
2006	0.0059	0.0060	0.0008
2007	0.0076	0.0075	0
2008	−0.0034	−0.0034	0
2009	0.0130	0.0129	0
2010	−0.0123	−0.0124	0
2011	−0.0009	−0.0010	0.0013
2012	−0.0109	−0.0109	0
2013	−0.0036	−0.0034	0.0006
2014	0.0071	0.0074	0.0006
2015	−0.0014	−0.0017	0
2016	0.0054	0.0050	−0.0301
2017	−0.0048	−0.0049	−5.1281
2018	0.0047	0.0047	−5.1451
2019	−0.0135	−0.0140	0
2020	0.0102	0.0102	0
2021	−0.0086	0	0

检验模型稳定性的关键是研究模型行为对合理范围内参数值变化的敏感性，观察模型行为是否因为某些参数的微小变化而发生变化。采用蒙特卡洛随机均匀分布方法分析主要常数值参数（每次只调整一个参数值）的灵敏度。采用噪声种子来指定随机数长序列的起始值位置，需要建立不同的噪声种子。为了避免每次使用相同的模拟数据，通常使用 1234。

在灵敏度检验中，选择城镇居民用水定额与粮食供给率两个常数值变量来验证其对总人口和耕地面积的影响。由图 8.8 可以看出，纵轴常数值变量的改变未对因变量产生明显的影响，因变量浮动范围较小，可以说明本节建立的用来模拟未来“三生”用地数量结构的 SD 模型结构是稳定的。

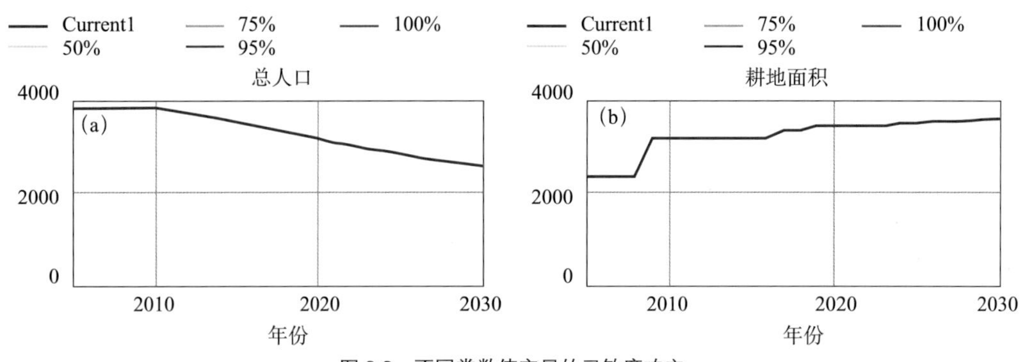

图 8.8　不同常数值变量的灵敏度响应

PLUS 模型源于元胞自动机（CA）模型，通过更好地将影响土地利用变化的空间因素和地理细胞动态结合，增强了 CA 的时空动态表达和预测能力。PLUS 模型包括两个模块：①基于土地扩张分析策略的转化规则挖掘框架（Land Expansion Analysis Strategy，LEAS）；②基于多类型随机斑块种子机制的 CA 模型（CARS）。在整个过程中，PLUS 模型基于微观格网尺度进行数量结构的空间分配，基于 LEAS 策略，采用 2010 年和 2015 年两期“三生”空间历史数据得到空间转移图像，提取两期土地利用变化间各类用地扩张的部分，并从增加部分中采样，采用随机森林算法逐一对各类土地利用扩张和驱动力的因素进行挖掘，获取各类用地的发展概率及驱动因素对该时段各类用地扩张的贡献。结合前期得到的“三生”空间数量结构，以及历史数据中获取的邻域权重、转移矩阵、多维驱动因素和限制转化区域，基于多类随机斑块种子的 CA 模型（CARS），使用递减阈值法，找到最有可能优先发生变化的总概率较高的元胞，时空动态地模拟斑块的自动生成，最大限度地实现最优目标值，从而得到“三生”用地的空间格局优化结果。

驱动因子是导致土地利用方式和目的发生变化的重要因素（孔冬艳　等，2021；霍玉盛，2018）。通过对历史年份各因子与土地利用变化的相关性分析，根据黑龙江省目前发展规划的实际情况，以及相关数据获取的可行性，综合国内外有关驱动因子研究结论，选取地形地貌因子、社会经济因子、自然环境因子和区位因子四大类作为黑龙江省“三生”用地格局演化的驱动因子（曹玉昆　等，2022；王子龙　等，2022）。

得到以上“三生”空间数量结构后，基于 PLUS 模型进行以数量结构为约束的用地空间分配。在 PLUS 模型中，获取各类用地的发展概率，以及驱动因素对该时段各类用地扩张的贡献，分配时考虑邻域效应（基于邻域权重和邻域范围进行计算）、自适应惯性系数（模型根据宏观需求和分配的土地利用量之间的差异，自动调整每个网格单元上当前土地利用的继承性）和随机效应，以实现研究区 PLE 最优空间分配。在进行空间分配之前，同样要进行模型检验。

Kappa 系数可分为五组来表示不同级别的一致性：0.0～0.20 为极低的一致性、0.21～0.40 为一般的一致性、0.41～0.60 为中等的一致性、0.61～0.80 为高度的一致性，0.81～1.0 为几乎完全一致。Kappa 系数值接近 1 表示两个图之间具有高度一致性。总体分类精度等于被正确分类的像元总和除以总像元数，计算公式如下：

$$K = \frac{p_0 - p_e}{1 - p_e} \tag{8.20}$$

$$\boldsymbol{A} = \begin{pmatrix} a_{11} & a_{12} & \cdots & a_{1n} \\ a_{21} & a_{22} & \cdots & a_{2n} \\ \vdots & \vdots & \vdots & \vdots \\ a_{n1} & a_{n2} & \cdots & a_{nn} \end{pmatrix} \tag{8.21}$$

$$p_0 = \frac{\sum_{i=1}^{n} a_{ii}}{\sum_{i=1}^{n}\sum_{j=1}^{n} a_{ij}} \tag{8.22}$$

$$p_e = \frac{\sum_{i=1}^{n}\sum_{j=1}^{n}(a_{1j} \times a_{i1} + a_{2j} \times a_{i2} + \ldots + a_{nj} \times a_{in})}{\left(\sum_{i=1}^{n}\sum_{j=1}^{n} a_{ij}\right)^2} \tag{8.23}$$

式中，$\boldsymbol{A}$ 为混淆矩阵，K 为 Kappa 系数。经过模型验证与精度计算，本节得到的 Kappa 系数与整体精度分别为 0.9927、0.9953，证明 PLUS 模型的空间分配模拟具有极高的精确性，可以进行未来土地空间分配模拟。

本节研究未来气候变化是否会成为影响黑龙江省“三生”空间协同的关键因素，然后以水为约束，探索应对气候变化的“三生”空间优化途径，为模拟未来气候变化对“三生”空间演化的影响提供一个新的框架，研究结果为未来气候变化压力下的区域可持续发展提供重要思路。经过以上模型建立与模型检验，进行情景设置与结果分析。

在耦合模型相互比较项目第五阶段（CMIP5）的支持下，NCCC（National Carbon Capture Center）发布了不同 RCP 情景下的中国未来气候变化情景数据集（Stock et al.，2013；Moss et al.，2010）。基于 NCCC-CCS 数据集设置了研究区未来 CCSs（表

8.9）。为简单起见，选择了由 RCP2.6（缓解情景，总强迫辐射至 2100 年为 2.6 W/m^2）、RCP4.5（中排放情景，总辐射强迫在 2100 年后稳定在 4.5 W/m^2）和 RCP8.5（高排放情景，总辐射强迫在 2100 年升至 8.5 W/m^2）驱动的广泛使用的 CCS 数据，这些数据将合理地反映气候变化的幅度（Stein et al.，2020；Furlan et al.，2020；刘丹 等，2021）。

表 8.9　气候变化情景设置

CCSs		温度 /℃	年降雨量变化率 /%	年平均温度变化 /℃	变化参考值
缓解情景	RCP2.6	1	10	0.011	根据 RCP2.6，2006—2100 年全球气温将上升 1℃（IPCC，2014）
中排放情景	RCP4.5	1.8	5	0.019	RCP4.5 假设世界采取适度减排政策，在 2006—2100 年全球气温将上升 1.8 ℃（IPCC，2014）
高排放情景	RCP8.5	3.7	0	0.039	2006—2100 年全球气温将上升 3.7 ℃（IPCC，2014）

从 2021 年到 2030 年，不同气候变化情景下受影响的用地面积从 6.22～267.83 km^2 增加到 343.60～1260.66 km^2。不同情景下的结果确实提供了未来气候变化对 PLE 的潜在影响 *。2021—2030年，在自然演化情况，即基准情景下，生活空间面积增加 1564.3 km^2，生产空间增加 8733.87 km^2，生态空间减少 10297.73 km^2。在 RCP2.6 情景下，生活空间面积增加 1107.42 km^2，生产空间增加 9197.04 km^2，生态空间减少 9473.1 km^2。在生活空间中，城镇用地与农村用地相比，城镇用地面积减少 95.48 km^2，农村用地面积增加 1202.9 km^2，农村用地变化幅度较大，对生活空间的面积变化贡献度较强。在生产空间中，工业生产用地增加 664.04 km^2，农业生产用地增加 8533 km^2，农业生产用地以 92.78% 的贡献率高于工业生产用地，这与生活空间表现出一致性，体现了生活空间与生产空间相互影响、相辅相成。在生态空间中，林地面积增加 3604 km^2，草地面积减少 2925.9 km^2，水域面积增加 411.7 km^2，其他生态用地面积减少 10562.9 km^2，对生态空间面积变化的贡献率分别为 38.04%、−30.89%、4.35% 及 −111.5%，其中，其他生态用地面积变化是引起生态空间面积变化的主导因素。2021—2030 年，RCP2.6“三生”空间用地变化主要源于农业生产活动增强导致耕地面积占用草地和其他生态用地。在空间分布图（图 8.9）中可以看出，黑龙江省耕地主要分布在东西部，林地面积主要分布在北部、中部和南部，其他生态用地、水域及草地主要分布在西南部及东部边界，农村生活用地、城镇生活用地及工业用地空间关联性较强，但规

* PLUS 模型是最大限度地落实每一个计划的栅格，但不是完全按照数据结构把栅格全部落到空间上，导致面积会有微小出入。

模相对较小、碎片化程度较高。2021—2030 年，在 RCP4.5 情景下，生活空间面积增加 1323.17 km^2，生产空间增加 8983.25 km^2，生态空间减少 10306.57 km^2。城镇用地与农村用地相比，城镇用地面积减少 78.33 km^2，农村用地面积增加 1401.5 km^2，依然是农村用地变化幅度较大，对生活空间的面积变化贡献度较强。在生产空间中，工业生产用地面积增加 603.25 km^2，农业生产用地增加 8380 km^2，农业生产用地以 93.28% 的贡献率高于工业生产用地，与生活空间表现出一致性。在生态空间中，林地面积增加 2770 km^2，草地面积减少 2545.87 km^2，水域面积增加 495.3 km^2，其他生态用地面积减少 11026 km^2，对生态空间面积变化的贡献率分别为 26.88%、−24.7%、4.81% 及 −106.98%，其他生态用地面积减少是引起生态空间总面积减少的主导因素。2021—2030 年，RCP4.5“三生”空间用地变化主要源于农业生产活动增强导致耕地面积占用草地和其他生态用地，其空间分布整体与 RCP2.6 情景一致。2021—2030 年，在

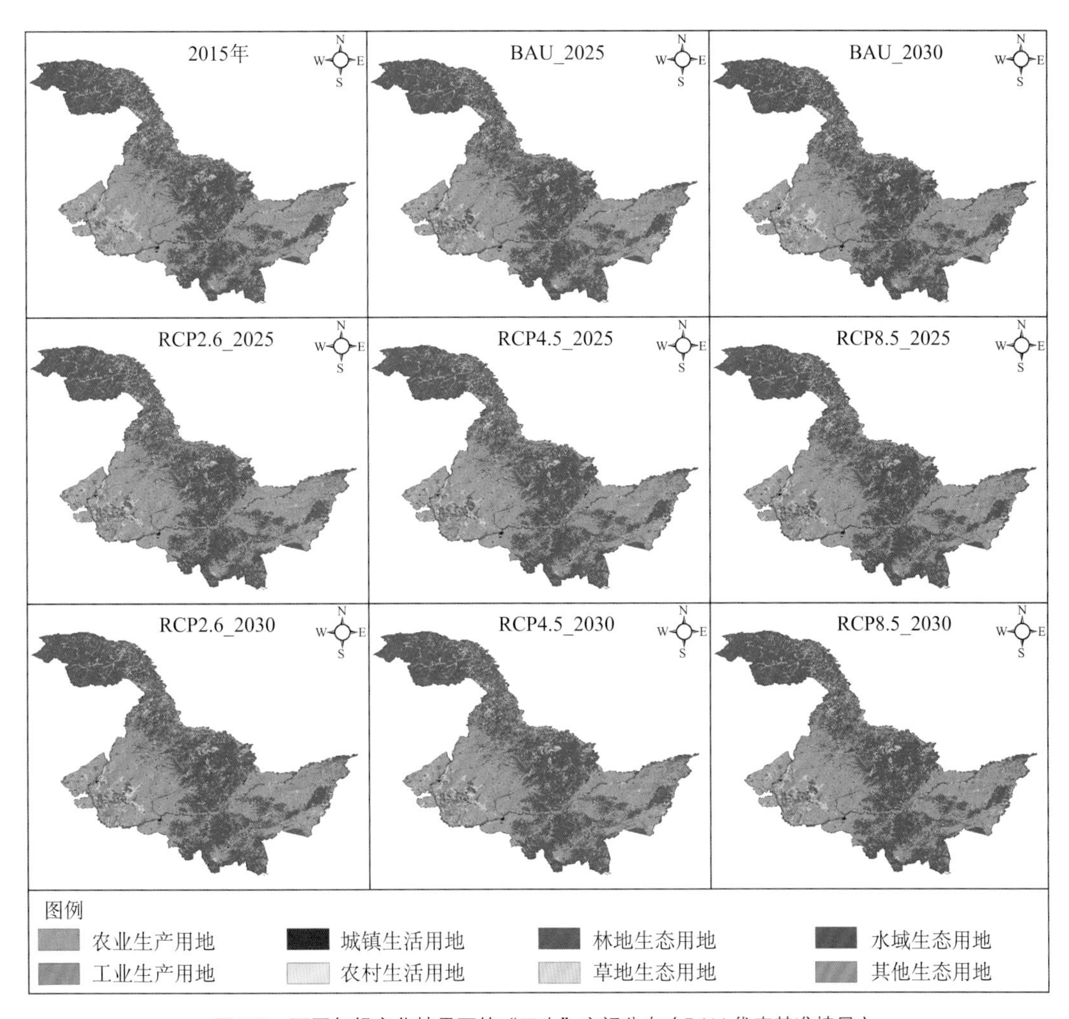

图 8.9　不同气候变化情景下的“三生”空间分布（BAU 代表基准情景）

RCP8.5 情景下，生活空间面积增加 1526.89 km^2，生产空间面积增加 8773.56 km^2，生态空间面积减少 10300.89 km^2。城镇用地与农村用地相比，城镇用地面积减少 62.51 km^2，农村用地面积增加 1589.4 km^2，对生活空间的面积变化贡献度达到 104.09%，与其他两个气候变化情景相比贡献率最强。在生产空间中，工业生产用地面积增加 545.56 km^2，农业生产用地增加 8228 km^2，农业生产用地以 93.78% 的贡献率高于工业生产用地，与其他两个情景相比贡献率最大，同样反映出生产空间与生活空间的一致性。在生态空间中，林地面积增加 2768 km^2，草地面积减少 2185.69 km^2，水域面积增加 574.4 km^2，其他生态用地面积减少 11457.6 km^2，对生态空间面积变化的贡献率分别为 26.87%、−21.22%、5.58% 及 −111.23%，其他生态用地面积减少是引起生态空间总面积减少的主导因素。2021—2030 年，RCP8.5“三生”空间用地变化主要源于农业生产活动增强导致耕地面积占用草地和其他生态用地，其空间分布整体与 RCP2.6、RCP4.5 情景一致。

与基准情景相比，低排放情景 RCP2.6 对“三生”用地数量结构与空间配置敏感性最强，各地类面积变化幅度最大。RCP2.6、RCP 4.5、RCP 8.5 敏感性依次减弱。2021—2030 年，RCP2.6 与基准情景相比，生活空间面积累计减少 456.88 km^2，生产空间累计增加 463.17 km^2，生态空间累计增加 824.63 km^2；RCP4.5 与基准情景相比，生活空间累计减少 241.13 km^2，生产空间累计增加 249.38 km^2，生态空间累计减少 8.84 km^2；RCP8.5 与基准情景相比，生活空间累计减少 37.41 km^2，生产空间累计增加 39.69 km^2，生态空间累计减少 3.16 km^2。由此可以看出，在降雨量逐渐减少、气温逐渐升高，由低排放向高排放转变的过程中，气候变化场景对生活空间、生产空间及生态空间的影响均呈现出逐渐减弱趋势，即“三生”空间变化对 RCP2.6 气候变化情景响应度最强、敏感度最高。不同气候变化情景下受影响的“三生”空间用地面积在 32～11535.6 km^2 范围内不等。其中，生活空间内的农村用地、生产空间内的耕地以及生态空间中的草地和水域对不同气候变化情景的敏感性最强，响应变化幅度最大，同时体现出生活空间与生产空间的一致性，而生活空间、生产空间与生态空间呈负反馈的关系。各地类面积变化主要由图 8.10 可以看出，以不同色带展示各地类面积空间位置，其空间分布变化由图 8.9 可以看出。

2025 年，受气候变化影响的“三生”用地主要分布在黑龙江北部，南部及东部大部分区域面积变化规模较小且碎片化程度较高（图 8.11）。2030 年，受气候变化影响的“三生”用地主要分布在黑龙江北部、西南部，面积变化较为明显且完整度较高；南部及东部大部分区域面积变化规模较小且碎片化程度较高。

水压力指数（WSI）表示一个地区的用水量与水资源数量之比。WSI 值大于 0.4 表示该地区存在水资源压力，而 WSI 值大于 1 则表示用水量已超过水资源容量。在本研究中，选取 2005—2020 为历史年份，2021—2030 年为未来模拟年份。引入 WSI（Parkash et al., 2020）量化 2005—2030 年水资源压力。图 8.12 采用堆积面积图展示了不同情景下的水资源压力，每种颜色代表一个情景，条带颜色的最大值减去最小值表示该情景下的水资源压力值。由图 8.12 可以看出，2005—2030 年，不同气候变化情景和基准情景的水资源压力值变化趋势呈现出一致性。2021—2030 年，2025 年达到 WSI 最大值，此后整体水资源压力趋于减小。2021—2025 年，RCP2.6、RCP4.5 及 RCP8.5 水资源总量与用水量均逐渐减少，WSI 逐渐上升。2025—2030 年，不同 CCSs 下的水资源总量比是 2025 年的 1.79～1.88 倍，而 WSI 整体是 2025 年的 0.56 倍，这说明，2025—2030 年用水量在水资源总量中的占比变化 1～1.05 倍。至 2030 年，WSI 下降至 0.21 左右，实现未来模拟时间段内的最低 WSI，表明研究区域通过控制水资源用量，实现了用水量和水资源压力的协同减少。

通过“以水定土”实现“三生”用地的数量结构和空间分配，对不同情景下的水资源总量、水资源压力和“三生”空间面积分析可知，历史年份的气候变化将通过影响水资源量影响“三生”空间面积，而随着时间推移，“三生”空间受影响的用地面积

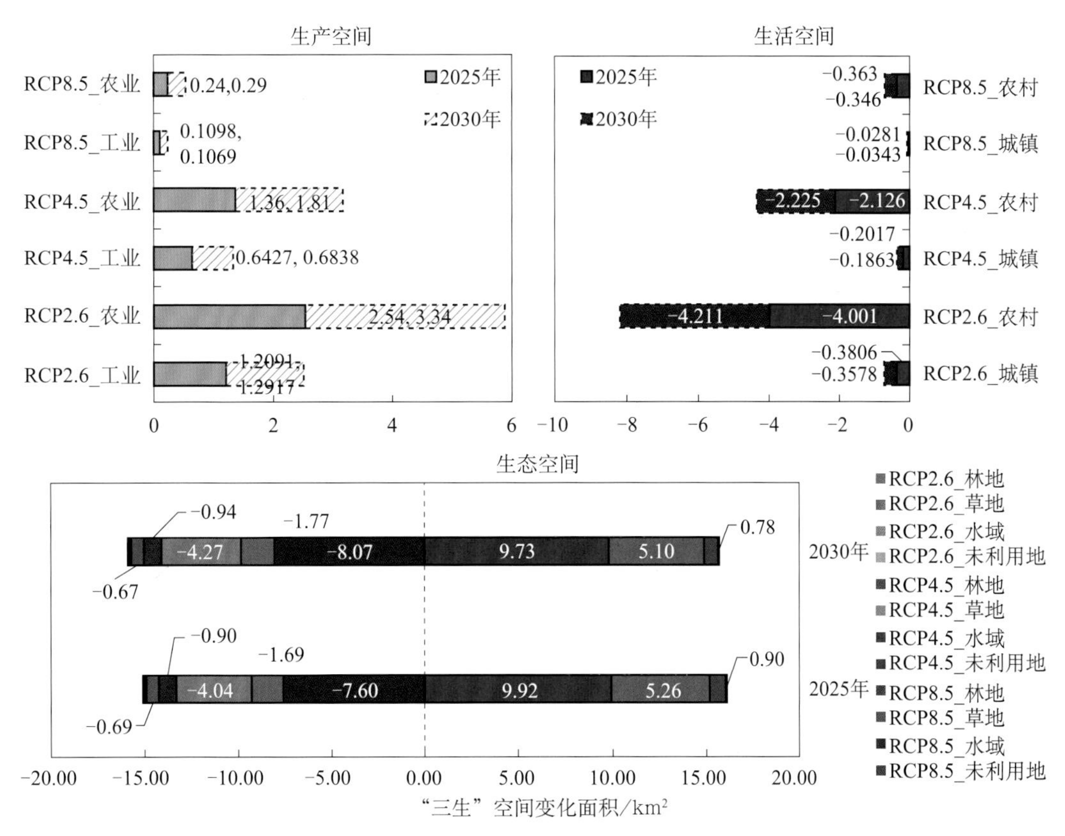

图 8.10　不同气候变化情景下的“三生”空间数量变化

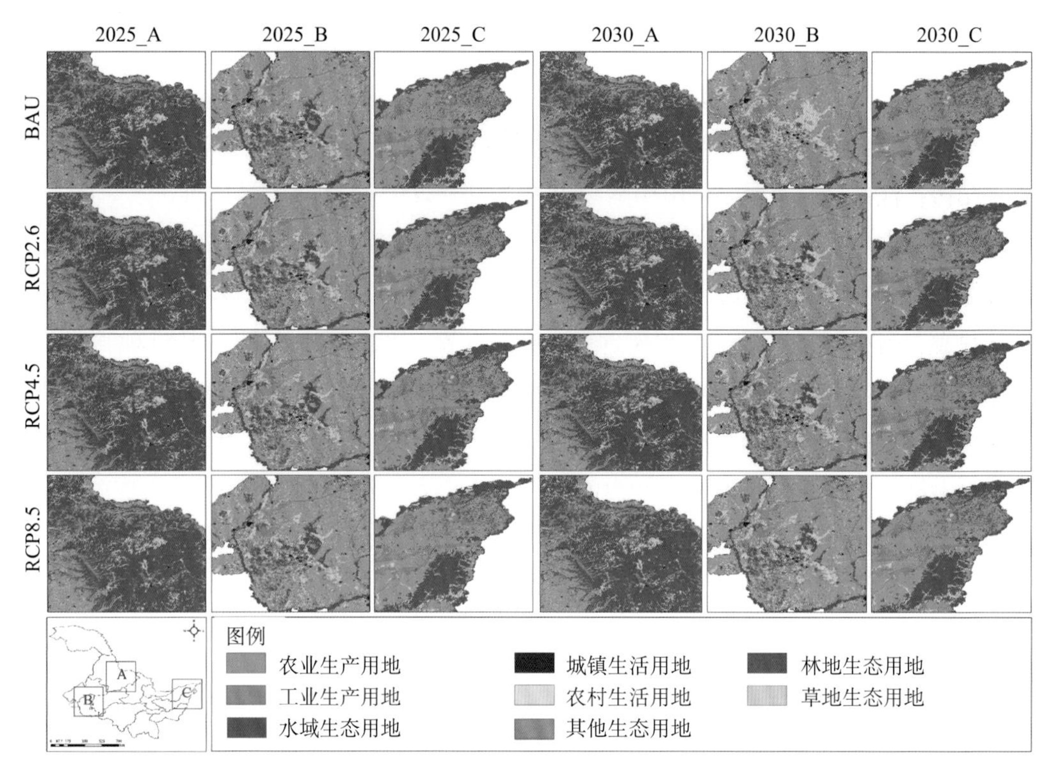

图 8.11 不同气候变化情景下的“三生”空间局部变化

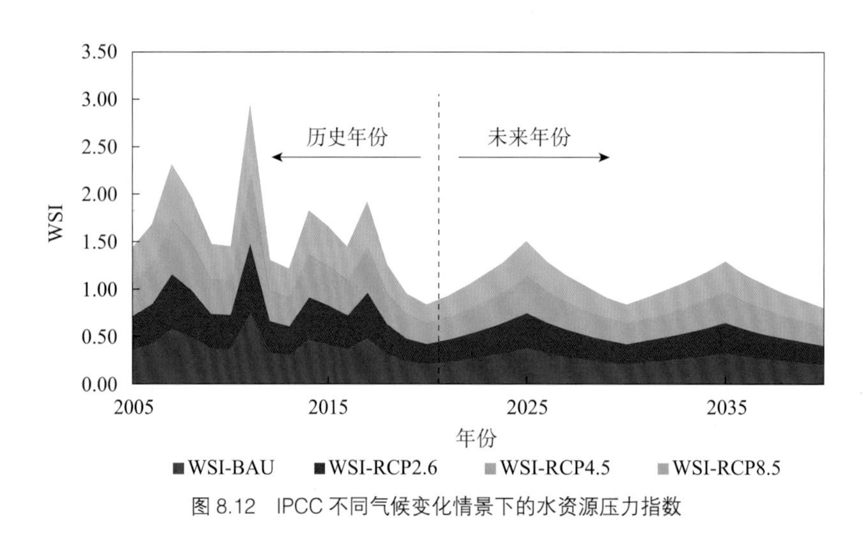

图 8.12 IPCC 不同气候变化情景下的水资源压力指数

逐渐增加，“三生”用地分布将呈现出新的空间格局，气候变化对研究区“三生”空间产生新的影响。这种影响通过量化 WSI 来表示，伴随着 WSI 的降低，水资源与土地资源未来将向更加协调、可持续的方向发展。

8.2.5　本节小结

水资源是“三生”空间可持续发展的关键制约因素（Lin et al.，2020，2021；赵蚰竹，2019；江东 等，2021）。黑龙江省作为我国粮食主产区，“三生”空间分布及粮食产量受气候变化影响显著（谢一茹，2020；蒲罗曼，2020）。以不同气候变化情景下的水资源承载力为纽带，通过结合 SD 和 PLUS 模型，将气候变化情景与“三生”空间联系起来，有效地评估了气候变化对“三生”空间土地利用历年动态变化的潜在影响。首先，该方法充分利用 SD 模型在情景模拟和驱动 - 反馈机制方面的优势，定量揭示了气候变化对区域水资源的影响。其次，PLUS 模型对“三生”空间格局进行了气候变化情景下的未来空间模拟，并借助 ArcGIS 对不同气候变化情景下的“三生”空间分布进行了空间可视化展现。因此，本节方法的主要特点是易于构造区域尺度上气候变化与“三生”空间的动态演化关系。通过耦合 SD 和 PLUS 模型来评估气候变化对“三生”空间的影响是可行的，并具有更广泛的应用潜力和可操作性。

为了进一步分析气候变化对“三生”空间土地利用的影响，在本研究中建立了 BAU 情景来模拟自然演化情景下的“三生”空间土地分布。对比 CCSs 和 BAU 情景，结果表明，RCP2.6、RCP4.5 及 RCP8.5 对气候变化的敏感性依次减弱，但随时间的推移，2021—2030 年，气候变化对“三生”空间土地分布的影响逐渐显现。2021—2025 年，RCP2.6 情景下，生活空间面积增加 732.44 km^2，生产空间增加 4751.91 km^2，生态空间减少 4652.9 km^2；RCP4.5 情景下，生活空间增加 937.83 km^2，生产空间增加 4577.27 km^2，生态空间减少 5515.2 km^2；RCP8.5 情景下，生活空间增加 1130.87 km^2，生产空间增加 4411.98 km^2，生态空间减少 5542.4 km^2；BAU 情景下，生活空间增加 1170.6 km^2，生产空间增加 4377 km^2，生态空间减少 5547.8 km^2。至 2030 年，RCP2.6 情景下，生活空间增加至 1107.42 km^2，生产空间增加至 9197.04 km^2，生态空间减少至 9473.1 km^2；RCP4.5 情景下，生活空间增加至 1323.17 km^2，生产空间增加至 8983.25 km^2，生态空间减少至 10306.57 km^2；RCP8.5 情景下，生活空间增加至 1526.89 km^2，生产空间增加至 8773.56 km^2，生态空间减少至 10300.89 km^2；BAU 情景下，生活空间增加 1564.3 km^2，生产空间增加 8733.87 km^2，生态空间减少 10297.73 km^2。随着时间的推移，不同情景下受气候变化影响的“三生”空间面积都在增长。因此，气候变化情景与基准情景在“三生”用地空间分布上的差异越来越大。

本节在情景设置过程中参照了 Liu 等（2019）研究的中国北方农牧交错带地区气候变化对城市扩张的影响，保证情景设置的准确性与可依据性。Huang 等（2014）研究了气候变化对中国北方土地系统的影响，得出的黑龙江省高纬度地区林地面积增加与本节的空间分布模拟结果一致（2021—2030 年，林地面积增加了 3604 km^2）。然而，本研究内容还存在一定的局限性，未来气候变化存在一定的不确定性，因此，本次进行的未来“三生”空间数量结构和空间分布情况仅代表对未来多种可能性的模拟，而不能进行准确的预测，但在不同情景下的模拟结果确实提供了未来气候变化对“三生”空间地类分布的潜在影响，对探索应对气候变化的“三生”空间优化途径，实现“三生”空间可持续发展提供路径支持（Wu et al.，2017；Peng et al.，2020；Avriel-Avni et al.，2020；Maleki et al.，2020）。另外，SD 与 PLUS 的模型耦合也有待完善：①对于气温和降雨对水资源总量的多元回归，本研究回归精度 R^2=0.825，整体误差有待提高；② SD 模型在进行历史验证过程中，存在历史年份数值缺失的情况，这可能对 SD 模型的相对误差存在影响；③在进行地理驱动因子数据处理的过程中，采用 ArcGIS 对原始数据进行了投影、重分类和重采样，可能导致栅格数据中小斑块的丢失，虽然采用历史影像比较且验证了真实值与模拟值，各地类面积差值较小，但对于未来空间分布的模拟可能存在影响。

全球气候变化和不合理的人类活动加剧了可持续发展与自然资源（特别是水和土地）短缺之间的矛盾，发展水资源约束和不同气候变化情景下的土地利用变化模型具有重要的理论和实践意义（Lin et al.，2020，2021；赵舳竹，2019；江东 等，2021）。本研究通过耦合系统动力学（SD）和元胞自动机（CA）模型展示了一种可供选择的未来分析方法，在气候变化将影响水资源可持续性的假设下，SD 模型模拟了不同水资源约束条件下的“三生”空间土地数量需求，通过历史性检验、灵敏度分析，证明了 SD 模型对数量结构的预测具有极高精度和稳定性。进而根据数量结构，通过对历史年份的地理驱动因子、像元继承性、邻域影响分析，进行未来年份“三生”空间用地空间配置。研究发现：①研究区“三生”空间用地变化主要源于农业生产活动增强导致耕地面积占用草地和其他生态用地。生活空间内的农村用地、生产空间内的耕地以及生态空间中的草地和水域对不同气候变化情景（CCSs）的敏感性最强，响应变化幅度最大。②气候变化对“三生”空间的影响随着时间的推移而增强，其中 RCP2.6 情景对气候变化敏感性最强，“三生”空间用地面积变化最为明显，RCP4.5、RCP8.5 依次减弱。③气候变化在影响“三生”空间用地数量结构与空间分布方面发挥了重要作用，生活空间与生产空间表现出一致性，而生活空间、生产空间与生态空间呈负反馈关系。④气候变化对研究区未来“三生”空间格局产生的新影响通过量化 WSI 表示出来，伴随 WSI 的降低，水资源与土地资源未来将向更加协调、可持续的方向发展。

第 9 章

全国尺度：全国“三生”空间优化实例

9.1 全国“三生”空间时空演化格局分析

由中国科学院资源环境科学与数据中心（http://www.resdc.cn）提供，根据中国遥感监测土地利用 / 覆盖分类系统的二级分类标准，在划分土地利用功能和类型的基础上，结合关联表（表 9.1），建立“三生”空间结构和土地利用类型。数据空间分辨率为 1 km × 1 km，数据格式为 tif 格式，包含 1995、2000、2005、2010、2015 和 2018 年共计六期数据。

表 9.1 “三生”空间与土地利用类型对应表

一级分类	二级分类	《全国遥感监测土地利用 / 覆盖分类体系》的二级分类
生产空间（P）	农业生产空间	水田、旱地
	工业生产空间	工矿、交通建设用地
生活空间（L）	城镇生活空间	城镇用地
	农村生活空间	农村居民点用地
生态空间（E）	林地生态空间	有林地、灌木林、疏林地、其他林地
	草地生态空间	高、中、低覆盖度草地
	水域生态空间	河渠、湖泊、水库坑塘、永久性冰川雪地、滩涂、滩地
	其他生态空间	沙地、戈壁、盐碱地、沼泽地、裸土地、裸岩石质地、其他、未利用地

9.1.1 “三生”空间的时间特征分析

借助 ArcGIS 软件提取中国 1995、2000、2005、2010、2015 和 2018 年六个时期的“三生”空间面积（表 9.2），并计算各类空间面积变化量（表 9.3）及占比（表 9.4）。1995—2018 年，中国的“三生”空间主要以农业生产空间、林地生态空间、草地生态空间和其他生态空间为主。其中，1995—2000年，生态空间总体减少，其中林地生态空间和其他生态空间减少幅度较大；生产空间和生活空间增大，其中农业生产空间与工业生产空间、城镇生活空间、农村生活空间相比，增幅最大。2000—2005年，生产空间和生态空间呈下降趋势，其中农业生产空间和草地生态空间下降明显，其他生态空间小幅度下降；生活空间呈上升趋势，城镇生活空间和农村生活空间上升幅度较大。2005—2010年，生活、生产与生态空间变化趋势与2000—2005年呈相似性。随着城镇化与工业化的快速推进，2010—2015年，生产空间和生活空间继续增加，其中工业生产空间和城镇生活空间增加趋势明显；生态空间持续减少，其中草地生态空间下降趋势明显，减少面积与前一个时段相比较大。2015—2018年，生产空间和生活空间继续增加，生活空间相对于生产空间增加较为明显，其中，城镇生活空间增加趋势最大；生态空间持续减少，草地生态空间减少幅度极大，而林地生态空间也在本时间段内呈上升趋势。总体而言，1995—2018年，除林地生态空间和草地生态空间减少外，其他六类用地空间均呈增加趋势，其中其他生态空间增速最快，其余依次是城镇生活空间、工业生产空间、水域生态空间、农业生产空间和农村生活空间。究其原因是我国社会经济快速发展，城镇化与工业化快速推进，致使城镇居民点与交通工矿用地扩张，进而导致了工业生产空间和城镇生活空间的增加。此外，随着农村居民人口增加，对住宅用地的需求不断增加，进而导致农村生活空间的扩张。农业生产空间的增加主要得益于我国的农业生产保障与补贴制度以及土地流转制度的实施，这些制度的实施提高了农民进行农业生产的积极性；水域生态空间等生态空间的增加则主要得益于生态保护与修复政策与工程的实施，提高了我国生态环境质量。与此同时，随着经济建设的快速发展，一系列不合理的经济行为（过度放牧、过度开垦、采矿和漫灌等）导致土地退化，加之全球气候变化，致使土地荒漠化和盐碱化程度有所加重，也是其他生态空间增加的重要原因。

表9.2 1995—2018年中国“三生”空间数量结构表 单位：万 km^2

时间	生产空间		生活空间		生态空间			
	农业生产空间	工业生产空间	城镇生活空间	农村生活空间	林地生态空间	草地生态空间	水域生态空间	其他生态空间
1995年	175.43	1.40	3.21	12.39	227.73	298.96	26.29	204.88
2000年	180.05	1.40	3.31	12.53	224.28	301.11	27.36	200.10
2005年	179.32	1.87	4.20	12.77	224.59	300.02	27.54	199.90
2010年	178.78	2.28	4.64	12.87	224.62	299.91	27.68	199.54
2015年	178.60	3.82	5.21	13.15	224.02	299.06	28.01	198.56
2018年	178.27	4.82	7.84	14.21	227.37	265.42	29.34	222.23

表 9.3　1995—2018 年中国“三生”空间面积变化量　　单位：万 km^2

时间	生产空间		生活空间		生态空间			
	农业生产空间	工业生产空间	城镇生活空间	农村生活空间	林地生态空间	草地生态空间	水域生态空间	其他生态空间
1995—2000 年	4.62	0.00	0.10	0.14	−3.45	2.15	1.07	−4.78
2000—2005 年	−0.73	0.47	0.89	0.24	0.31	−1.09	0.18	−0.20
2005—2010 年	−0.54	0.41	0.44	0.10	0.03	−0.11	0.14	−0.36
2010—2015 年	−0.18	1.54	0.57	0.28	−0.60	−0.85	0.33	−0.98
2015—2018 年	−0.33	1.00	2.63	1.06	3.35	−33.64	1.33	23.67
1995—2018 年	2.84	3.42	4.63	1.82	−0.36	−33.54	3.05	17.35

表 9.4　1995—2018 年中国“三生”空间面积占比　　%

时间	生产空间		生活空间		生态空间			
	农业生产空间	工业生产空间	城镇生活空间	农村生活空间	林地生态空间	草地生态空间	水域生态空间	其他生态空间
1995 年	18.46	0.15	0.34	1.30	23.96	31.46	2.77	21.56
2000 年	18.95	0.15	0.35	1.32	23.60	31.69	2.88	21.06
2005 年	18.87	0.20	0.44	1.34	23.64	31.57	2.90	21.04
2010 年	18.81	0.24	0.49	1.35	23.64	31.56	2.91	21.00
2015 年	18.79	0.40	0.55	1.38	23.57	31.47	2.95	20.89
2018 年	18.78	0.51	0.83	1.50	23.95	27.95	3.09	23.40

9.1.2 “三生”空间分布特征

在上述时间特征分析基础上，进一步分析中国“三生”空间的空间分布特征，如图 9.1 所示。1995—2018 年，“三生”空间分布格局基本一致。生产空间以农业生产空间为主，主要分布在胡焕庸线以东（孔冬艳 等，2021）的省（区、市），主要包括江苏、安徽、山东、河南等淮河流域和辽宁、吉林、黑龙江等中国东北部以及河北、陕西、湖北和四川东部等地区，与中国粮食主产区位置基本保持一致。生活空间主要分布在胡焕庸线以东的广大地区，在农业生产用地为主的省域密度更大。究其原因，主要是中国传统农业生产技术低下，需大量劳动力，适宜农业生产的地区自然条件一般较好，益于人类居住，这些区域成为农村居民点的集聚区。现在，虽然农业技术有较大提高，农业生产所需劳动力数量下降，但面对中国庞大的人口数量，农村人口仍占据主要位置，农村居民点仍是农业人口居住地。生态空间各类型分布特点各异，主要分布在胡焕庸线以西和东南地区（孔冬艳 等，2021）。其中，草地生态空间主要分布在胡焕庸线以西，西藏、青海、内蒙古和新疆等高寒区和干旱半干旱地区最多；林地生态空间主要分布在长江以南的广大地区及中国东北部；其他生态空间主要分布在胡焕庸线的西北部，以新疆、青海、甘肃西北和内蒙古西部高寒区和干旱半干旱地区为主；水域生态空间相对其他三类生态空间面积最小，受制于地形和气候差异，主要分布在其发源地即西部地区，以及地势较低区域即东部和南部。

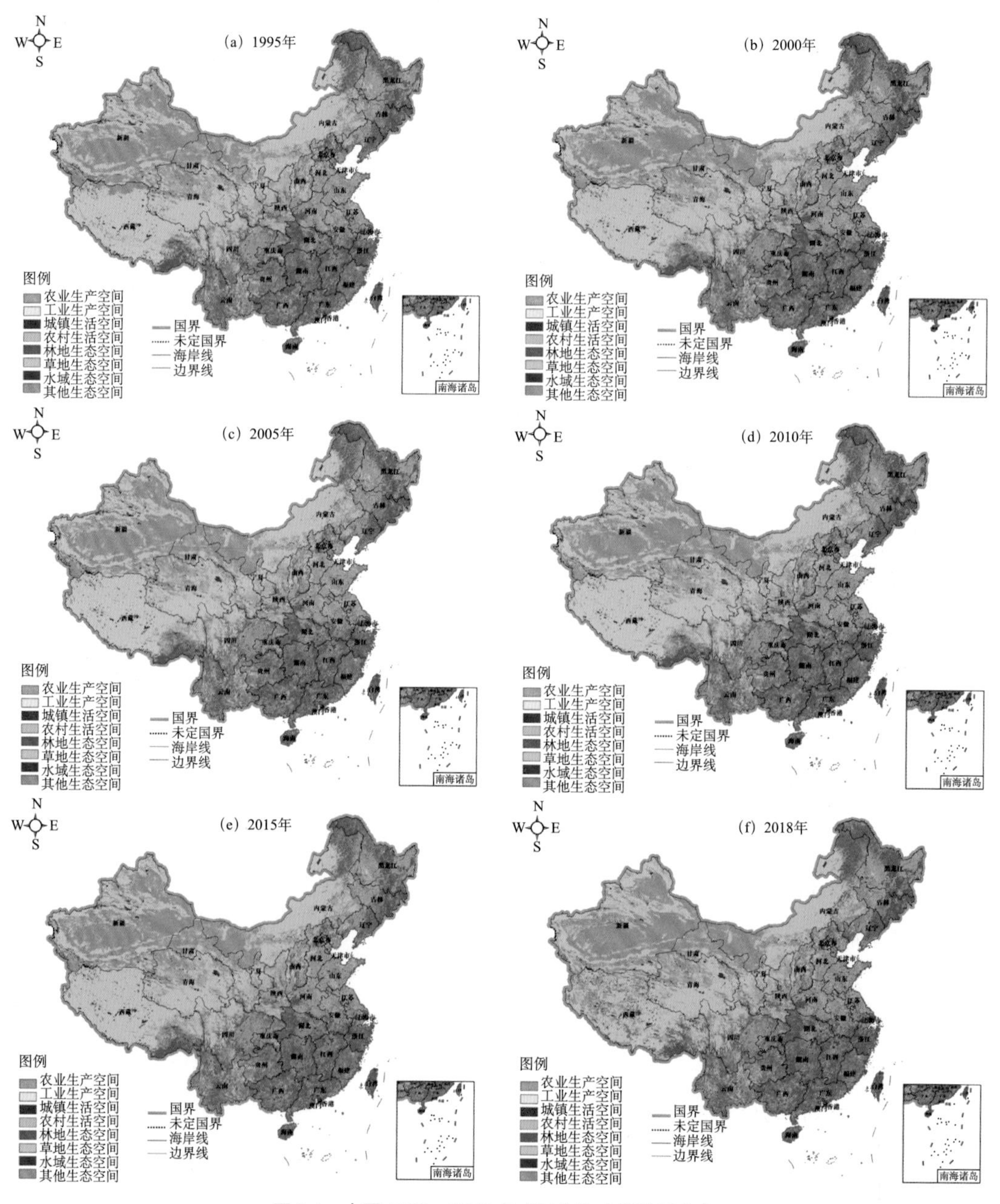

图 9.1　中国 1990—2018 年“三生”空间格局分布

9.2　全国“三生”空间冲突测度

“三生”空间冲突识别通过构建“三生”空间适宜性评价模型与指标体系，并建立与之对应的土地利用冲突识别矩阵，从而识别中国“三生”空间冲突。

9.2.1　“三生”空间适宜性评价

“三生”空间适宜性是评价国土单元不同土地利用类型的适宜性，包括生产、居住和生态适宜性。其中，生产适宜性是指国土单元在提供有形农产品或工业产品或无形产品方面的适宜性。它主要反映国土单元的产品生产水平，主要受自然气候、土地适宜性和发展便利性的影响。居住适宜性是指国土单元在便利设施、住房、公共活动等生活条件方面的适宜性。调查县域居民的生活保障水平发现，该适宜性主要受公共设施、地形和社会经济的影响。生态适宜性是指研究区域提供直接或间接生态产品和生态服务的适宜性，主要受环境质量和社会环境的影响。“三生”空间适宜性评价指标体系（Lin et al.，2021；李家明，2021）如表 9.5 所示。

表 9.5　“三生”空间适宜性评价指标体系

项目	指标	因素分类和评分			
		100	80	60	40
生产适宜性	年平均温度 /℃	≥21	(18，21)	(15，18]	≤15
	年降水量 /mm	≥1800	(1700，1800)	(1600，1700]	≤1600
	高度 /m	<150	[150，300]	(300，500]	>500
	土地利用类型	旱地、水田、其他建设用地	农村用地、城市用地	高覆盖度草地	其他
	梯度 /°	[0，3)	[3，8]	(8，15]	(15，25]
	距道路的距离 /m	500	1500	3000	5000
生活适宜性	年平均气温 /℃	≥21	(18，21)	(15，18]	≤15
	年降水量 /mm	≥1800	(1700，1800)	(1600，1700]	≤1600
	地形位置指数	≤0.54	(0.54，0.62]	(0.62，0.72)	≥0.72
	距市中心的距离 /m	500	1500	3000	5000
	距学校和医院的距离 /m	500	1500	3000	5000
	土地利用类型	农村土地，城市土地	其他建设用地	—	其他

续表

项目	指标	因素分类和评分			
		100	80	60	40
生态适宜性	土地利用类型	疏林地、高覆盖度草地、沼泽地	灌木林地、运河、湖泊	旱地、水田、林地、灌木林地、其他林地、中低覆盖度草地、水库坑塘	农村用地、城市用地、其他建设用地、其他
	景观破碎度	好规则性	较好规则性	一般规则性	差
	归一化植被指数(NDVI)	≥0.5	(0.25，0.5)	(0.15，0.25]	≤0.15
	距水体距离 /m	5000	3000	1500	500

注：各指标权重采用层次分析法和专家打分法确定。由坡度和高程计算的地形位置指数用来反映综合地貌条件的影响。

“三生”空间适宜性评价数据格式为 tif 格式，数据空间分辨率为 1 km × 1 km。

从空间分布上来看（图 9.2），中国生产空间分布具有明显的区域差异，生产空间适宜性总体呈现从西北到东南逐渐适宜的趋势，生产功能较强的省份主要集中在长三角、珠三角、京津冀等区域。其中，最适宜区域主要集中在中国南部的江西、浙江、上海、福建、湖南、广东、广西、海南、香港、澳门等地区，这些地区大多处于较高的生产水平，产业结构更为合理化，技术创新与国际平台搭建方面的优势使其社会生产能力较强；较适宜区域主要集中在中国中部的河南、湖北、重庆、安徽、江苏等地区，这些地区生产水平与社会经济发展较为协调，且三产结构具有各自独特的优势，能够为自身发展提供合理规划与平台；一般适宜区域主要集中在黑龙江、吉林、辽宁、内蒙古、北京、天津、山东、陕西、河北、陕西、贵州、云南等地区，这些地区在产业效率、产业结构、生产要素转化效率、技术创新和环境保护、生态治理等方面存在不足，使其对经济增长的贡献率较低；不适宜区域主要集中在中国西北部的甘肃、新疆、青海、西藏、四川以及台湾等地，这些地区由于地理位置、交通通达度、气候影响等，影响城市发展水平。

中国生活空间适宜性总体呈现从西到东逐渐适宜的趋势。生活空间功能较强的地区集中分布在东部沿海各省份，作为中国经济发展水平较高的地区，其服务业占有较大比重，能够为当地居民提供更为便捷和多样化的生产和生活服务。同时，东部沿海地区的人均收入和人均消费水平均位居全国前列，且具备良好的自然环境条件，为当地居民营造了宜居、舒适的生活空间。较适宜区域主要集中在新疆、青海东部、四川西部、云南西部和西藏中南部地区。一般适宜区域主要集中在青海东南部和西藏东北部。不适宜区域主要集中在中国西北部的新疆、西藏和青海交界地区以及台湾大部分地区，以上地区的公共服务和基础设施的人均占有量较低，且相对滞后的产业结构导致高技能的人力资本流失现象严重，居民的人均收入和消费水平不高，生活空间的整体质量相对较低。

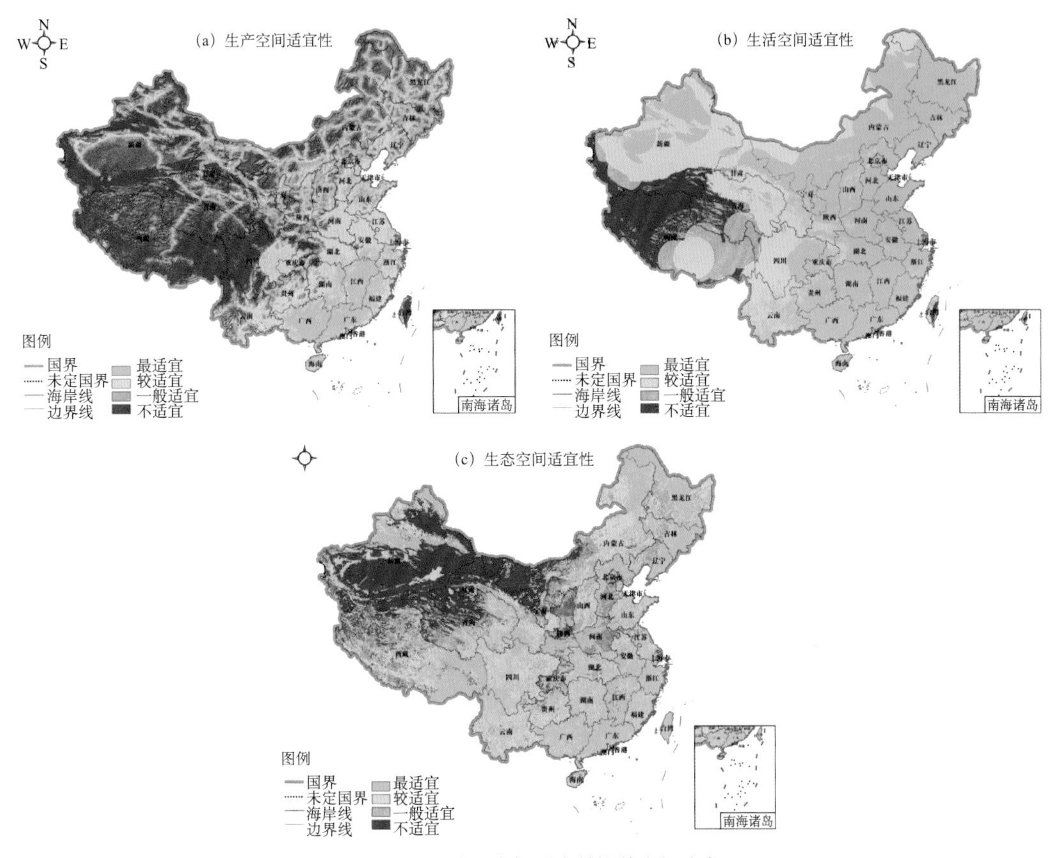

图 9.2 “三生”空间适宜性评价空间分布

生态空间适宜性总体呈现从西北到东南逐渐适宜的趋势，其中最适宜区域主要集中在中国东部的大部分区域。东北部地区地广人稀，拥有丰富的自然资源，生态环境基础较好，具有较高的空气质量和良好的自然环境。东南沿海地区依托优越的地理位置和自然环境条件，在物种的丰富程度和生态承载力方面具有较高水平，同时该地区的产业结构层次较高，第三产业和轻工业占有较大比重，有利于当地生态环境质量的保持和维护。较适宜区域和一般适宜区域分布较为零散。不适宜区域主要集中在中国西北部的新疆、西藏、内蒙古和青海交界地区，这些地区生态环境相对比较脆弱，生态承载力较低，人均资源保有量不足，城市的进一步发展受到了制约。

9.2.2 "三生"空间耦合协调度评价指标体系构建

由于土地利用结构的复杂性及土地功能在空间上的交叠性，"三生"空间的用地边界划分往往较为模糊，单一的土地类型上通常集合了多种用地功能，因此，在构建"三生"空间耦合协调度评价指标体系（Lin et al.，2021；张军涛 等，2019；张景鑫，2017；Jiang et al.，2017）时，以"集约高效""宜居生活"和"美丽生态"为导向，涵盖了空间规模、空间结构、空间效率、空间质量和其他因素等（表 9.6）。

表 9.6 "三生"空间耦合协调度评价指标体系

项目	一级指数	二级指数
生产空间（集约高效）	生产空间规模	农用地规模
		工业用地规模
	生产空间结构	产业结构高级化水平
		粮食产出率
	生产空间效率	土地产出率
		工业效率
生活空间（宜居生活）	居住空间规模	居住面积
	居住质量	绿地覆盖率
		城镇居民恩格尔系数
	居住便利	交通便利
		交通可达性
生态空间（美丽生态）	生态空间尺度	生态用地尺度
		NDVI
	生态空间质量	空气质量
		污水处理率
		居民健康水平

在对"三生"空间的功能分别进行评价的基础上，运用物理学中的耦合模型进一步探讨"三生"空间系统或要素彼此间相互作用和相互影响的程度。"三生"空间的耦合度模型为

$$C = \sqrt[n]{\left(U_1 \times U_2 \times \cdots \times U_n\right) / \left(\frac{U_1 + U_2 + \cdots + U_n}{n}\right)^n} \quad (9.1)$$

$$U = \sum_{i=1}^{n} w_i \times x_i \quad (9.2)$$

$$T = \alpha \times U_1 + \beta \times U_2 + \cdots + \gamma \times U_n$$

式中，$\alpha = \beta = \cdots = \gamma = \frac{1}{n}$。（9.3）

在耦合度模型的基础上进一步测度“三生”功能作用的协调程度，构建耦合协调度模型：

$$C = \sqrt[3]{(U_p \times U_l \times U_e) / \left(\frac{U_p \times U_l \times U_e}{3}\right)^3} \tag{9.4}$$

$$T = \alpha \times U_p + \beta \times U_l + \gamma \times U_e \tag{9.5}$$

$$D = \sqrt{(C \times T)} \tag{9.6}$$

式中：C 表示“三生”空间的耦合度，$C \in [0, 1]$，C 越大，表明耦合度越高；U_p、U_l、U_e 分别表示生产、生活、生态功能的测度指标；T 反映各子系统的整体效果和水平；α、β、γ 为生产、生活、生态空间质量贡献率的待定系数，由于三者对经济社会发展的贡献同等重要，故分别赋值为三分之一；D 为“三生”空间的耦合协调度，$D \in (0, 1)$，根据研究对象的特征，将耦合协调度划分为五种类型（表 9.7）。

表 9.7　耦合协调度等级划分

耦合协调等级	耦合协调度（D）
低水平耦合协调	$D \in [0, 0.3)$
较低水平耦合协调	$D \in [0.3, 0.35)$
中度耦合协调	$D \in [0.35, 0.5)$
较高水平耦合协调	$D \in [0.5, 0.8)$
高水平耦合协调	$D \in [0.8, 1]$

基于“三生”空间耦合协调度评价指标体系，对中国生产、生活、生态功能进行综合评价，测算各地区“三生”空间的耦合协调水平。中国“三生”空间的耦合度均处于较低水平，而且地区差距较小，其中，耦合度最高的省份为广西，其耦合度为 0.4937；天津的耦合度最低，为 0.4220。然而，由于耦合度指标仅能反映各系统发展水平的近似程度，不能确定各系统是在较高水平上的相互协调，还是在较低水平上的相互影响，例如，广西、云南、贵州等地的“三生”空间功能均处于低水平的发展状态，但三者的耦合度却较高，因此，耦合度的高低难以准确反映该地区“三生”空间的实际质量和协调关系，需要引入耦合协调度指标进行进一步的探讨。

从整体上看，中国“三生”空间的耦合协调度水平不高。根据耦合协调度等级划分标准，上海的耦合协调度最高，为0.5427，处于较高水平的耦合协调分区；广东、浙江、西藏等地均处于中度耦合协调水平；吉林、河南、贵州、甘肃等省份均处于低水平耦合协调分区；耦合协调水平最低的地区为广西，其耦合协调度为0.2584。从空间分布格局来看，中国“三生”空间耦合协调度较高的地区主要集中在东南沿海各省，而中西部大部分地区的耦合协调水平普遍较低。其中，北京、天津、河北、河南、山西等地，由于其生态功能相对较弱，在工业化和城镇化的迅速推进过程中，以牺牲环境为代价的发展模式导致当地的生态环境难以承担经济快速发展带来的巨大压力，导致其“三生”空间耦合协调度较低。云南、广西、贵州、江西等西南各省份，由于其在生产、生活、生态功能方面发展均比较滞后，“三生”空间功能整体水平较低，各系统之间的耦合度较高而协调度较低，故形成了“高耦合－低协调”的区域分布特征。

9.2.3 “三生”空间冲突识别

“三生”空间冲突识别数据格式为tif格式，数据空间分辨率为1 km × 1 km。从空间分布上来看（图9.3），“三生”空间冲突总体呈现从西北到东南逐渐加剧的趋势，其中用地适宜区主要集中在中国中部及北部大部分地区以及台湾地区，冲突微弱区主要集中在新疆、青海、西藏交界地区，冲突一般区较少地分布在青海、西藏等地，冲突中度区在内蒙古、山西、四川、西藏、新疆等地区均有分布，冲突激烈区主要位于中国东部和东北部的部分地区以及南部江西、广东、广西、海南的大部分地区。

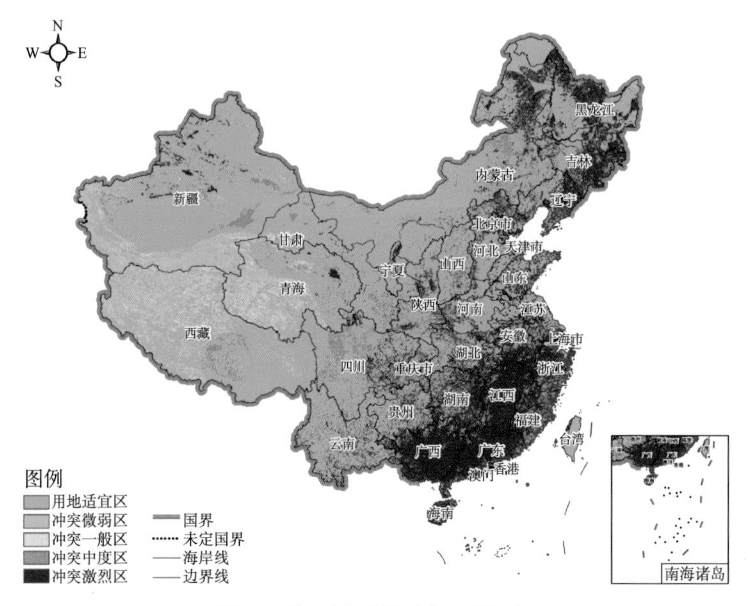

图9.3 “三生”空间冲突空间分布

9.3　全国“三生”空间统筹优化

9.3.1　“三生”空间利用与优化存在的问题

改革开放 40 多年来，中国经济快速发展。特别是进入 21 世纪以来，人口增长和经济发展对资源环境的压力加剧，人地矛盾日益突出。在高强度土地扩张和资源消耗的基础上，土地开发模式过分强调经济增长，忽视资源的整体布局，导致人地关系发生巨大变化（武占云　等，2019）。随着土地利用空间格局的剧烈演变，土地利用冲突发生的频率越来越高，其形式和内容也更加复杂多变。国家相关部门通过制定国土空间总体规划等相关指导文件，对建设用地规模进行控制，划定城市开发边界、生态保护红线和基本农田控制线等，对“三生”空间用途进行严格管制，约束城市向内无序蔓延、提升生产空间使用效率，保护生态空间和生活空间（江东　等，2021）。虽然这些规划在指导国土空间开发、优化空间资源配置方面发挥了积极作用，但从根本上解决“三生”空间之间的矛盾需要探索更加可持续发展的措施。首先需要明确“三生”空间利用与优化存在的问题，主要有以下方面。

（1）“三生”空间失衡严重。工业化和城镇化对建设用地的强烈需求导致生产空间和生活空间快速扩张。2000—2017 年，全国生产用地和生活用地分别增长了 1.80 倍和 1.38 倍。大规模扩张伴随的是耕地减少和生态用地退化。根据相关统计，2004—2016 年，我国林业用地面积、森林面积和自然保护区面积分别减少了 27.66 万 km^2、32.78 万 km^2 和 8960 km^2。

（2）空间规划体系不衔接，缺乏全域层面的空间统筹。为促进国土空间合理开发利用，不同主管部门编制了多级多类空间规划，但由于主导各类空间规划编制与管理的主体不统一、基础数据不统一、标准不统一和规划期限不统一，导致各类规划对生产空间、生活空间和生态空间的划分和管控的范围、内容不一致，由此导致矛盾与冲突不断，直接造成空间资源的无序、低效配置。

（3）空间用途管制不系统，生态空间保护与管制不足。早期的用途管制以耕地用地为主，后来拓展至水域、林地、草地以及城乡建设用地等多种用地类型。但由于各类资源分别由不同的行政机构管理，形成了相互独立的用途管制政策，产生用途管制存在标准不统一、内容不全面、手段比较单一、要素类型分割以及与产权管理不衔接等问题。因此，《生态文明体制改革总体方案》明确提出了将用途管制扩大到所有自然生态空间的改革任务，为“三生”空间的用途管制提供了制度保障。

9.3.2 "三生"空间优化结果分析

2025和2030年"三生"空间格局优化数据格式为tif格式，数据空间分辨率为1 km×1 km。从空间分布上看（图9.4），2025年和2030年"三生"空间格局总体分布趋势保持一致，生产空间、生活空间、生态空间分布地区分异明显。从数量结构上看（表9.8），除城镇生活空间和水域生态空间面积减少外，其余空间类型均有所增加。

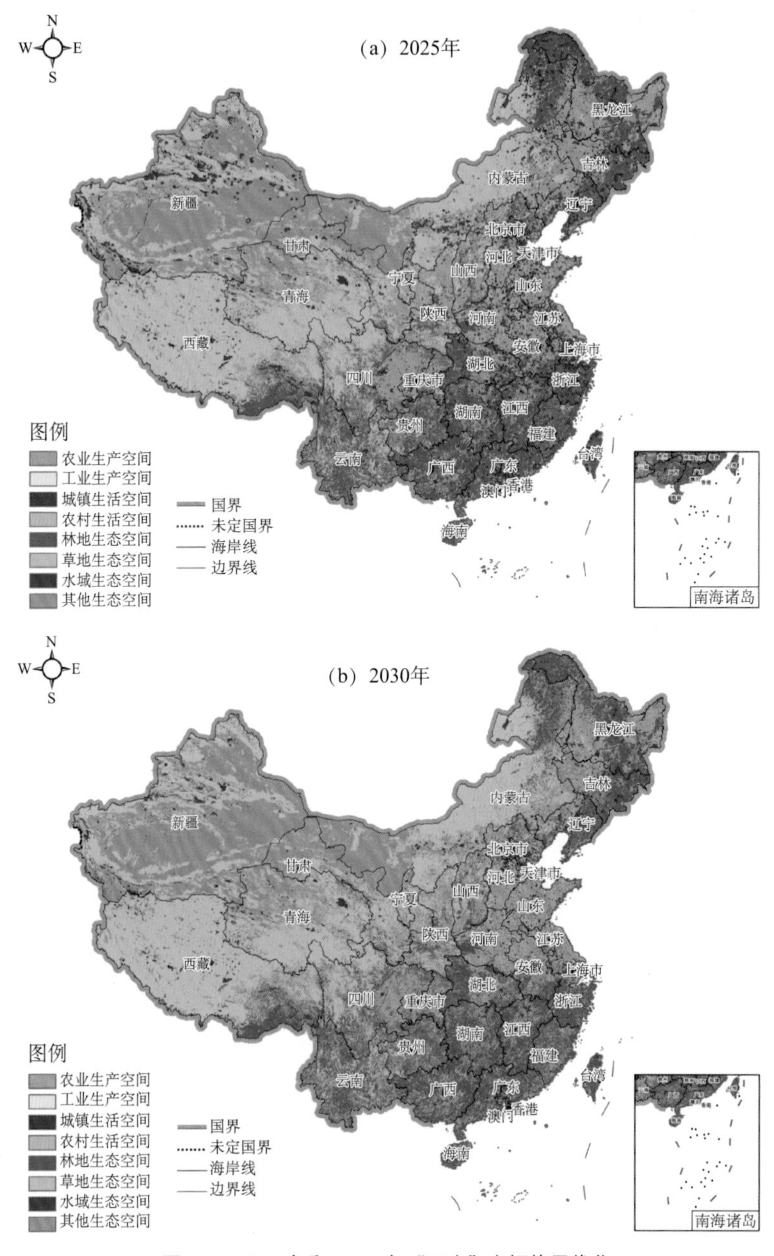

图9.4　2025年和2030年"三生"空间格局优化

表 9.8　2025 年和 2030 年中国“三生”空间数量结构表　　单位：万 km^2

时间	生产空间		生活空间		生态空间			
	农业生产空间	工业生产空间	城镇生活空间	农村生活空间	林地生态空间	草地生态空间	水域生态空间	其他生态空间
2025 年	143.81	2.48	34.38	9.37	144.88	200.61	27.21	133.68
2030 年	127.62	2.49	12.75	9.54	159.56	216.35	19.86	148.24

9.3.3 “三生”空间优化的对策建议

“三生”空间优化是实现空间资源高效配置、国土空间治理能力提升的重要保障。既有的空间规划体系、空间用途管制以及增长控制手段在一定程度上偏离了“三生”空间协调发展的预期目标，未来应从加快建立国土空间规划体系、强化空间用途管制以及完善规划法规政策等途径促进“三生”空间协调发展，推动形成生产空间集约高效、生活空间宜居适度和生态空间山清水秀的空间格局（Lin et al.，2020，2021）。其中，空间规划体系是基础，空间用途管制是核心，空间立法完善是保障。建议从以下方面采取对策。

（1）划定“三生”空间，构建国土空间规划体系。国土空间规划的本质是对国土空间的合理布局、高效利用和治理以及对行业政策等进行科学、合理和超前的统一部署和安排。空间结构的演变往往与经济结构和社会结构的转型并行发生，涉及自然、经济和社会等多种相互交织的因素。精确管理冲突区的唯一途径是定量识别其功能。土地利用功能的耦合协调是缓解土地利用冲突和土地资源管理的关键。然而，由于土地利用功能的复杂性和综合性，以及对研究区域特征（如规模和区域特征）的不同侧重，没有统一的土地利用功能分类体系来科学地评价和诊断冲突。因此，整合主体功能区规划、城乡规划、土地利用规划以及其他专项空间性规划，建立全国统一、相互衔接、分级管理的国土空间规划体系，应在新的国土空间规划体系框架下，在国土空间开发适宜性评价和资源环境承载能力评价基础上，加快推进生产空间、生活空间和生态空间的科学划分工作，为所有国土空间分区分类实施用途管制奠定基础。

（2）严格“三生”空间用途管制，建立底线管控政绩考核机制。一是构建覆盖“三生”空间的全域、全类型国土空间用途管制，重点探索“三生”空间用途管制的基本框架体系、法律政策体系、技术方法体系以及重点区域管控、监测分析评估。二是将底线管控纳入地方政府政绩考核并与地方建设指标挂钩，加大底线管控力度和实施监督。三是加强自然生态空间用途管制与其他自然资源管理改革制度的统一设计，丰富用途管制从平面向立体转变。同时，由于自然生态空间范围较广，在生态价值、利用方式和空间管制等方面存在较大差异，因此，各地区应严格按照《自然生态空间用途管制办法（试行）》的规定，建立分区分类管控和分级分项施策的机制（武占云 等，2019；刘鹏飞 等，2020）。

（3）加强规划立法和执法监督，提升空间治理能力现代化。新的国土空间规划体系的构建并非“多规合一”的升级，而是需要空间规划的法规政策体系、技术标准体系和实施运行体系的协同调整和跟进，是在统一话语下提升空间治理体系（武占云 等，2019）。因此，应加快完善空间规划立法和执法监督，修改完善与国土空间密切相关的法律法规，加强部门间政策和法规衔接，以确保空间规划者、空间治理者、土地所有者以及土地经营者的空间治理和利用行为有法可依，以此建构适应国家现代化发展需要的国土空间开发保护秩序。

第10章 智能化管控平台

10.1 智能化管控平台建设背景与目标

10.1.1 建设背景

2018年，自然资源部成立，承担建立空间规划体系并监督实施的职责，构建以空间规划为基础、以用途管制为主要手段的国土空间开发保护制度。2019年5月10日，《关于建立国土空间规划体系并监督实施的若干意见》（中发〔2019〕18号）印发。文中指出，要“在资源环境承载能力和国土空间开发适宜性评价的基础上，科学有序统筹布局生态、农业、城镇等功能空间，划定生态保护红线、永久基本农田、城镇开发边界等空间管控边界”，明确了资源环境承载能力和国土空间开发适宜性评价在空间规划编制中的基础性地位。为了更好地开展双评价，以支撑国土空间规划编制工作，自然资源部在《资源环境承载能力和国土空间开发适宜性评价技术指南（征求意见稿）》中明确规定了双评价工作的评价流程、评价指标体系及算法、评价基础数据格式及清单、适用范围等。2019年7月18日，《关于开展国土空间规划“一张图”建设和现状评估工作的通知》印发，明确要求，依托国土空间基础信息平台，全面开展国土空间规划“一张图”建设和市县国土空间开发保护现状评估工作，构建以空间治理和空间结构优化为主要内容，全国统一、相互衔接、分级管理的空间规划体系。目标是推进国土空间领域国家治理体系和治理能力现代化，努力走向社会主义生态文明新时代。

近年来，随着我国经济的快速发展和城市化水平的迅速提高，经济发展与资源环境承载力的矛盾日益加剧，我国的资源环境形势相当严峻。党的十九大报告指出，人与自然是生命共同体，人类必须尊重自然、顺应自然、保护自然。如何解决以上矛盾和问题，优化国土空间开发格局，合理布局人类建设空间，提高城市经济社会环境综合效益，已成为亟待解决的重要命题。

本章以云南省昭通市为例，介绍"三生"空间统筹优化智能化管控平台。为贯彻落实党中央部署，云南省昭通市自然资源和规划局全面推进国土空间规划的制定和实施监督工作，建立昭通市国土空间基础信息平台，利用大数据和云计算等技术，推进国土空间全域全要素的数字化和信息化，构建国土空间数字化生态，保障国土空间规划任务实施，逐步实现"可感知、能学习、善治理和自适应"的智慧规划，不断提升空间治理体系和治理能力的现代化。

"三生"（生产、生活、生态）空间作为国土空间格局优化的主体，是各级主体功能区规划落实、空间规划体系构建和国土空间开发保护制度完善的重要基础。

"三生"空间统筹优化系统以美丽中国建设愿景为目标导向，以国家战略应用需求为支撑，以人地耦合系统理论为核心，综合考量人口、社会、经济、资源、环境子系统之间，以及系统内部各要素之间的多维度耦合关系，是一个动态的、开放的复杂地理巨系统。

"三生"空间统筹优化智能化管控平台着力破解我国社会经济建设过程中的"三生"共赢问题，综合运用现代系统优化分析方法和空间信息技术，研发信息挖掘、数据融合与统筹优化关键技术，目标是建成一套集成数据处理、时空分析、情景模拟、成果展示、问题诊断与预警调控功能于一体的可视化决策支持平台，服务于昭通市"三生"空间格局分析、"三生"空间冲突分析与统筹优化路径分析。

10.1.2 建设目标

"三生"空间统筹优化智能化管控平台以国土资源、测绘地理等各类数据为基础，聚合集成政府和社会各类国土空间相关数据，建设自然资源一张底图，形成数据更全面、应用更广泛、共享更顺畅的国土空间基础信息平台，为各类与国土空间相关的规划、管理、决策、服务提供有力的信息支撑，有效提升国土空间治理能力的现代化水平。具体目标包括以下方面。

（1）建立全面、翔实、准确的权威性国土空间数据资源体系。

通过聚合集成各类与国土空间相关的数据，形成覆盖全市范围、包含地上地下、能够及时更新的以基础地理、高分辨率遥感影像、土地利用现状、矿产资源现状、地理国情普查、基础地质、地质灾害与地质环境等现时状况为主的空间现状数据集，以基本农田保护红线、生态保护红线、城市扩展边界、国土规划、土地利用总体规划、

矿产资源规划、地质灾害防治规划等管控性规划为主的空间规划数据集，以不动产登记（土地、房屋、林地、草地）、土地审批、土地供应、矿业权审批等空间开发管理和利用信息为主的空间管理数据集；通过收集或汇聚形成人口、宏观经济等社会经济数据集；通过整合定制形成国土资源承载力评价、矿产资源分布等数据产品集。

（2）建立国土空间基础信息平台。

采取分布式的应用与服务架构，通过纵向连接国家、省、县级国土资源主管部门，同时横向与政府相关部门连通的国土空间基础信息平台，建立起一套平台接入、应用管理、数据服务等相关标准制度与技术规范；严格遵循国家安全保密部门相关要求，建立互联互通的涉密网络运行环境和管理机制。

（3）建立并完善国土空间基础信息应用服务的有效机制。

建立健全制度，加强运维支撑保障体系，通过统一的共享服务门户，向自然资源系统各单位和各级政府部门提供国土空间的数据共享和应用服务：为国土空间开发提供信息服务，为国土空间规划的编制提供辅助服务，为行政审批提供项目落地的合规性审查，对国土空间进行全方位动态监测，为空间管理决策提供技术支撑。

10.1.3　平台建设

“三生”空间统筹优化智能化管控平台基于自然资源科学理论、专业知识与 GIS 和空间数据库技术，综合运用现代系统优化分析方法和空间信息技术，研发信息挖掘、数据融合与统筹优化关键技术。

根据“三生”空间统筹优化智能化管控平台的实际工作要求，结合系统的具体特点，设计和研发“三生”空间统筹优化智能化管控平台，严格遵循“实用、先进、可靠、安全一致”的基本原则。

（1）实用性：友好、简洁、人性化的界面设计。美观、优良的界面和人性化的操作是当前应用软件必不可少的功能。平台将采用扁平化的 UI 设计风格，以易用性和人性化操作为准则进行前端设计。此外，需要结合当前主流的软硬件平台的操作习惯，提升用户操作性。

（2）先进性：良好的扩展性、维护性以及兼容性。系统平台基于数据、算法、界面相分离的原则进行设计，有利于系统的扩展性，为未来系统扩展提供保障，也便于系统后期版本的修改和维护。同时，系统设计和数据的规范性和标准化保证各模块间可正常运行，是数据共享和系统开放性的要求。为达到高质量的数据组织结构，整个系统设计、开发都严格按照国家标准、行业标准、地方标准以及系统建设规范的要求进行。

（3）可靠性：系统平台以业务化运行为设计目标，需要有足够的可靠性和稳定性。

系统在软硬件故障发生意外的情况下，仍能很好地对错误进行处理，给出报告，得到及时的恢复，减少不必要的损失，另外，系统在提交前必须经过反复的测试，保证其能够长期正常地运转下去。因此，系统平台需要具备数据库的备份和恢复、并发处理、异常处理等各类保障平台可靠性的功能。

（4）安全性和一致性。为确保数据的安全性和一致性，系统将用户对功能模块和数据的访问权限进行分级管理，同时增加事务处理、日志管理等功能，加强数据保护。

10.2 "三生"空间统筹优化智能化管控平台技术框架

10.2.1 系统架构

"三生"空间统筹优化智能化管控平台采用 B/S（Browser/Server）架构，即浏览器 / 服务器架构，与之对应的是 C/S（Client/Server）架构，即客户端 / 服务器架构。两者的主要区别在于，B/S 架构无须安装专用的软件客户端，只要有支持 HTML 语言的浏览器就可以使用；C/S 架构的系统使用时，需要单独开发客户端软件，此客户端软件还需要针对不同种类的操作系统进行不同版本的定制和开发。两者的优缺点主要如下：B/S 架构 Web 服务器对客户端功能的一些改变，不用客户端浏览器再单独进行下载更新或者升级，仅仅只用在浏览器更新缓存刷新网页即可，操作简便；缺点是受网络限制，客户端只能在浏览器上使用，安全性也比 C/S 架构低。C/S 架构必须在客户端先安装好之后才能投入使用，更新软件的时候，客户端也必须重新下载进行更新，维护和升级的成本过高。如果进行一次维护升级，那么所有的客户端程序都必须进行改变，所花费的时间很长，但比较安全，可以将复杂的计算存储在本地。

当今服务器客户端软件升级更新换代非常迅速和频繁，如果每一次升级或者打"补丁"用户都需要重新安装客户端程序，就会非常不方便。可见，C/S 架构这种网络服务器客户端的架构已经不太适应现在的发展模式，而 B/S 架构下的浏览器网络架构更加具有快速响应软件更新升级的潜力。

（1）开放的标准：B/S 架构所采用的标准都是开放的、非专用的，是经过标准化组织所确定的，而非单一厂商所制定，保证了其应用的通用性和跨平台性。

（2）较低的开发和维护成本：B/S 架构的应用只需在客户端装有通用的浏览器即可，维护和升级工作都在服务器端进行，无须对客户端进行任何改变，故而大大降低了开发和维护的成本。

（3）使用简单，界面友好：B/S 架构用户的界面都统一在浏览器上，易于使用、界面友好，无须再学习使用其他软件，一劳永逸地解决了用户的使用问题。

（4）客户端“消肿”：B/S 架构的客户端不再负责数据库的存取和复杂数据计算等任务，只需要对其进行显示，充分发挥了服务器的强大作用，这样就大大降低了对客户端的要求，客户端变得非常“瘦”。

（5）系统灵活：B/S 架构系统的三部分模块各自独立，其中一部分模块改变时其他模块不受影响，系统改进变得非常容易，且可以用不同厂家的产品来组成性能更佳的系统。

（6）保障系统的安全性：B/S 架构系统在客户机与数据库服务器之间增加了一层 Web 服务器，使两者不再直接相连，客户机无法直接对数据库操作，有效地防止用户的非法入侵。

10.2.2　架构设计原则

系统架构的设计建立在计算机技术的支持之上，通过对数据源的读取和数据与算法的匹配，将实现的最终效果展现给用户。因此，在设计系统架构的过程中需要考虑以下设计原则。

（1）整体性

系统架构的整体性指架构作为一个由诸多要素结合而成的有机整体存在并发挥作用。系统架构的各模块之间、各模块与整体之间是相互联系和相互作用的，各个子模块的要素一旦组合成整体，就具有独立要素所不具有的性质和功能，因此，系统架构整体的性质和功能并不是各子模块性质和功能的简单加和。在设计系统架构的过程中，要本着整体性的设计原则，充分协调各个子模块与系统架构整体的关系，使系统架构在整体上发挥优良的性能。

（2）层次性

系统架构的层次性是指通常一个复杂的系统架构是由许多子模块构成的，而这些子模块又由比它们各自更小的模块构成，层层相扣。在系统架构总体设计时应本着层次性的设计原则，将系统架构分层设计。同时在设计过程中要求各个层次内部元素彼此紧密结合来实现模块功能，各层次之间尽可能地减少彼此的依赖性，使其独立存在。

（3）开放性

在设计系统架构时本着开放性的原则，使用户可以将自己采集的数据通过导入接口将外部数据导入系统架构内部，同时用户还可以根据自己的需求在算法编辑窗口编写算法，经过算法编译生成可视化算法类，并加载到系统架构内部。

（4）可交互性

按照可交互性的原则，系统架构设计主要包括对系统架构图形用户界面的交互和对可视化效果的交互操作。可交互的图形用户界面可以方便用户、引导用户去执行任务，为用户节省时间。而可视化效果的交互可以有效地展示数据中隐含的信息，通过交互还可以使用户按照自己满意的方式修改可视化视图的呈现方式。

（5）可靠性和稳定性

设计与实现系统架构采用当今比较成熟的技术。本系统架构采用模式，可以大大简化客户端电脑荷载，降低系统架构维护、升级的成本和工作量；同时在架构实现方面采用内部数据库，使系统架构的性能总体上更加稳健。

10.2.3 架构设计特点

“三生”空间统筹优化智能化管控平台采用“C/S”集成模式，许多功能模块是关联的，这样既保证系统的统一性、完整性，也提高了系统的使用效率，保证了数据的一致性。“三生”空间统筹优化智能化管控平台严格按照信息系统管理规范和技术标准，有严密的数据管理策略和安全机制作为保障，在逻辑上自上而下分为信息服务层、数据资源层和基础设施层等。系统总体架构如图 10.1 所示。

10.2.3.1 基础设施层

基础设施层是支撑“三生”空间统筹优化体系中各类应用系统稳定运行的技术集成环境，包括基建、网络、基础硬件、软件及配套设施。网络环境主要依托互联网和政务外网。通过在互联网建立统一门户提供信息对外访问服务。根据信息化管护体系的业务需要，部分业务系统采用虚拟化技术。基础硬件及设施包括服务器、网络设备、存储设备、安全设备、移动设备、通信光纤、定位基站、机房及配套工程等。

10.2.3.2 数据资源层

数据资源层是支撑“三生”空间统筹优化体系的数据中心。主要包括基础地理数据、市县边界数据、道路数据、环境数据、栅格数据等。从结构上划分包括结构化数据库和非结构化数据库等。从功能上看，数据资源层主要具有数据管理功能和空间分析功能。数据管理功能主要对各个部门提供的各类基础数据进行存储和管理。空间分析功能通过一系列模型和算法对数据进行预处理和简单分类，包括以下功能：①广谱数据总线。广谱数据总线采用面向对象分析的理论，通过统一的方式对一般关系型数据进行建模，并且在此基础上通过扩展数据模型来支持空间数据、实时数据和多媒体数据的管理和访问。②数据集成。数据集成将来自于不同数据源的数据进行集成。③数据访问接口。数据中心管理系统的数据，并向外提供存取接口。④统一建模。数据中心根据自己内部的“广谱”机制，对各种类型的数据进行统一建模。⑤数据校验。各类业务数据经过合理性检验才能被系统正式应用。⑥数据管理。数据中心通过元数

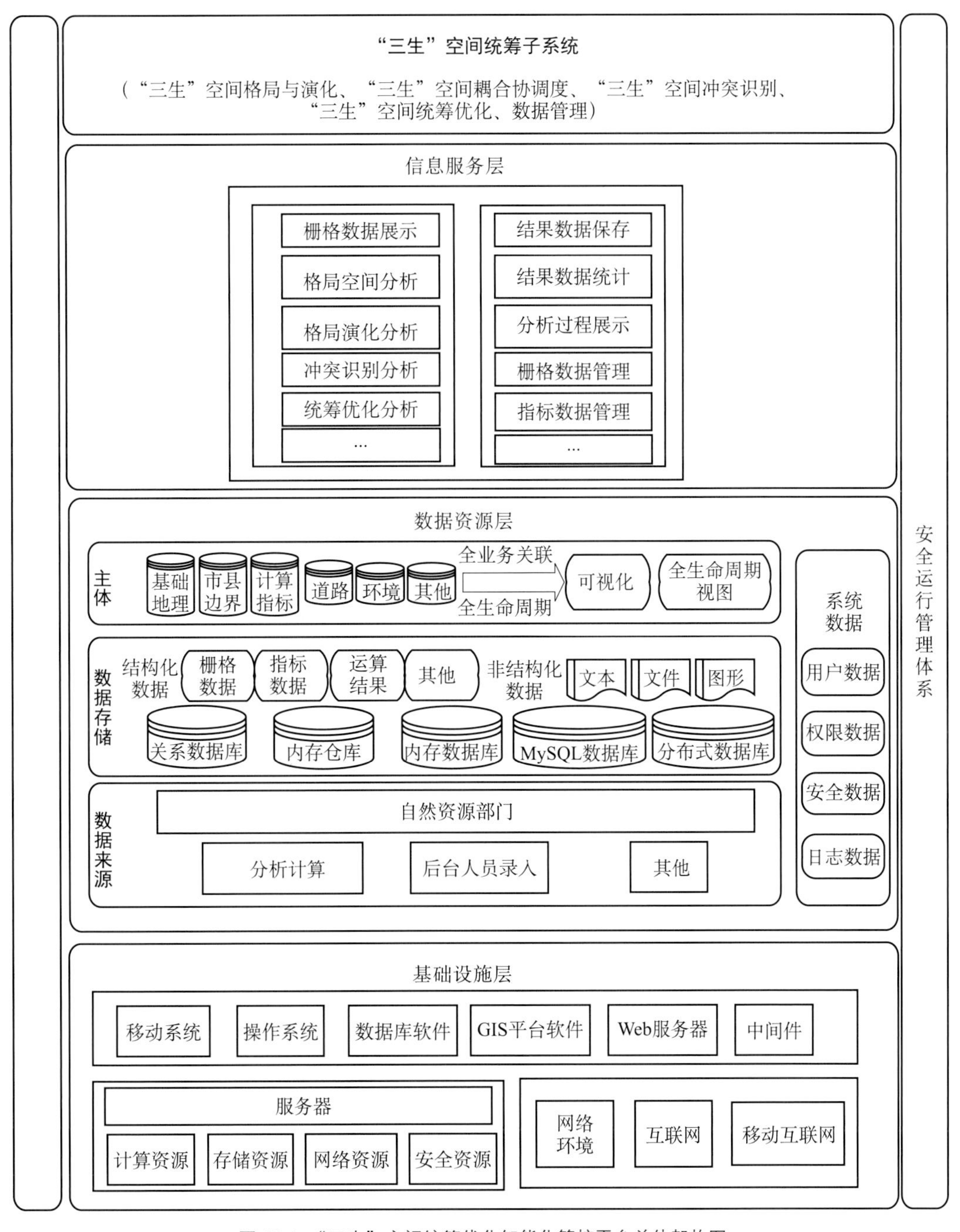

图 10.1 "三生"空间统筹优化智能化管控平台总体架构图

据和目录体系对数据进行管理，通过构建信息资源中心，为统筹优化体系中各数据、应用和业务系统的运行提供综合数据服务。

10.2.3.3　信息服务层

"三生"空间统筹优化智能化管控平台，根据国土空间规划管理部门需求，为相关用户提供信息资源访问、查询、可视化和管理等类型的功能与信息服务。主要完成用户与应用程序之间的交互，包括接收用户输入的数据，显示应用的输出结果。

10.3 “三生”空间统筹优化智能化管控平台应用场景设计

10.3.1 场景的定义

场景在现实生活中泛指戏剧、电影中的场面，在此基础之上相对延伸的概念是生活中特定的情境。场景一词在不同的领域有不同的定义以及不同方向的研究，比较有代表性的是传播学领域的媒介场景理论（又称媒介情境理论）、社会学领域的以芝加哥城市学派为代表提出的场景理论以及营销学领域的服务场景理论。随着经济的发展和科技的进步，场景的概念被广泛运用到了计算机技术、生物学、建筑设计等多个领域。

10.3.2 应用场景设计

应用场景可包括以下几种情况：

（1）业务人员在数据管理模块上传各期土地利用数据，在“三生”空间格局与演化模块将指定期数的土地利用数据进行重分类，形成“三生”空间格局分类数据，选择已生成的两期“三生”空间格局分类数据进行叠加分析，计算从土地类型 A 到 B 的用地转移面积，最终形成不同用地类型的转移矩阵数据。

（2）业务人员在数据管理模块上传各年度生产、生活和生态功能指标数据，在“三生”空间耦合协调度模块对各区县指标进行计算，分析形成“三生”空间耦合协调度数据。

（3）业务人员在数据管理模块上传各期生产、生活和生态适宜性指标数据，在“三生”空间冲突识别模块对指定年度进行生产、生活和生态适宜性评价，并根据评价结果进行冲突识别分析，最终形成适宜性评价和冲突分析结果数据。

（4）业务人员在统筹优化模块选择生态优化、粮食安全或均衡发展目标导向，设置输入数据内容和限制性约束条件后开始进行数量结构优化，然后进行空间布局优化，最终形成“三生”空间统筹优化结果数据。

10.4 “三生”空间统筹优化智能化管控平台业务流程分析

10.4.1 “三生”空间格局分析流程

输入土地利用数据，对土地利用数据重分类，形成“三生”空间格局分类数据，具体分析方法如下。

（1）生产空间

①土地利用一级类中"耕地"重分类为农业生产空间；

②土地利用二级类中"工矿、交通建设"重分类为工业生产空间。

（2）生活空间

①土地利用二级类中"城镇用地"重分类为城镇生活空间；

②土地利用二级类中"农村居民点用地"重分类为农村生活空间。

（3）生态空间

①土地利用一级类中"林地"重分类为林地生态空间；

②土地利用一级类中"草地"重分类为草地生态空间；

③土地利用一级类中"水域"重分类为水域生态空间；

④土地利用一级类中"未利用土地"重分类为其他生态空间。

业务流程图如图 10.2 所示。

10.4.2 "三生"空间格局演化流程

选择已生成的两期"三生"空间格局分类数据进行叠加分析，计算从土地类型 A 到 B 的用地转移面积，最终形成不同用地类型的转移矩阵数据。业务流程图如图 10.3 所示。

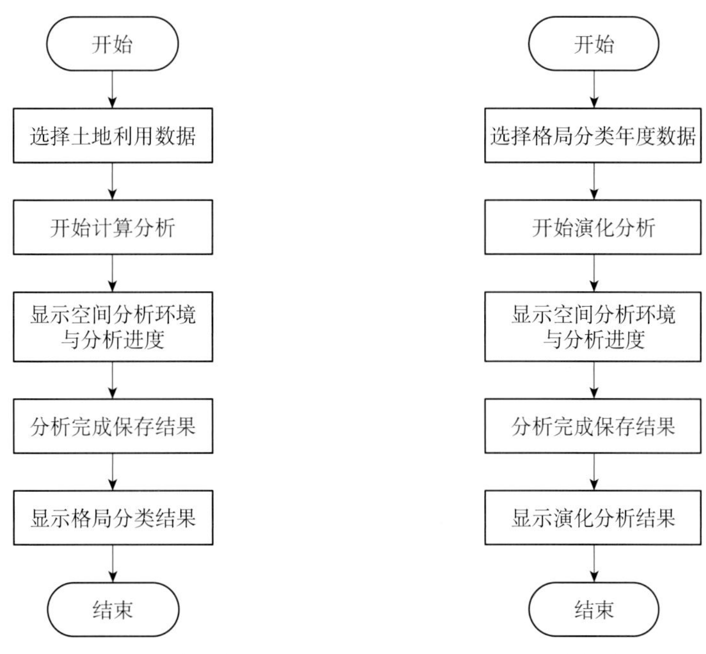

图 10.2 "三生"空间格局分析流程图　　图 10.3 "三生"空间格局演化流程图

10.4.3 “三生”空间耦合协调度分析流程

（1）指标体系

用户首先要选择指定年份的各类指标数据，将其作为输入数据进行计算分析。具体指标体系如表 10.1 所示。

表 10.1 耦合协调度评价指标体系

一级类别	指标名称	单位	正向 / 负向
生产功能（集约高效）	人均耕地面积	hm^2/ 人	+
	人均粮食产量	t/ 人	+
	人均 GDP	元 / 人	+
	单位 GDP 电耗	吨标准煤 / 万元	−
	单位 GDP 能耗	吨标准煤 / 万元	−
	地均农业机械总动力	万 kW/hm^2	+
生活功能（宜居适度）	城镇化率	%	+
	农村常住居民人均可支配收入	元 / 人	+
	城镇常住居民人均可支配收入	元 / 人	+
	公共财政预算支出（用于教育、医疗等）	万元	+
	医疗万人人均床位数	个 / 万人	+
	人均社会消费品零售额	万元	+
生态功能（山清水秀）	农村饮水安全达标人口比例	%	+
	耕地地均化肥施用量	t/hm^2	−
	耕地地均农药使用量	t/hm^2	−
	水土流失治理面积比例	%	−
	NDVI	—	+

（2）标准化处理

为了保证评价结果的科学准确性，并消除不同指标对同一单位计量的影响，有必要对原始数据指标进行标准化。

假设 x_{pq}（p=1，2，3；q=1，2，⋯，k）为第 p 个子系统的第 q 个指标的值，$x_{pq\max}$ 和 $x_{pq\min}$ 分别代表系统稳定临界点上序参量的最大值和最小值。这里选用极差法对指标进行无量纲标准化处理，计算公式如下。

若 x_{pq} 具有正向功效，则使用

$$u'_{pq} = \frac{x_{pq} - x_{pq\min}}{x_{pq\max} - x_{pq\min}} \qquad (10.1)$$

若 x_{pq} 具有负向功效，则使用

$$u'_{pq} = \frac{x_{pq\max} - x_{pq}}{x_{pq\max} - x_{pq\min}} \tag{10.2}$$

标准化后的数据会出现 0 的情况，为避免这种情况，对数据进行平移处理：

$$u_{pq} = u'_{pq} \times 0.99 + 0.01 \tag{10.3}$$

（3）熵值法权重计算

为了更客观地获得权重值，采用熵值法计算权重。熵值法可以很好地克服多个指标变量之间信息的重叠，从而客观地反映指标之间的内部变化。每个评估指标的信息熵通过以下公式计算。

①计算第 j 个县（市、区）第 i 项指标的比值 F_{ij}*：

$$F_{ij} = \frac{x_{ij}}{\sum_{j=1}^{m} x_{ij}} \tag{10.4}$$

②计算 k 值：

$$k = \frac{1}{\ln m} \tag{10.5}$$

③计算所有县（市、区）的第 i 个指标的信息熵 H_i：

$$H_i = -k \times \sum_{j=1}^{m} (F_{ij} \times \ln F_{ij}) \tag{10.6}$$

④计算第 i 个指标的权重 W_i**：

$$W_i = \frac{1 - H_i}{\sum_{i=1}^{n} (1 - H_i)} \tag{10.7}$$

式中，i 表示指标，j 表示县（市、区），x_{ij} 表示第 j 个县（市、区）的第 i 项指标的数值，m 为评价县（市、区）数；n 为指标数。

---

* $\sum_{j=1}^{m} x_{ij}$ 共需计算 4 次，生产、生活、生态功能下设指标各一次，所有指标之和一次。

** 1. 此时输出结果为某年份生产、生活、生态每个系统指标的权重值，每个系统下对应指标的权重值加和均为 1，用于后续计算耦合协调度；计算的所有每个指标的权重值，对应加和，展示生产、生活、生态的权重（只展示，后续计算不需要）。

2. 不同年份的权重值需重复上述流程计算，最终得出结果应为整个地区不同年份、不同指标的权重值。

（4）耦合协调度计算

耦合协调度可以根据下式获得，值在 0～1。值越大表示耦合协调度越高。

$$U=\sum_{i=1}^{n}W_i\times X_i \tag{10.8}$$

$$C=\sqrt[3]{\frac{U_1\times U_2\times U_3}{\left(\frac{U_1+U_2+U_3}{3}\right)^3}} \tag{10.9}$$

$$D=\sqrt{C\times T} \tag{10.10}$$

$$T=\alpha\times U_1+\beta\times U_2+\gamma\times U_3，\text{其中}\alpha=\frac{1}{m}；\ \beta=\frac{1}{n}；\ \gamma=\frac{1}{q} \tag{10.11}$$

式中，X_i 代表每个子系统中指标 i 的标准值；W_i 代表指标 i 的权重值；U 代表子系统的性能；C 是耦合度；T 反映了每个子系统的总体效果和水平；D 表示耦合协调度；m、n、q 分别为生产、生活、生态功能下指标的数量。

10.4.4 “三生”空间冲突识别分析流程

“三生”空间冲突识别分析业务流程主要分为三步，具体如下。

（1）构建“三生”空间适宜性评价指标体系（前已介绍）。

（2）将每一类适宜性的指标在 ArcGIS 里面运用加权综和，分别得到生产适宜性、生活适宜性和生态适宜性数据。将三种适宜性数据同样按照自然断点法进行重分类，分为四个等级，分别为最适宜、较适宜、一般适宜、不适宜。然后运用 ArcGIS 按属性提取功能，将每一种适宜性数据中最适宜、较适宜、一般适宜、不适宜、较 / 一般 / 不适宜、一般 / 不适宜区域分别提取出来，按照表 10.2 运用栅格计算器叠加得到每一种冲突类型的空间数据。

表 10.2 冲突类型区分

一级冲突类型区	二级冲突类型区	“三生”适宜性组合		
		生产	生活	生态
用地适宜区	生产适宜区	最适宜	较 / 一般 / 不适宜	较 / 一般 / 不适宜
		较适宜	一般 / 不适宜	一般 / 不适宜
	生活适宜区	较 / 一般 / 不适宜	最适宜	较 / 一般 / 不适宜
		一般 / 不适宜	较适宜	一般 / 不适宜
	生态适宜区	较 / 一般 / 不适宜	较 / 一般 / 不适宜	最适宜
		一般 / 不适宜	一般 / 不适宜	较适宜

续表

一级冲突类型区	二级冲突类型区	“三生”适宜性组合		
		生产	生活	生态
冲突激烈区	生产与生活强烈冲突区	最适宜	最适宜	较 / 一般 / 不适宜
	生产与生态强烈冲突区	最适宜	较 / 一般 / 不适宜	最适宜
	生活与生态强烈冲突区	较 / 一般 / 不适宜	最适宜	最适宜
	“三生”强烈冲突区	最适宜	最适宜	最适宜
冲突中度区	生产与生活中度冲突区	较适宜	较适宜	一般 / 不适宜
	生产与生态中度冲突区	较适宜	一般 / 不适宜	较适宜
	生活与生态中度冲突区	一般 / 不适宜	较适宜	较适宜
	“三生”中度冲突区	较适宜	较适宜	较适宜
冲突一般区	生产与生活一般冲突区	一般适宜	一般适宜	不适宜
	生产与生态一般冲突区	一般适宜	不适宜	一般适宜
	生活与生态一般冲突区	不适宜	一般适宜	一般适宜
	“三生”一般冲突区	一般适宜	一般适宜	一般适宜
冲突微弱区	冲突微弱区	不适宜	不适宜	不适宜
		一般适宜	不适宜	不适宜
		不适宜	一般适宜	不适宜
		不适宜	不适宜	一般适宜

（3）将每一类冲突的数据运用 ArcGIS 中镶嵌至新栅格功能叠加在一起。

10.4.5 “三生”空间统筹优化分析流程

“三生”空间的统筹优化主要通过基于多目标的遗传算法模型实现。首先根据基年“三生”空间格局分类数据生成 200 个参与遗传算法模型的个体。然后，根据不同的情景要求，设计不同的适应度函数。通过计算每一个个体的适应度函数获得其适应度大小，采用轮盘赌的方法选择优秀个体作为父代，并进行交叉、变异等操作产生下一代的个体。最后，迭代 300 次，记录每一次迭代过程中的最优秀个体，再次迭代 300 次以后选取其中最优的个体作为结果。

对于粮食安全情景，目标是达到耕地适宜性最大且粮食产量同时达到最大，因此，将适应度函数设为 S_{max}= 单位耕地面积粮食产量 × 耕地面积 + 耕地适宜性值，其中，耕地适宜性值为耕地所在栅格的生产适宜性值。

对于生态安全情景，目标是达到林地适宜性最大的同时碳排放量达到最小值，因此，将适应度函数设为 S_{max}= [1/（单位面积耕地碳排放量 × 耕地面积 + 单位面积工业用地碳排放量 × 工业用地面积 + 单位面积城镇用地碳排放量 × 城镇用地面积 + 单位面积农村用地碳排放量 × 农村用地面积 – 单位面积林地碳汇量 × 林地面积 – 单位面积草地碳汇量 × 草地面积 – 单位面积水域碳汇量 × 水域面积 – 单位面积其他生态用地碳汇量 × 其他生态用地面积）] ×100000*+ 林地适宜性值。

对于均衡发展情景，目标是在耕地面积、林地面积以及城镇面积达到约束条件的同时，满足粮食产量、整体适宜性达到最大，且碳排放量达到最小值，因此，适应度函数设为 S_{max}= 单位耕地面积粮食产量 × 耕地面积 + [1/（单位面积耕地碳排放量 × 耕地面积 + 单位面积工业用地碳排放量 × 工业用地面积 + 单位面积城镇用地碳排放量 × 城镇用地面积 + 单位面积农村用地碳排放量 × 农村用地面积 – 单位面积林地碳汇量 × 林地面积 – 单位面积草地碳汇量 × 草地面积 – 单位面积水域碳汇量 × 水域面积 – 单位面积其他生态用地碳汇量 × 其他生态用地面积）] ×100000+ 整体适宜性值。

10.5 "三生"空间统筹优化智能化管控平台功能模块设计

10.5.1 "三生"空间格局与演化

"三生"空间格局与演化模块主要实现格局分类和格局演化的实时在线分析，并可以在地图中展示输入数据和结果数据，具体包含功能如下：

（1）支持各期土地利用数据列表和地图图层叠加展示；

（2）支持查看已分析并保存的格局分类数据和演化分析数据，并支持地图图层叠加展示；

（3）地图展示数据时支持动态加载图例；

* 此处 ×100000 是因为前面的数值太小，使得每一个个体选择概率相差不大，这样可以扩大选择概率的差，便于更好地选择。

（4）支持用户动态选择土地利用数据期数；

（5）支持“三生”空间格局分类实时空间分析；

（6）分析时支持打印分析环境与进度信息；

（7）分析完成自动保存结果数据到系统，并自动在地图中显示结果数据；

（8）支持用户手动选择演化分析开始年份与结束年份；

（9）支持“三生”空间格局演化分析实时分析；

（10）格局演化分析完成自动保存数据，并使用表格显示“三生”空间格局演化转移面积矩阵数据。

10.5.2 “三生”空间耦合协调度

“三生”空间耦合协调度模块主要是“三生”空间耦合协调度的实时在线分析，并可以在地图中展示各类指标和分析结果数据，具体包含功能如下：

（1）支持各期指标数据列表和地图图层叠加展示；

（2）支持查看已分析并保存的耦合协调度数据，并支持地图图层叠加展示；

（3）地图展示数据时支持动态加载图例；

（4）支持用户动态选择指标数据期数；

（5）支持“三生”空间耦合协调度实时分析；

（6）分析时支持打印分析过程信息；

（7）分析完成自动保存结果数据到系统，并自动在地图中显示结果数据。

10.5.3 “三生”空间冲突识别

“三生”空间冲突识别模块主要实现“三生”空间冲突识别的实时在线分析，并可以在地图中展示输入数据和结果数据，具体包含功能如下：

（1）支持各期指标数据列表和地图图层叠加展示；

（2）支持查看已分析并保存的适宜性评价数据和冲突识别数据，并支持地图图层叠加展示；

（3）地图展示数据时支持动态加载图例；

（4）支持用户动态选择指标数据期数；

（5）支持“三生”空间冲突识别实时空间分析；

（6）分析时支持打印分析环境与进度信息；

（7）分析完成自动保存适宜性评价和冲突识别结果数据到系统，并自动在地图中显示结果数据。

10.5.4 “三生”空间统筹优化

“三生”空间统筹优化模块主要实现以生态优化、粮食安全和均衡发展为目标导向的“三生”空间统筹优化实时在线分析，并可以在地图中展示输入数据和结果数据，具体包含功能如下：

（1）支持各期格局分类和适宜性评价数据的列表和地图图层叠加展示；

（2）支持查看已分析并保存的统筹优化数据，并支持地图图层叠加展示；

（3）地图展示数据时支持动态加载图例；

（4）支持用户动态选择格局分类和适宜性评价数据期数；

（5）支持“三生”空间统筹优化实时空间分析；

（6）分析时支持打印分析环境与进度信息；

（7）分析完成自动保存结果数据到系统，并自动在地图中显示结果数据。

10.5.5 数据管理

数据管理模块主要是维护各分析模块所需的空间和属性指标等输入数据，具体包含功能如下：

（1）土地利用栅格数据的导入、修改、删除和查询功能；

（2）耦合协调度指标体系数据的导入、修改、删除和查询功能；

（3）生产、生活和生态适宜性评价指标栅格数据的导入、修改、删除和查询功能。

10.6 “三生”空间统筹优化智能化管控平台软件研发实现

10.6.1 平台总体研发思路

本系统按照系统需求分析、应用场景设计、业务流程设计、模块功能设计、软件开发实施的总体思路开展系统研发，总体思路如图 10.4 所示。

10.6.2 平台系统需求分析

“三生”空间统筹优化智能化管控平台着力破解我国社会经济建设过程中的“三生”共赢问题，系统综合运用现代系统优化分析方法和空间信息技术，研发信息挖掘、数据融合与统筹优化关键技术，其建设目标是建成一套集成数据处理、时空分析、情景模拟、成果展示、问题诊断与预警调控功能于一体的可视化决策支持平台，服务于县（区、市）“三生”空间格局分析、“三生”空间冲突分析与统筹优化路径分析。

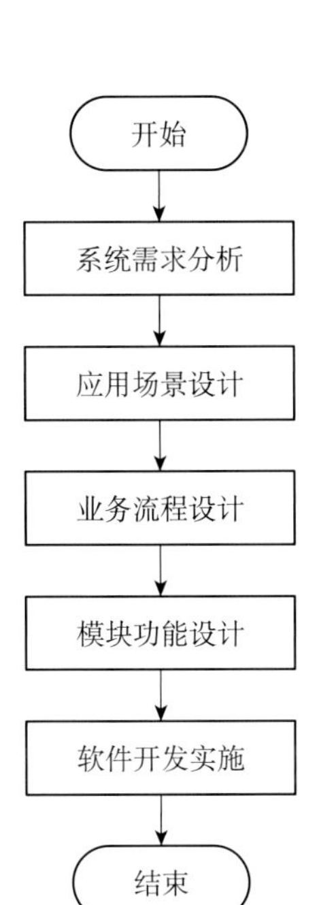

图 10.4　总体研发思路

“三生”空间统筹优化智能化管控平台采用三层架构，包括数据层、业务层和表示层。其中数据层由自然资源大数据资源中心统一管理；业务层集成“三生”空间格局与演化特征监测、“三生”空间耦合协调度与冲突分析，统筹优化所需的模型、方法及功能；表示层以电子地图的空间信息形式实现“三生”空间的时空格局分析、“三生”空间耦合协调度、“三生”空间冲突识别、“三生”空间统筹优化愿景的可视化输出，由资源环境大数据管理与可视化分析平台统一集成。

“三生”空间统筹优化智能化管控平台通过内部各类核算的数据要求（内容、格式）提供数据输入功能，数据保存在自然资源大数据资源中心；通过各类模型方法数据库核算出的结果同样保存在自然资源大数据资源中心；最后，通过应用示范系统、统计分析系统、可视化系统实现空间分布分析、统计图表评价及动态变化监测预警功能。子系统业务流程图如图 10.5 所示。

“三生”空间统筹优化智能化管控平台具体功能模块包括：“三生”空间格局与演化、“三生”空间耦合协调度、“三生”空间冲突识别、“三生”空间统筹优化。子系统功能模块图结构图如图 10.6 所示。

10.6.2.1　“三生”空间格局与演化需求分析

该模块包含“三生”空间格局分类，以及“三生”空间格局演化分析。对“三生”空间分类的输入数据包括土地利用类型、核心生态功能区（水源涵养用地、土壤保持用地、防风固沙用地以及洪水调蓄用地等六类核心功能区）、重点放牧区等约束条件

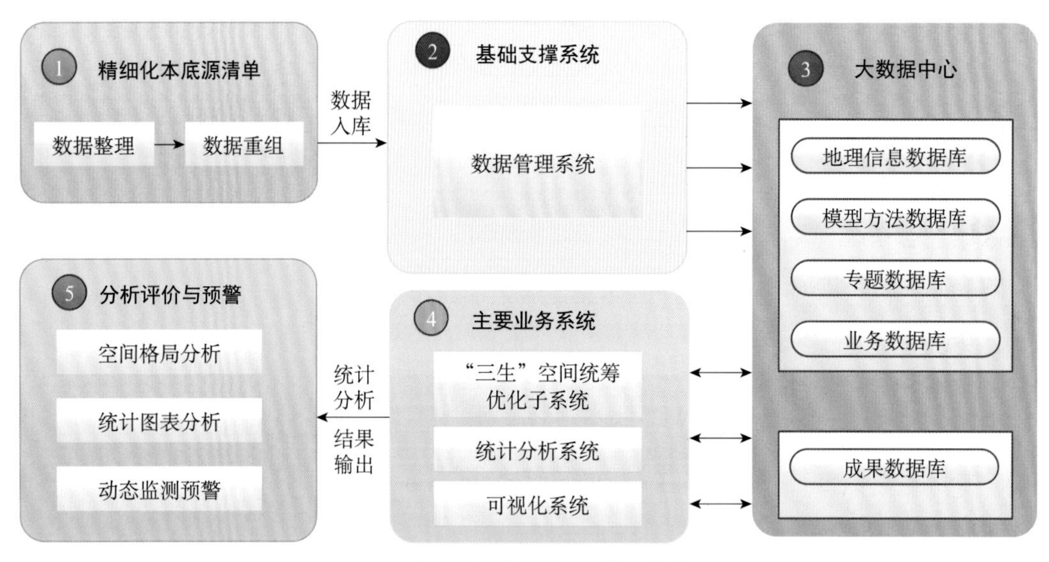

图 10.5 “三生”空间统筹子系统业务流程图

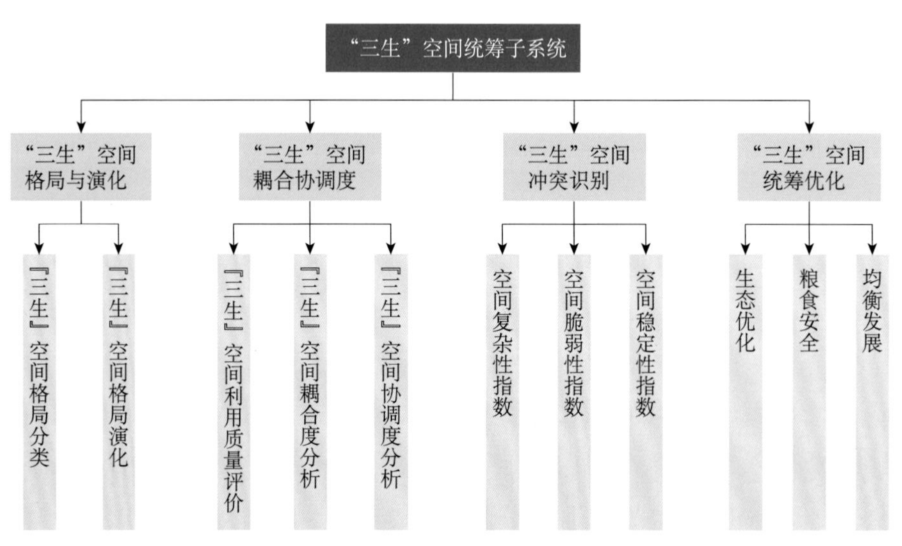

图 10.6 “三生”空间统筹子系统功能结构图

进行集成可视化，实现“三生”空间按用地类型分类，分析其不同时期“三生”格局演化特征，并对不同空间的转移面积矩阵和转移概率矩阵进行分析测度。

10.6.2.2 “三生”空间耦合协调度需求分析

该模块包含“三生”空间利用质量评价与多维度耦合协调度分析，主要从国土空间的现实状态以及经济发展、社会和谐的保障作用和支撑能力等方面构建“三生”空间利用质量评价指标体系，对“三生”空间利用质量及其耦合协调度的时空分异特征进行评价和分析，以全面准确地把握国土空间利用质量状况。

10.6.2.3 “三生”空间冲突识别需求分析

该模块包含“三生”空间格局冲突分析，主要基于景观生态指数方法构建“三生”空间复杂性指数、“三生”空间脆弱性指数以及“三生”空间稳定性指数，系统分析国土“三生”空间抗人类活动干扰能力、空间格局破碎化程度、空间景观单元稳定性以及区域生态系统稳定性，并度量“三生”空间利用单元对来自外部压力和土地利用过程的响应程度，进而完成“三生”空间冲突的综合分析测度。

10.6.2.4 “三生”空间统筹优化需求分析

该模块基于空间信息技术和统筹优化方法，综合“三生”空间综合利用效率与“三生”空间冲突差异性识别结果，面向典型区域实现“三生”空间资源协调统筹优化功能，重点提出以产业生态化和生态产业化思想为指导的区域“三生”空间优化分区及优化路径，并将优化结果以空间分布图与“三生”空间统筹优化报告等多种形式进行输出。

10.6.3 软件开发实施

软件开发实施以需求管理为核心，实施流程如图 10.7 所示。

图 10.7　软件开发实施流程

10.6.4 关键技术路线

10.6.4.1 技术框架设计

系统的服务对象是国土空间规划相关部门的业务管理用户。为使用户更加方便快捷地使用应用软件，应用层采用 B/S 架构体系，用户可直接在浏览器中使用系统，支持数据浏览、空间分析等各项 GIS（地理信息系统）功能服务。

后台服务采用 Java 应用程序 +MySQL 数据库进行构建，基于 GIS 服务、云服务、云计算、云存储运行，保证服务的稳定性与高效性。

10.6.4.2　GIS 空间分析

GIS 空间分析指的是在 GIS 里分析空间数据，即从空间数据中获取有关地理对象的空间位置、分布、形态、形成和演变等信息并进行分析。

应用时主要运用 GIS 空间分析中的栅格数据重分类、模型运算、叠加分析、自定义模型脚本等多种分析技术，实现各类分析模块的实时在线运算分析功能。

10.6.5　功能模块实现

10.6.5.1　“三生”空间格局与演化

“三生”空间格局与演化分析模块，示例界面见图 10.8，主要实现针对系统已有的各期土地利用栅格数据进行空间分析，并将分析结果进行展示与保存，具体功能设计如下：

（1）动态获取土地利用数据，支持用户选择单期数据并在地图中展示；

（2）用户点击格局分析按钮即可对选中的土地利用数据进行重分类，得到对应期数的格局分类结果数据并在地图中展示，结果数据可自动保存到系统；

（3）用户可以使用多种形式控制格局分类显示内容，如仅显示生态用地；

（4）已经计算出的格局分类数据和系统中保存的历史结果数据可以以列表的形式列出，用户可点击查看任意一期的格局分类数据；

（5）用户可以选择至少两个格局分类结果数据进行演化分析；

（6）点击演化分析按钮后即开始对已选中的两个格局分类结果数据进行分析，计算年份较早一期到较晚一期的用地类型的转移面积矩阵数据；

（7）使用表格显示演化分析得到的转移矩阵数据。

10.6.5.2　“三生”空间耦合协调度

耦合协调度分析功能模块主要对输入数据进行标准化处理、熵值权重计算，然后处理计算“三生”空间耦合协调度，示例界面见图 10.9，具体功能设计如下：

（1）动态获取各县（区、市）的指标数据，支持用户选择单期数据；

（2）用户可点击单个指标，在地图中分区县显示指标数据；

（3）点击耦合协调度分析则开始进行分析计算；

（4）分析计算过程，分为标准化处理、权重计算和耦合协调度计算；

（5）计算过程中显示进度；

（6）计算完成后在地图中按照配色规则显示各县（区、市）的耦合协调度；

（7）系统自动保存计算结果；

（8）已经计算出的耦合协调度数据和系统中保存的历史结果数据可以以列表的形式列出，用户可点击查看任意一期的耦合协调度数据。

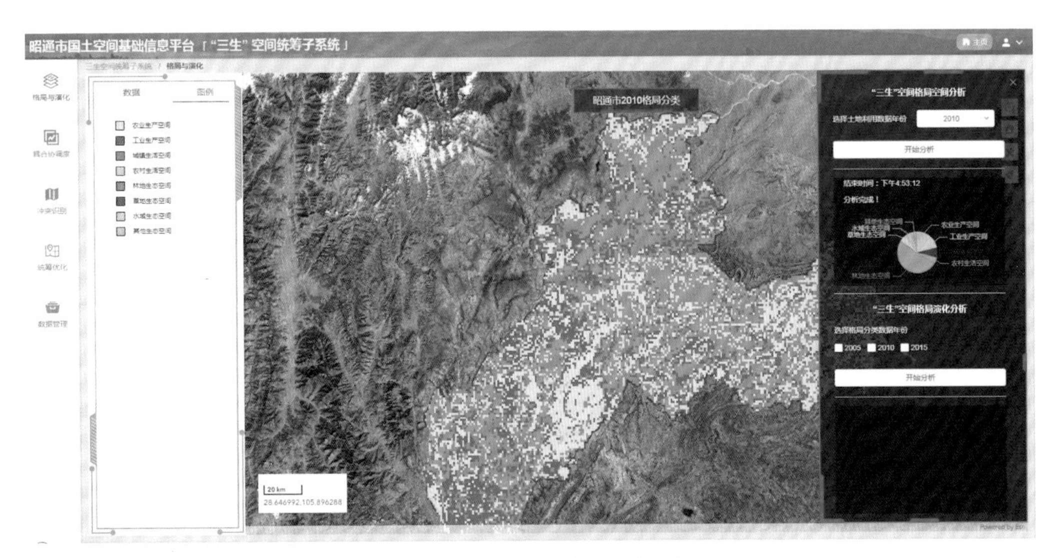

图 10.8 “三生”空间格局与演化界面

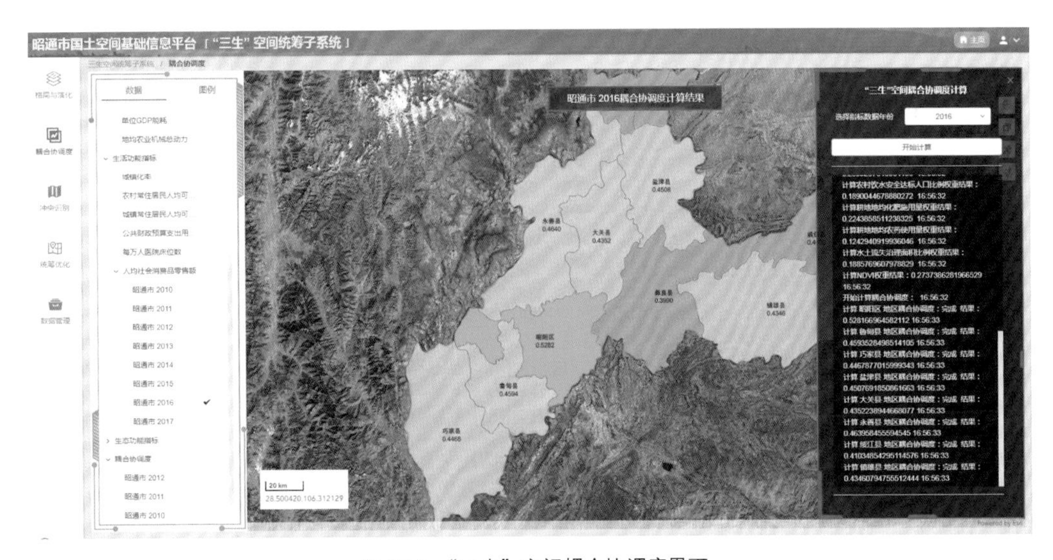

图 10.9 “三生”空间耦合协调度界面

10.6.5.3 “三生”空间冲突识别

冲突识别功能模块主要是通过对生产、生活、生态三类适宜性指标栅格数据进行分析得到对应的三类适宜性图（栅格数据），将每一种适宜性图按自然断点法分为最适宜、较适宜、一般适宜和不适宜四种类型，再对适宜性评价结果进行叠加分析得到不同冲突区分布数据，示例界面见图 10.10，具体功能设计如下：

（1）动态获取各期指标栅格数据，支持用户选择单期数据；

（2）用户可点击单个指标，在地图中显示该指标数据；

（3）分别点击生产、生活、生态适宜性分析，分析计算对应的适宜性；

（4）分析的结果在地图中进行显示并自动保存计算结果；

（5）分析的结果名称使用列表显示，点击名称则地图显示对应数据；

（6）点击冲突分析则开始对已得到的三类分析（必须完成三类分析）进行叠加分析；

（7）系统自动保存冲突分析结果；

（8）在地图中展示分析得到的冲突分析栅格数据。

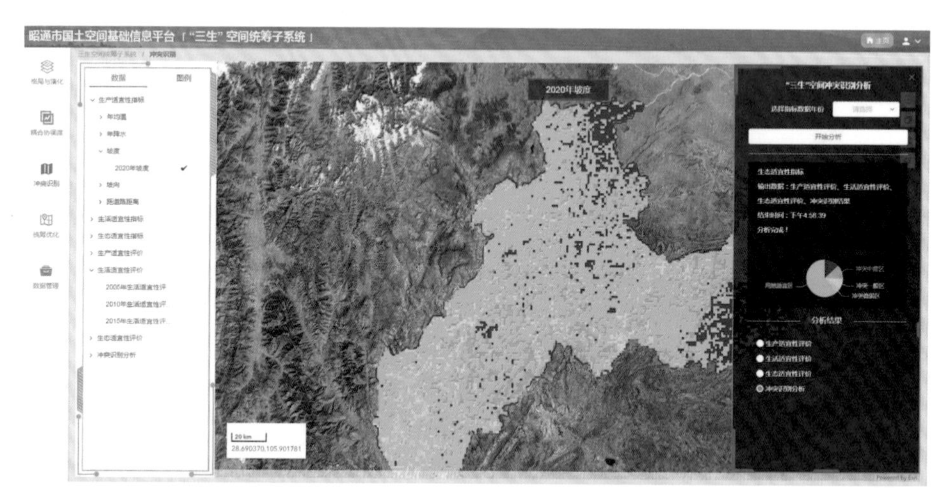

图 10.10 “三生”空间冲突识别界面

10.6.5.4 “三生”空间统筹优化

模块基于空间信息技术和统筹优化方法，综合昭通市“三生”空间综合利用效率与“三生”空间冲突差异性识别结果，面向典型区域实现“三生”空间资源协调统筹优化功能，重点提出以产业生态化和生态产业化思想为指导的区域“三生”空间优化分区及优化路径，并将优化结果以空间分布图与“三生”空间统筹优化报告等多种形式进行输出，示例界面见图 10.11。具体功能设计如下：

（1）动态获取各期格局分类分析结果数据和适宜性评价数据，支持用户选择单期数据；

（2）用户可点击单个输入数据，在地图中显示该数据；

（3）分别选择生态优化、粮食安全和均衡发展的目标导向；

（4）分别进行实时在线的数量结构优化分析和空间布局优化分析；

（5）分析的结果在地图中进行显示并自动保存计算结果；

（6）分析的结果名称使用列表显示，点击名称则地图显示对应数据。

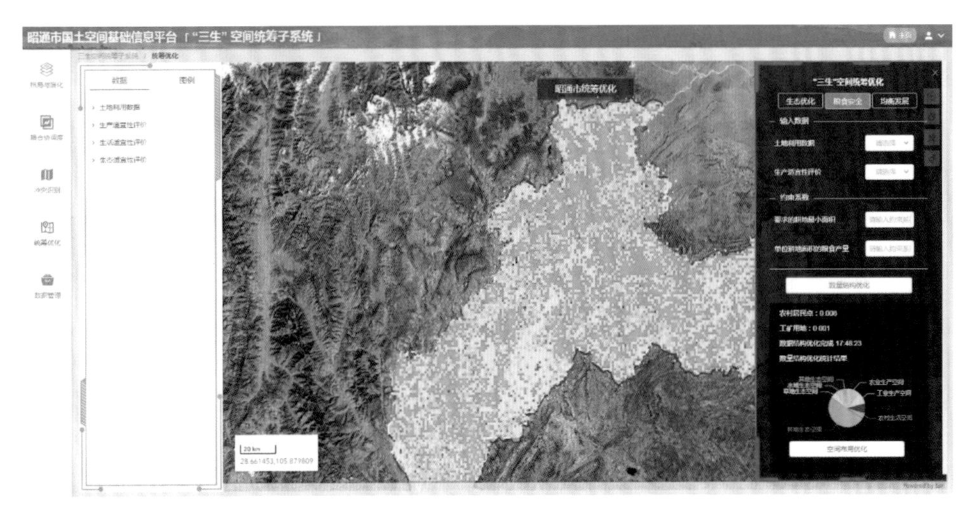

图 10.11　“三生”空间统筹优化界面

10.6.5.5　数据管理

数据管理功能主要基于空间信息技术与互联网信息可视化技术进行实现。

10.6.6　系统功能展示

10.6.6.1　基础数据空间可视化功能

该功能可动态展示多年土地利用数据、计算结果数据、分析结果数据等。示例土地利用效果见图 10.12、图 10.13。

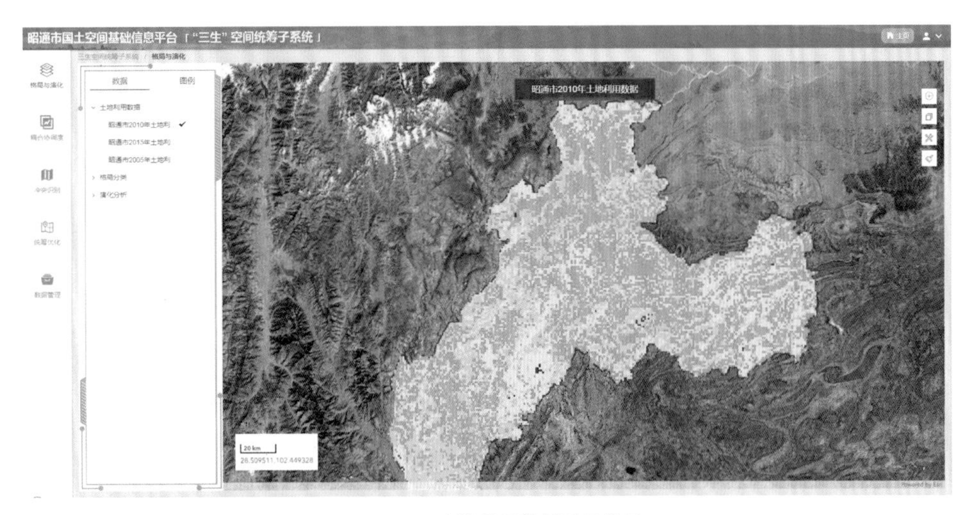

图 10.12　土地利用数据展示效果

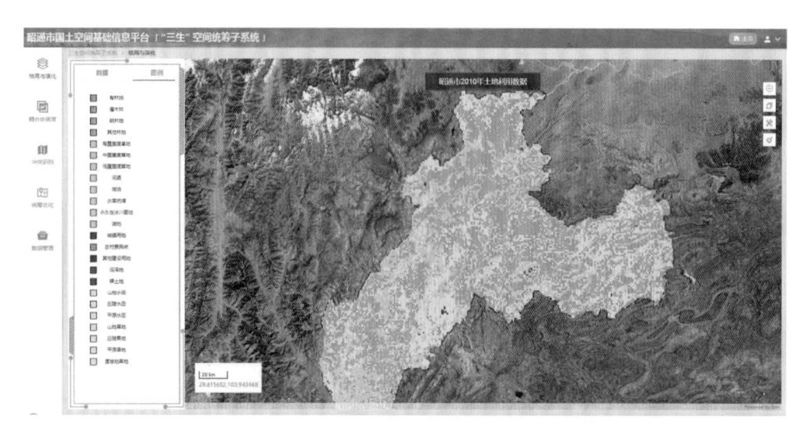

图 10.13 动态获取并展示图例效果

10.6.6.2 “三生”空间格局与演化分析计算功能

该功能可动态分析多年“三生”空间格局和演化。

对 2010 年土地利用“三生”空间格局和演化进行分析，结果见图 10.14、图 10.15、图 10.16。

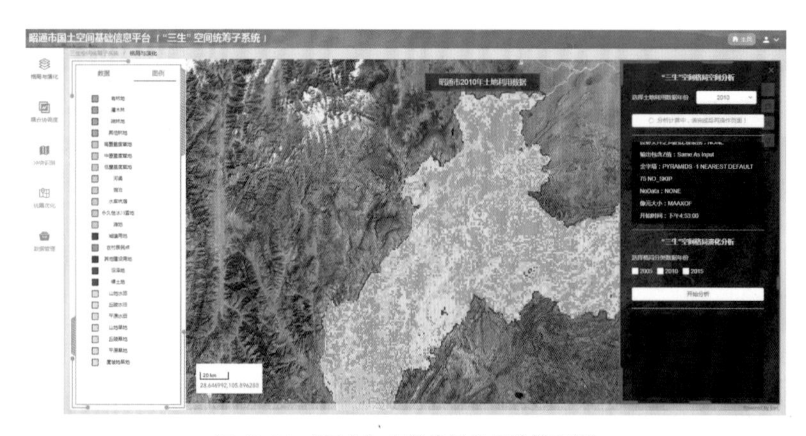

图 10.14 “三生”空间格局分析计算面板

图 10.15 “三生”空间格局分析计算结果效果

图 10.16 “三生”空间格局演化分析效果

10.6.6.3 “三生”空间耦合度协调功能

该功能综合 GDP、生活功能、人均消费、生态功能等多项指标对“三生”空间耦合度进行分析。

指标体系可视化展示见图 10.17。

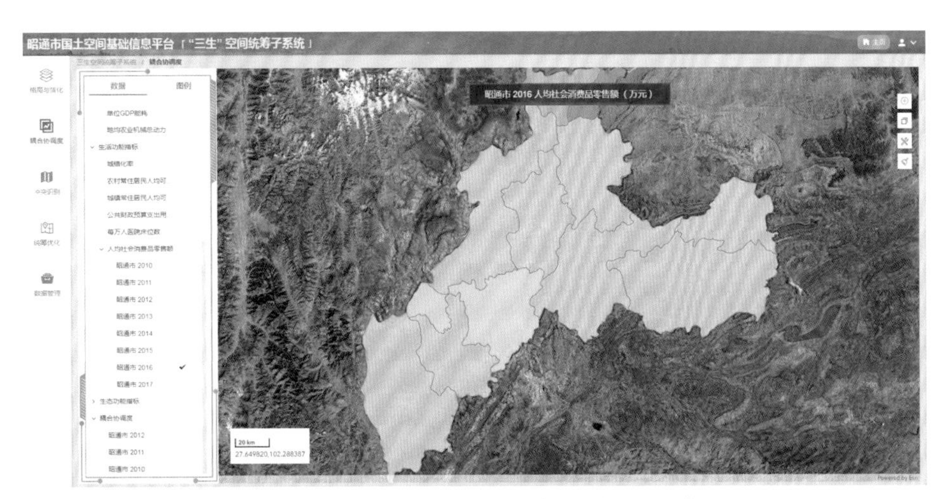

图 10.17 “三生”空间耦合协调度指标体系展示效果

10.6.6.4 “三生”空间冲突识别功能

该功能综合生产适宜性指标、生活适宜性指标、生态适宜性指标等指标对“三生”空间冲突进行识别。

适宜性评价指标数据可视化展示见图 10.18，“三生”空间冲突分析效果见图 10.19。

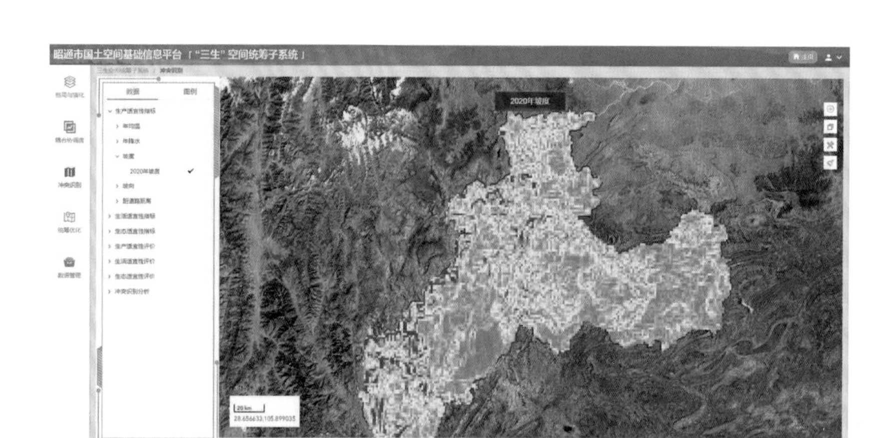

图 10.18 “三生”空间适宜性评价指标数据展示效果

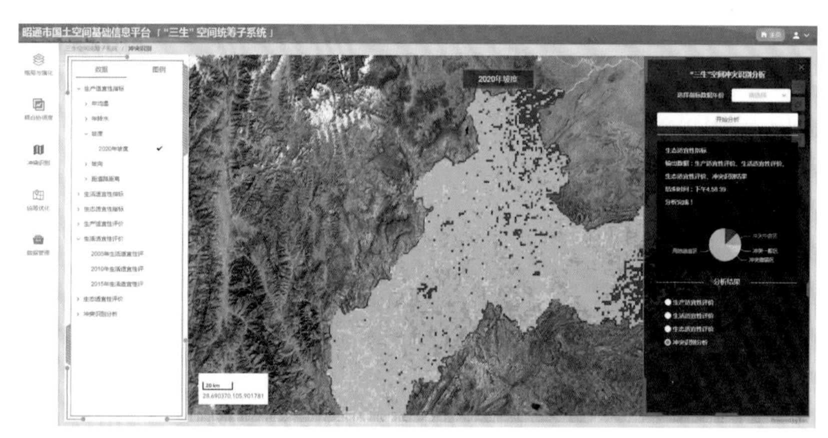

图 10.19 “三生”空间冲突分析效果

10.6.6.5 “三生”空间统筹优化功能

该功能包括生态优化、粮食安全、均衡发展三个功能子模块。

统筹优化可视化展示见图 10.20。

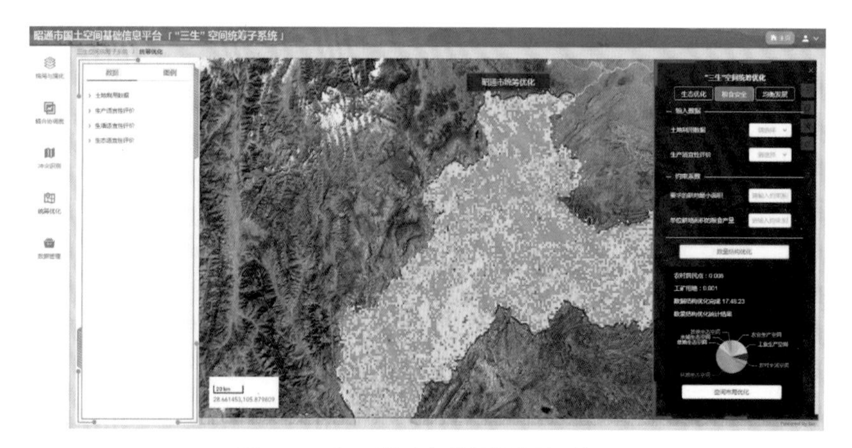

图 10.20 “三生”空间统筹优化展示效果

参考文献

阿尔弗雷德·韦伯, 2010. 工业区位论 [M]. 北京 : 商务印书馆 .

边振兴, 程雪峰, 于淼, 等, 2016. 沈抚连接带“三生”空间的功能均衡性分析 [J]. 中国农业资源与区划, 37(12): 84-92.

布仁仓, 李秀珍, 胡远满, 等, 2003. 尺度分析对景观格局指标的影响 [J]. 应用生态学报, 14(12): 2181-2186.

曹根榕, 顾朝林, 张乔扬, 2019. 基于 POI 数据的中心城区“三生空间”识别及格局分析——以上海市中心城区为例 [J]. 城市规划学刊 (2): 44-53.

曹玉昆, 任月, 朱洪革, 2022. 土地利用时空演变特征及互动响应关系——基于黑龙江省的分析 [J]. 西北农林科技大学学报 (社会科学版), 22(5): 119-129.

陈靓, 2006. 景观生态学研究中的格局分析方法及模型 [J]. 安庆师范学院学报 (自然科学版), 12(3):13-16.

陈凯, 刘凯, 柳林, 等, 2015. 基于随机森林的元胞自动机城市扩展模拟——以佛山市为例 [J]. 地理科学进展 (8): 937-946.

陈群弟, 董玉祥, 2013. 广州市土地利用冲突强度测度与分析 [C]// 全国土地资源开发利用与生态文明建设学术研讨会论文集 .

陈群元, 2009. 城市群协调发展研究 [D]. 长春 : 东北师范大学 .

陈文波, 肖笃宁, 李秀珍, 2002. 景观指数分类、应用及构建研究 [J]. 应用生态学报, 13(1): 121-125.

陈文皓, 2019. 绿洲城市“三生空间”时空分异评价研究 [D]. 石河子 : 石河子大学 .

陈仙春, 赵俊三, 陈国平, 2019. 基于“三生空间”的滇中城市群土地利用空间结构多尺度分析 [J]. 水土保持研究, 26(5): 258-264.

陈晓红, 吴广斌, 万鲁河, 2014. 基于 BP 的城市化与生态环境耦合脆弱性与协调性动态模拟研究——以黑龙江省东部煤电化基地为例 [J]. 地理科学, 34(11): 1337-1343.

程东亚, 李旭, 2021. 贵州乌蒙山区人口－经济－农业生态环境耦合协调关系研究 [J]. 世界地理研究, 30(1): 125-135.

程钰, 任建兰, 侯纯光, 等, 2017. 沿海生态地区空间均衡内涵界定与状态评估——以黄河三角洲高效生态经济区为例 [J]. 地理科学, 37(1): 83-91.

崔家兴, 顾江, 孙建伟, 等, 2018. 湖北省三生空间格局演化特征分析 [J]. 中国土地科学, 32(8): 67-73.

崔树强, 2019. 长沙市“三生”空间格局变化及其驱动因素 [D]. 长沙 : 湖南师范大学 .

党丽娟, 徐勇, 高雅, 2014. 土地利用功能分类及空间结构评价方法——以燕沟流域为例 [J]. 水土保持研究, 21(5): 193-197.

董建红, 张志斌, 笪晓军, 等, 2021. “三生”空间视角下土地利用转型的生态环境效应及驱动力——以甘肃省为例 [J]. 生态学报, 41(15): 5919-5928.

都来, 2020. 内蒙古多伦县“三生”功能格局演变及其驱动力研究 [D]. 呼和浩特 : 内蒙古农业大学 .

杜能, 1986. 孤立国同农业和国民经济的关系 [M]. 北京 : 商务印书馆 .

杜限, 田兰梅, 2022. B/S 架构下 Web 数据提交与获取原理分析 [J]. 西部广播电视, 43(4): 201-203, 207.

樊杰, 2015. 中国主体功能区划方案 [J]. 地理学报, 70(2): 186-201.

方迪, 2020. 大学科技成果应用场景设计研究 [D]. 南京 : 东南大学 .

付野, 艾东, 王数, 等, 2019. 基于反规划和最小累积阻力模型的土地生态适宜性评价——以昆明市为例 [J]. 中国农业大学学报, 24(12): 136-144.

傅伯杰, 陈利顶, 王军, 等, 2003. 土地利用结构与生态过程 [J]. 第四纪研究, 23(3): 247-255.

傅湘, 纪昌明, 1999. 区域水资源承载能力综合评价——主成分分析法的应用 [J]. 长江流域资源与环境, 8(2): 168-173.

高彬嫔, 李琛, 吴映梅, 等, 2021. 川滇生态屏障区景观生态风险评价及影响因素 [J]. 应用生态学报, 32(5): 1603-1613.

高峻, 宋永昌, 2003. 基于遥感和 GIS 的城乡交错带景观演变研究——以上海西南地区为例 [J]. 生态学报, 23(4): 805-813.

龚亚男, 韩书成, 时晓标, 等, 2020. 广东省“三生空间”用地转型的时空演变及其生态环境效应 [J]. 水土保持研究, 27(3): 203-209.

谷晓天, 2018. 基于机器学习的湟水流域土地利用 / 土地覆被分类研究 [D]. 西宁 : 青海师范大学 .

顾朝林, 张敏, 张成, 等, 2006. 长江三角洲城市群发展研究 [J]. 长江流域资源与环境 (6): 771-775.

顾朝林, 于涛方, 张敏, 等, 2009. 长江三角洲城市群空间规划 [J]. 城市与区域规划研究, 2(3): 39-66.

郭泺, 杜世宏, 薛达元, 等, 2009. 快速城市化进程中广州市景观格局时空分异特征的研究 [J]. 北京大学学报 : 自然科学版 (1): 129-136.

国际环境与发展研究所, 1990. 我们共同的未来 [M]. 北京 : 世界知识出版社 .

哈斯巴根, 2013. 基于空间均衡的不同主体功能区脆弱性演变及其优化调控研究 [D]. 西安 : 西北大学 .

韩玲玲，何政伟，唐菊兴，等，2003. 基于 CA 的城市增长与土地增值动态模拟方法探讨 [J]. 地理与地理信息科学，19(2): 32-35.

赫尔曼·哈肯，2005. 协同学：大自然的构成的奥秘 [M]. 上海：上海译文出版社.

韩亚辉，孙文彬，付盈，等，2021. 1986—2018 年典型矿业城市大同市建设用地景观格局 [J]. 应用生态学报，32(5): 1614-1622.

贺艳华，唐承丽，周国华，等，2014. 基于地理学视角的快速城市化地区空间冲突测度——以长株潭城市群地区为例 [J]. 自然资源学报，29(10): 1660-1674.

洪开荣，浣晓旭，孙倩，2013. 中部地区资源—环境—经济—社会协调发展的定量评价与比较分析 [J]. 经济地理，33(12): 16-23.

胡恒，徐伟，岳奇，等，2017. 基于三生空间的海岸带分区模式探索——以河北省唐山市为例 [J]. 地域研究与开发，36(6): 29-33.

扈万泰，王力国，舒沐晖，2016. 城乡规划编制中的“三生空间”划定思考 [J]. 城市规划，40(5): 21-26, 53.

黄安，许月卿，卢龙辉，等，2020.“生产－生活－生态”空间识别与优化研究进展 [J]. 地理科学进展，39(3): 503-518.

黄金川，方创琳，2003. 城市化与生态环境交互耦合机制与规律性分析 [J]. 地理研究，22(2): 211-220.

黄金川，林浩曦，漆潇潇，2017. 面向国土空间优化的三生空间研究进展 [J]. 地理科学进展，36(3): 378-391.

黄曼，2019. 三大城市群三生空间演变特征分析及功能分区 [D]. 武汉：武汉大学 .

霍玉盛，2018. 黑龙江省土地综合承载力评价研究 [D]. 哈尔滨：东北农业大学 .

贾琦，2020. 快速城镇化地区“三生空间”功能识别及格局演化研究——以河南新郑市为例 [J]. 安全与环境学报，20(4): 1588-1595.

江东，林刚，付晶莹，2021.“三生空间”统筹的科学基础与优化途径探析 [J]. 自然资源学报，36(5): 1085-1101.

江红莉，何建敏，2010. 区域经济与生态环境系统动态耦合协调发展研究——基于江苏省的数据 [J]. 软科学，24(3): 63-68.

江曼琦，刘勇，2020.“三生”空间内涵与空间范围的辨析 [J]. 城市发展研究，27(4): 43-48, 61.

姜海涛，刘文环，方玉凤，等，2014. 齐齐哈尔市土壤类型及利用状况的研究 [J]. 防护林科技 (5): 95-96.

姜晓丽，杨伟，2019. 基于“三生”空间视角的城市建设用地拓展适宜性 [J]. 江苏农业科学，47(16): 282-285.

金星星，陆玉麒，林金煌，等，2018. 闽三角城市群生产－生活－生态时空格局演化与功能测度 [J].

生态学报, 38(12): 4286-4295.
荆莹, 2019. 收缩城市建成区低效工业用地识别与优化策略研究 [D]. 哈尔滨: 哈尔滨工业大学.
康盈, 舒沐晖, 2014. 基于国家政策要求的生态与生产生活空间规划研究 [C]/ / 第九届城市发展与规划大会.
孔冬艳, 陈会广, 吴孔森, 2021. 中国“三生空间”演变特征、生态环境效应及其影响因素 [J]. 自然资源学报, 36(5): 1116-1135.
李刚, 史琛, 袁浩贺, 2019. 我国乡村“三生”空间功能发展及其协调水平时空分布研究 [J]. 河南财政税务高等专科学校学报, 33(3): 13-19.
李广东, 方创琳, 2016. 城市生态－生产－生活空间功能定量识别与分析 [J]. 地理学报, 71(1): 49-65.
李红波, 谭术魁, 游和远, 2006. 当代中国土地冲突问题及其根源探究 [J]. 天府新论 (6): 60-63.
李家明, 2021. “三生”功能视角下空间适宜性评价与情景模拟 [D]. 武汉: 华中师范大学.
李科, 毛德华, 李健, 等, 2020. 湘江流域“三生”空间时空演变及格局分析 [J]. 湖南师范大学自然科学学报, 43(2): 9-19.
李明薇, 郧雨旱, 陈伟强, 等, 2018. 河南省“三生空间”分类与时空格局分析 [J]. 中国农业资源与区划, 39(9): 13-20.
李双江, 胡亚妮, 崔建升, 等, 2013. 石家庄经济与人居环境耦合协调演化分析 [J]. 干旱区资源与环境, 27(4): 8-15.
李希灿, 王静, 邵晓梅, 2009. 模糊数学方法在中国土地资源评价中的应用进展 [J]. 地理科学进展 (3): 409-416.
李欣, 2020. 经济发达区土地利用功能时空演化机理及转型路径研究 [D]. 南京: 南京师范大学.
李欣, 方斌, 殷如梦, 等, 2019. 江苏省县域“三生”功能时空变化及协同 / 权衡关系 [J]. 自然资源学报, 34(11): 2363-2377.
李秀全, 2017. 基于 MCR 与 CA 模型的城市扩张模拟对比分析 [D]. 南昌: 东华理工大学.
李玉玲, 李世平, 祁静静, 2018. 陕西省土地利用碳排放影响因素及脱钩效应分析 [J]. 水土保持研究 (1): 382-390.
廖佶慧, 彭贤伟, 肖钊富, 2020. 土地利用变化与社会经济发展耦合协调关系研究——以遵义市为例 [J]. 贵州师范大学学报 (自然科学版), 38(5): 73-79.
廖李红, 2018. 城市更新下的福州旧城区三生空间冲突研究 [D]. 福州: 福建师范大学.
刘超, 许月卿, 刘焱序, 等, 2018. 基于系统论的土地利用多功能分类及评价指标体系研究 [J]. 北京大学学报 (自然科学版), 54(1): 181-188.
刘丹, 璩路路, 李琳娜, 2021. 黑龙江北部边境样带土地利用时空变化特征及其驱动因素 [J]. 北京师范大学学报 (自然科学版), 57(3): 417-423.

刘丽婷 , 莫晓勇 , 黄小春 , 2014. 基于 ISM 的区域林业“社会 - 经济 - 环境”协调发展因素及策略分析 [J]. 中南林业科技大学学报 , 34(7): 121-129.

刘淼 , 胡远满 , 常禹 , 等 , 2009. 土地利用模型时间尺度预测能力分析——以 CLUE-S 模型为例 [J]. 生态学报 , 29(11): 6110-6119.

刘鹏飞 , 孙斌栋 , 2020. 中国城市生产、生活、生态空间质量水平格局与相关因素分析 [J]. 地理研究 , 39(1): 13-24.

刘巧芹 , 赵华甫 , 吴克宁 , 等 , 2014. 基于用地竞争力的潜在土地利用冲突识别研究——以北京大兴区为例 [J]. 资源科学 (8): 1579-1589.

刘燕 , 2016. 论“三生空间”的逻辑结构、制衡机制和发展原则 [J]. 湖北社会科学 (3): 5-9.

刘月兰 , 吴文娟 , 2013. 新疆人口与资源环境以及社会经济耦合协调状况评价 [J]. 资源与产业 , 15(3): 139-144.

柳坤 , 申玉铭 . 国内外区域空间相互作用研究进展 [J]. 世界地理研究 , 2014, 23(1): 73-83.

卢山冰 , 黄孟芳 , 苏琳琪 , 等 , 2024. 中心地理论 [R].

罗刚 , 2019. 重庆市土地利用多功能性时空分异特征及影响因素分析 [D]. 重庆 : 西南大学 .

罗刚 , 廖和平 , 李强 , 等 , 2018. 基于“三生”空间的土地利用主导功能转型及其生态环境响应——以重庆市巴南区为例 [J]. 西南大学学报 (自然科学版), 40(4): 105-113.

罗静 , 曾菊新 , 2007. 新农村建设中的农村土地利用矛盾与改革策略 [J]. 社会主义研究 (4): 77-80.

吕冰 , 2021. 基于“三生”功能的沈阳经济区土地利用冲突诊断及其影响因素研究 [D]. 沈阳 : 沈阳师范大学 .

吕一河 , 傅伯杰 , 2001. 生态学中的尺度及尺度转换方法 [J]. 生态学报 , 21(12): 2096-2105.

麻红昭 , 俞蒙槐 , 1996. 人工神经网络基本原理 (1)[J]. 电子计算机外部设备 (3): 71-73.

马世骏 , 王如松 , 1984. 社会 - 经济 - 自然复合生态系统 [J]. 生态学报 , 4(1): 1-9.

马学广 , 王爱民 , 闫小培 , 2010. 城市空间重构进程中的土地利用冲突研究——以广州市为例 [J]. 人文地理 (3): 72-77.

毛园芳 , 2009. 社会发展与社会代价 [M]. 杭州 : 浙江大学出版社 .

农宵宵 , 吴彬 , 陈铁中 , 等 , 2020. 基于“三生”功能的柳州市国土空间适宜性评价 [J]. 规划师 , 36(6): 26-32.

潘晓桦 , 2018. 基于“三生”空间视角的区域国土空间利用质量综合评价——以贵港市为例 [D]. 南宁 : 广西师范学院 .

裴彬 , 潘韬 , 2010. 土地利用系统动态变化模拟研究进展 [J]. 地理科学进展 , 29(9): 1060-1066.

裴杰 , 王力 , 柴子为 , 等 , 2017. 基于 RS 和 GIS 的深圳市土地利用 / 覆被变化及碳效应分析 [J]. 水土保持研究 , 24(3): 227-233.

彭佳捷 , 周国华 , 唐承丽 , 等 , 2012. 基于生态安全的快速城市化地区空间冲突测度——以长株潭

城市群为例 [J]. 自然资源学报 , 27(9): 1507-1519.
蒲罗曼 , 2020. 气候与耕地变化背景下东北地区粮食生产潜力研究 [D]. 长春 : 吉林大学 .
普鹍鹏 , 刘雪峰 , 2017. 基于最小累计阻力模型的城市扩张空间布局优化及其生态效应—— 以武汉市为例 [J]. 现代商业 (6): 153-156.
乔标 , 方创琳 , 2005. 城市化与生态环境协调发展的动态耦合模型及其在干旱区的应用 [J]. 生态学报 , 25(11): 3003-3009.
卿巧玲 , 黄云 , 裴婵 , 2021. 基于景观结构变化的生态风险评价与管控——以重庆市万州区为例 [J]. 西南大学学报 (自然科学版), 43(1): 174-184.
曲福田 , 1999. 可持续发展战略下的江苏省耕地保护问题 [J]. 中国人口・资源与环境 , 9(3): 44-49.
冉娜 , 2018. 江苏省国土空间“三生”功能评价及耦合协调特征分析 [D]. 南京 : 南京大学 .
任金铜 , 王志红 , 左太安 , 等 , 2021. 贵州赤水河流域景观生态安全时空动态分析 [J]. 水利水电技术 , 52(1): 96-104.
任梅 , 2017. 黄三角高效生态经济区人地系统空间均衡格局研究 [D]. 济南 : 山东师范大学 .
任仙玲 , 张世英 , 2010. 基于非参数核密度估计的 Copula 函数选择原理 [J]. 系统工程学报 , 25(1): 36-42.
单薇 , 金晓斌 , 冉娜 , 等 , 2019. 江苏省土地利用“生产－生活－生态”功能变化与耦合特征分析 [J]. 长江流域资源与环境 , 28(7): 1541-1551.
沈思考 , 2020. 基于 GIS 的“三生空间”时空演变及驱动因素分析 [D]. 南宁 : 南宁师范大学 .
时振钦 , 邓伟 , 张少尧 , 2018. 近 25 年横断山区国土空间格局与时空变化研究 [J]. 地理研究 , 37(3): 607-621.
宋冬梅 , 刘春晓 , 沈晨 , 等 , 2015. 基于主客观赋权法的多目标多属性决策方法 [J]. 山东大学学报 (工学版), 45(4): 1-9.
宋山梅 , 向俊峰 , 2018. 贵州省喀斯特不同土地利用方式碳排放和碳足迹生态效应 [J]. 林业资源管理 (6): 57-63.
宋永永 , 薛东前 , 夏四友 , 等 , 2021. 近 40 a 黄河流域国土空间格局变化特征与形成机理 [J]. 地理研究 , 40(5): 1445-1463.
苏姗 , 2019. 基于景观格局与 MCE-CA-Markov 的土地利用变化模拟预测 [D]. 成都 : 四川师范大学 .
孙莹莹 , 2019. 基于“三生”协调的庆安县乡村空间格局优化研究 [D]. 哈尔滨 : 东北农业大学 .
唐凯 , 周国华 , 2013. 基于经济学视角的空间冲突形成原因及其风险测度——以长株潭城市群为例 [J]. 湖南师范大学自然科学学报 , 36(3): 90-94.
王爱辉 , 刘晓燕 , 龙海丽 , 2014. 天山北坡城市群经济 , 社会与环境协调发展评价 [J]. 干旱区资源与环境 , 28(11): 6-11.

王传胜,杨晓光,赵海英,等,2007. 长江金沙江段生态屏障建设的功能区划——以昭通市为例 [J]. 山地学报 (3): 309-316.

王海鹰,秦奋,张新长,2015. 广州市城市生态用地空间冲突与生态安全隐患情景分析 [J]. 自然资源学报,30(8): 1304-1318.

王宏卫,刘勤,柴春梅,等,2015. 新疆渭干河库车河绿洲人口-经济-环境耦合协调发展研究 [J]. 生态经济,31(3): 78-83.

王检萍,余敦,卢一乾,等,2021. 基于"三生"适宜性的县域土地利用冲突识别与分析 [J]. 自然资源学报,36(5): 1238-1251.

王剑,关士钦,严维斌,等,2021. 青海省"三生用地"时空演化特征及其碳排放效应 [J]. 环境科学与技术,44(4): 212-218.

王劲峰,徐成东,2017. 地理探测器:原理与展望 [J]. 地理学报,72(1): 116-134.

王婧媛,2017. 县域"多规合一"中"三生"空间划定方法研究 [D]. 西安:西北大学.

王考,姚云峰,包金兰,2018. 县级尺度"三生"用地动态变化及其空间集聚特征 [J]. 水土保持通报,38(1): 306, 312, 329.

王昆,2018. 基于适宜性评价的生产-生活-生态(三生)空间划定研究 [D]. 杭州:浙江大学.

王其藩,2009. 系统动力学 [M]. 上海:上海财经大学出版社.

王秋兵,郑刘平,边振兴,等,2012. 沈北新区潜在土地利用冲突识别及其应用 [J]. 农业工程学报,28(15): 185-192.

王如松,欧阳志云,2012. 社会-经济-自然复合生态系统与可持续发展 [J]. 中国科学院院刊,27(3): 337-345.

王胜蓝,周宝同,2017. 重庆市土地利用碳排放空间关联分析 [J]. 西南师范大学学报:自然科学版,42(4): 94-101.

王涛,李君,陈长瑶,2019. 洱源县村落"三生"空间格局演化与功能协调分析 [J]. 云南地理环境研究,31(2): 43-51.

王越,吕冰,邵祥东,2021. 基于"三生"功能的沈阳经济区土地利用冲突诊断及其影响因素 [J]. 水土保持研究,28(3): 249-255.

王子龙,朱彤,姜秋香,2022. 黑龙江省土地利用/覆被变化及生境质量特征变化分析 [J]. 东北农业大学学报,53(1): 77-86.

魏瑶,2016. 天津市土地利用碳排放及影响因素研究 [D]. 天津:天津大学.

温荣伟,2017. 基于生态系统管理的滨海湿地"多规合一"空间分类体系研究 [D]. 厦门:国家海洋局第三海洋研究所.

邬建国,2000. 景观生态学——概念与理论 [J]. 生态学杂志 (1): 42-52.

吴萌,2017. 武汉市土地利用碳排放分析与系统动力学仿真 [D]. 武汉:华中农业大学.

武占云 , 2014.“三生”空间优化及京津冀生态环境保护 [J]. 城市 (12): 26-29.

武占云 , 单菁菁 , 2019. 城市“三生”空间格局演化与优化对策研究 [J]. 城市 (10): 15-26.

肖笃宁 , 布仁仓 , 李秀珍 ,1997. 生态空间理论与景观异质性 [J]. 生态学报 (5):3-11.

肖蕊，邵怀勇 , 李峰 , 等 , 2021. 四川省“三生”空间分类评价与时空格局分析 [J]. 湖北农业科学 , 60(11): 146-152.

谢俊奇 , 1998. 可持续土地利用的社会、资源环境和经济影响评价的初步研究 [J]. 中国土地科学 , 12(3): 1-5.

谢一茹 , 2020. 经济发展预期下的粮食产量与生态效益权衡——黑龙江省土地利用优化配置 [J]. 北京师范大学学报 (自然科学版), 56(6): 873-881.

谢译诣 , 邹艳 , 2021. 2000—2020 年北京市“三生”空间格局变化特征分析 [J]. 桂林理工大学学报 , 42(1): 1-12.

徐建华 , 2002. 现代地理学中的数学方法 (第 2 版) [M]. 北京 : 高等教育出版社 .

徐磊 , 2017. 基于“三生”功能的长江中游城市群国土空间格局优化研究 [D]. 武汉 : 华中农业大学 .

许涤新 , 1984. 社会生产与人类生活中的生态环境问题 [J]. 广西师范大学学报 (哲学社会科学版) (4): 1-9.

许伟 , 2022.“三生”空间的内涵、关系及其优化路径 [J]. 东岳论丛 , 43(5): 126-134.

颜开发 , 叶祥峰 , 苏黎馨 , 2011. 城市土地利用效益评价及其耦合关系研究——以桂林市为例 [J]. 海南师范大学学报 : 自然科学版 , 24(4): 449-453.

杨国清 , 朱文锐 , 文雅 , 等 , 2019. 20 年来广东省土地利用碳排放强度与效率空间分异研究 [J]. 生态环境学报 , 28(2): 332-340.

杨惠 , 2018.“三生”空间适宜性评价及优化路径研究 [D]. 南京 : 南京师范大学 .

杨建新 , 2019. 国土空间开发布局优化方法研究 [D]. 武汉 : 中国地质大学 .

杨青生 , 黎夏 , 2006. 基于支持向量机的元胞自动机及土地利用变化模拟 [J]. 遥感学报 , 10(6): 836-846.

杨清可 , 段学军 , 王磊 , 等 , 2018. 基于“三生”空间的土地利用转型与生态环境效应——以长江三角洲核心区为例 [J]. 地理科学 , 38(1): 97-106.

杨永芳 , 刘玉振 , 朱连奇 , 2012. 土地利用冲突权衡的理论与方法 [J]. 地域研究与开发 , 31(5): 171-176.

杨宇 , 2021. 新中国建立后齐齐哈尔工业发展历程及成就探析 [J]. 理论观察 (3): 91-93.

叶英聪 , 2018. 基于空间决策模型的鹰潭市“三生用地”空间布局优化研究 [D]. 南昌 : 江西农业大学 .

易阿岚 , 王钧 , 2021. 上海市湿地景观格局时空演变与驱动机制的量化研究 [J]. 生态学报 , 41(7):

2622-2631.
于伯华, 吕昌河, 2006. 土地利用冲突分析 : 概念与方法 [J]. 地理科学进展, 25(3): 106-115.
于辰, 王占岐, 杨俊, 等, 2015. 土地整治与农村“三生”空间重构的耦合关系 [J]. 江苏农业科学, 43(7): 447-451.
于莉, 宋安安, 郑宇, 等, 2017.“三生用地”分类及其空间格局分析——以昌黎县为例 [J]. 中国农业资源与区划, 38(2): 89-96.
俞孔坚, 1998. 景观生态战略点识别方法与理论地理学的表面模型 [J]. 地理学报 (S1): 11-20.
张佰发, 苗长虹, 2020. 黄河流域土地利用时空格局演变及驱动力 [J]. 资源科学, 42(3): 460-473.
张凤荣, 2003. 土地持续利用评价指标体系与方法 [M]. 北京 : 中国农业出版社.
张合兵, 陈宁丽, 孙江锋, 等, 2015. 基于 GIS 的土地生态质量评价及影响因素分析——以平顶山市为例 [J]. 河南农业科学, 44(1): 62-69.
张红旗, 许尔琪, 朱会义, 2015. 中国“三生用地”分类及其空间格局 [J]. 资源科学, 37(7): 1332-1338.
张景鑫, 2017. 基于“三生”空间的区域国土空间利用质量及耦合协调度评价研究 [D]. 南京 : 南京农业大学.
张军涛, 翟婧彤, 2019. 中国“三生”空间耦合协调度测度 [J]. 城市问题 (11): 38-44.
张俊艳, 2019. 宝兴县“三生”空间变化与适宜性评价研究 [D]. 成都 : 四川师范大学.
张林艳, 夏既胜, 叶万辉, 2008. 景观格局分析指数选取刍论 [J]. 云南地理环境研究, 20(5): 38-43.
张荣天, 焦华富, 2015. 泛长江三角洲地区经济发展与生态环境耦合协调关系分析 [J]. 长江流域资源与环境, 24(5): 719-727.
赵方圆, 杨宇翔, 张华堂, 等, 2021. 土地利用及景观格局动态变化分析——以甘肃省党河流域为例 [J]. 水土保持研究, 28(3): 1-7.
赵璐, 赵作权, 2014. 基于特征椭圆的中国经济空间分异研究 [J]. 地理科学, 34(8): 979-986.
赵瑞, 刘学敏, 2021. 京津冀都市圈“三生”空间时空格局演变及其驱动力研究 [J]. 生态经济, 37(4): 201-208.
赵筱青, 李思楠, 谭琨, 等, 2019. 城镇 - 农业 - 生态协调的高原湖泊流域土地利用优化 [J]. 农业工程学报, 35(8): 296-307, 336.
赵筱青, 李思楠, 谭琨, 等, 2019. 基于功能空间分类的抚仙湖流域 3 类空间时空格局变化 [J]. 水土保持研究, 26(4): 299-305, 313.
赵旭, 汤峰, 张蓬涛, 等, 2019. 基于 CLUE-S 模型的县域生产 - 生活 - 生态空间冲突动态模拟及特征分析 [J]. 生态学报, 39(16): 5897-5908.
赵蚰竹, 2019. 基于系统动力学的黑龙江省水土资源保障风险评价 [D]. 哈尔滨 : 东北农业大学.
郑晨, 2019. 基于遥感的城市人居环境适宜性综合评价研究 [D]. 重庆 : 重庆师范大学.

周成，金川，赵彪，等，2016. 区域经济 - 生态 - 旅游耦合协调发展省际空间差异研究 [J]. 干旱区资源与环境 (7): 203-208.

周成虎，孙战利，谢一春，2001. 地理元胞自动机研究 [M]. 北京：科学出版社.

周德，徐建春，王莉，2015a. 近 15 年来中国土地利用冲突研究进展与展望 [J]. 中国土地科学 (2): 21-29.

周德，徐建春，王莉，2015b. 环杭州湾城市群土地利用的空间冲突与复杂性 [J]. 地理研究，34(9): 1630-1642.

周国华，彭佳捷，2012. 空间冲突的演变特征及影响效应——以长株潭城市群为例 [J]. 地理科学进展，31(6): 717-723.

周鹏，邓伟，张少尧，等，2020. 太行山区国土空间格局演变特征及其驱动力 [J]. 山地学报，38(2): 276-289.

周玉婷，2022. "三生空间"视角下东北地区城乡协调发展水平评价及优化策略研究 [D]. 沈阳：辽宁大学.

朱海伦，2020. 基于 CLUE-S 模型的县域土地利用变化模拟研究 [D]. 杭州：浙江大学.

朱会义，李秀彬，2003. 关于区域土地利用变化指数模型方法的讨论 [J]. 地理学报，58(5): 643-650.

朱媛媛，余斌，曾菊新，等，2015. 国家限制开发区"生产 - 生活 - 生态"空间的优化——以湖北省五峰县为例 [J]. 经济地理，35(4): 28-34.

邹利林，王建英，胡学东，2018. 中国县级"三生用地"分类体系的理论构建与实证分析 [J]. 中国土地科学，32(4): 59-66.

ALEXANDER P, ROUNSEVELL M D A, DISLICH C, et al, 2015. Drivers for global agricultural land use change: the nexus of diet, population, yield and bioenergy [J]. Global Environmental Change, 35: 138-147.

ALMEIDA C M, SOARES-FILHO B S, RODRIGUES H O, 2012. Evolutionary computing & CA models-a genetic algorithm tool to optimize the Bayesian calibration of an urban land use change model [R].

ARNICI V, MARCANTONIO M, LA PORTA N, et al, 2017. A multi-temporal approach in MaxEnt modelling: a new frontier for land use/land cover change detection [J]. Ecological Informatics, 40: 40-49.

AVRIEL-AVNI N, ROFÈ Y, SCHEINKMAN-SHACHAR F, 2020. Spatial modeling of landscape values: discovering the boundaries of conflicts and identifying mutual benefits as a basis for land management[J]. Soc Nat Resour, 34(1): 1850957.

BAKKER M M, GOVERS G, KOSMAS C, et al, 2005. Soil erosion as a driver of land-use change [J]. Agriculture Ecosystems & Environment, 105(3): 467-481.

BALDWIN R A, 2009. Use of maximum entropy modeling in wildlife research [J]. Entropy, 11(4): 854-866.

BARRY M B, DEWAR D, WHITTAL J F, et al, 2007. Land conflicts in informal settlements: wallacedene in Cape Town, South Africa [J]. Urban Forum, 18(3): 171-189.

BASSE R M, OMRANI H, CHARIF O, et al, 2014. Land use changes modelling using advanced methods: cellular automata and artificial neural networks. The spatial and explicit representation of land cover dynamics at the cross-border region scale [J]. Applied Geography, 53: 160-171.

BROOKFIELD H C, BYRON Y, POTTER L M, 1995. In place of the forest: environmental and socio-economic transformation in Borneo and the Eastern Malay Peninsula[M]. New York : United Nations University Press.

BRUNSDON C, FOTHERINGHAM A S, CHARLTON M E, 1996. Geographically weighted regression: a method for exploring spatial nonstationarity[J]. Geographical analysis, 28(4): 281-298.

CABRERA J S, LEE H S, 2020. Flood risk assessment for Davao Oriental in the Philippines using geographic information system-based multi-criteria analysis and the maximum entropy model [J]. Journal of Flood Risk Management, 13(1): 12607.

DE JANVRY A, SADOULET E, 2000. Property rights and land conflicts in Nicaragua: a synthesis [R].

DING X, ZHENG M, ZHENG X, 2021. The application of genetic algorithm in land use optimization research: a review[J]. Land, 10(5): 526-532.

DONG J, CHEN S, HAO M M, et al, 2018. Mapping the potential global codling moth(*Cydia pomonella* L.) distribution based on a machine learning method[J]. Scientific Reports, 8: 13093.

DONG Z H, ZHANG J Q, SI ALU, et al, 2020. Multidimensional analysis of the spatiotemporal variations in ecological, production and living spaces of Inner Mongolia and an identification of driving forces [J]. Sustainability, 12(19): 7964.

DU CLOS B, DRUMMOND F A, LOFTIN C S, 2020. Noncrop habitat use by wild bees(Hymenoptera: Apoidea) in a mixed-use agricultural landscape[J]. Environmental entomology, 49(2): 502-515.

FURLAN E, SLANZI D, TORRESAN S, et al, 2020. Multi-scenario analysis in the Adriatic Sea: a GIS-based Bayesian network to support maritime spatial planning[J]. Sci Total Environ, 703: 134972.

GRIFFITH J A, 2004. The role of landscape pattern analysis in understanding concepts of land cover change[J]. Journal of Geographical Sciences, 14(1): 3-17.

HAFKAMP W, NIJKAMP P, 1989. Towards an integrated national-regional environmental-economic model[J]. International Division of Labour and Regional Development, 119: 15427.

HE C Y, ZHAO Y Y, HUANG Q X, 2015. Alternative future analysis for assessing the potential impact of climate change on urban landscape dynamics[J]. Science of the Total Environment, 532: 48-60.

HENNICKER R, BAUER S S, JANISCH S, et al, 2010. A generic framework for multi-disciplinary environmental modelling [R].

HU Y, WANG J F, LI X H, et al, 2011. Geographical detector-based risk assessment of the under-five mortality in the 2008 Wenchuan Earthquake, China [J]. Plos One, 6(6): 21427.

HUANG Q X, HE C Y, LIU Z F, et al, 2014. Modeling the impacts of drying trend scenarios on land systems in northern China using an integrated SD and CA model[J]. Earth Sciences, 57(4): 839-854.

HURNI H, 1997. Concepts of sustainable land management[J]. ITC Journal, 5: 210-215.

JAYNES E T, 1982. On the rationale of Maximum-Entropy methods. [J]. Proceedings of the IEEE, 70(9): 939-952.

JIANG L, BAI L, WU Y M, 2017. Coupling and coordinating degrees of provincial economy, resources and environment in China[J]. J Nat Resour, 32: 788-799.

KARIMI A, BROWN G, 2017. Assessing multiple approaches for modelling land-use conflict potential from participatory mapping data[J]. Land Use Policy, 67: 253-267.

KITYUTTACHAI K, TRIPATHI N K, TIPDECHO T, 2013. CA-Markov analysis of constrained coastal urban growth modeling: Hua Hin seaside city, Thailand[J]. Sustainability, 5: 1480-1500.

KNAAPEN J P, SCHEFFER M, HARMS B, 1992. Estimating habitat isolation in landscape planning [J]. Landscape & Urban Planning, 23(1): 1-16.

KUZNETS S, 1955. Economic growth and income equality[J]. American Economic Review, 45(1): 1-28.

LI S C, ZHOU Q, WANG L, 2005. Road construction and landscape fragmentation in China[J]. Journal of Geographical Ences, 15(1): 123-128.

LI X, CHEN G Z, LIU X P, et al, 2017. A new global land-use and land-cover change product at a 1-km resolution for 2010 to 2100 based on human- environment interactions[J]. Annals of the American Association of Geographers, 107(5): 1040-1059.

LIANG P, YANG X P, 2016. Landscape spatial patterns in the Maowusu(Mu Us) Sandy Land, northern China and their impact factors [J]. Catena, 145: 321-333.

LIN G, JIANG D, FU J Y, et al, 2020. Spatial conflict of production- living- ecological space and sustainable-development scenario simulation in Yangtze River Delta agglomerations[J]. Sustainability, 12(6): 2175.

LIN G, FU J Y, JIANG D, 2021. Production-living-ecological conflict identification using a multiscale integration model based on spatial suitability analysis and sustainable development evaluation: a case study of Ningbo, China[J]. Land, 10(4): 10040383.

LIU Z F, YANG Y J, HE C Y, 2019. Climate change will constrain the rapid urban expansion in drylands: a scenario analysis with the zoned land use scenario dynamics-urban model[J]. Science of the Total Environment, 651: 2772-2786.

LOMBARDO L, FUBELLI G, AMATO G, et al, 2016. Presence-only approach to assess landslide triggering-thickness susceptibility: a test for the Mili catchment(north-eastern Sicily, Italy) [J]. Natural Hazards, 84(1): 565-588.

MALCZEWSKI, J, 2006. GIS - based multicriteria decision analysis: a survey of the literature[J]. International journal of geographical information science, 20(7): 703-726.

MALEKI J, MASOUMI Z, HAKIMPOUR F, et al, 2020. A spatial land-use planning support system based on game theory[J]. Land Use Policy, 99: 105013.

MEDOWS, 1977. Market feedbacks and the limit to growth[J]. INFOR Journal, 15(1): 1-21.

MEROW C, SMITH M J, SILANDER J A, 2013. A practical guide to MaxEnt for modeling species' distributions: what it does, and why inputs and settings matter [J]. Ecography, 36(10): 1058-1069.

MEYFROIDT P, LAMBIN E F, ERB K H, et al, 2013. Globalization of land use: distant drivers of land change and geographic displacement of land use [J]. Current Opinion in Environmental Sustainability, 5(5): 438-444.

MOHANRAJAN S N, LOGANATHAN A, 2020. Modelling spatial drivers for LU/LC change prediction using hybrid machine learning methods in Javadi Hills, Tamil Nadu, India [J]. Journal of the Indian Society of Remote Sensing, 49(4): 913-934.

MOSS R H, EDMONDS J A, HIBBARD K A, et al, 2010. The next generation of scenarios for climate change research and assessment[J]. Nature, 463: 747-756.

NOURI J, GHARAGOZLOU A, ARJMANDI R, et al, 2014. Predicting urban land use changes using a CA–Markov model[J]. Arab J Sci Eng, 39: 5565–5573.

PARKASH V, SINGH S. A review on potential plant-based water stress indicators for vegetable crops[J]. Sustainability, 2020, 12(10): 3945-3953.

PASARIBU U S, VIRTRIANA R, D A, et al, 2020. Driving-factors identification of land-cover change in west java using binary logistic regression based on geospatial data [C]/ / Fifth International Conferences of Indonesian Society for Remote Sensing: The Revolution of Earth Observation for a Better Human Life.

PAZUR R, LIESKOVSKY J, BUERGI M, et al, 2020. Abandonment and recultivation of agricultural lands in slovakia-patterns and determinants from the past to the future [J]. Land, 9: 9090316.

PENG J, LV D N, DONG J Q, et al, 2020. Processes coupling and spatial integration: Characterizing ecological restoration of territorial space in view of landscape ecology[J]. J Nat Resour, 35: 3-13.

PENG S, LI S, 2021. Scale relationship between landscape pattern and water quality in different pollution source areas: a case study of the Fuxian Lake watershed, China[J]. Ecological indicators,

121: 107136.

PHILLIPS S J, ANDERSON R P, SCHAPIRE R E, 2006. Maximum entropy modeling of species geographic distributions [J]. Ecological Modelling, 190(3-4): 231-259.

PONTIUS R G J, 2000. Quantification error versus location error in comparison of categorical maps [J]. Photogrammetric Engineering & Remote Sensing, 66(8): 1011-1016.

PRABHAKAR S V R K, 2021. A succinct review and analysis of drivers and impacts of agricultural land transformations in Asia [J]. Land Use Policy, 102(1): 105238.

PRIGOGINE I, NICOLIS, G, 1977. Self-Organization in non-equilibrium systems: from dissipative structures to order through fluctuations[M]. New York: Wiley.

PRISHCHEPOV A V, RADELOFF V C, BAUMANN M, et al, 2012. Effects of institutional changes on land use: agricultural land abandonment during the transition from state-command to market-driven economies in post-Soviet Eastern Europe [J]. Environmental Research Letters, 7(2): 024021.

QIAN Y H, XING W R, GUAN X F, et al, 2020. Coupling cellular automata with area partitioning and spatiotemporal convolution for dynamic land use change simulation [J]. Science of the Total Environment, 722: 137738.

RAHMAN M, TAUHID UR, TABASSUM F, et al, 2017. Temporal dynamics of land use/land cover change and its prediction using CA-ANN model for southwestern coastal Bangladesh [J]. Environmental Monitoring and Assessment, 189(565): 1-18.

RAHMATI O, GOLKARIAN A, BIGGS T, et al, 2019. Land subsidence hazard modeling: machine learning to identify predictors and the role of human activities[J]. Journal of Environmental Management, 236: 466-480.

REU J D, BOURGEOIS J, BATS M, et al, 2013. Application of the topographic position index to heterogeneous landscapes[J]. Geomorphology, 186: 39-49.

RIENOW A, ROLAND G, 2015. Supporting SLEUTH–Enhancing a cellular automaton with support vector machines for urban growth modeling[J]. Computers, Environment and Urban Systems, 49: 66-81.

ROMME W H, 1982. Fire and landscape diversity in subalpine forests of Yellowstone National Park[J]. Ecological Monographs, 52: 199-221.

SAATY T L, 2008. Decision making with the analytic hierarchy process[J]. International Journal of Services Sciences, 1(1): 83-98.

SHUKLA A, JAIN K, 2021. Analyzing the impact of changing landscape pattern and dynamics on land surface temperature in Lucknow city, India[J]. Urban Forestry & Urban Greening, 58: 126877.

SIAHKAMARI S, HAGHIZADEH A, ZEINIVAND H, et al, 2018. Spatial prediction of floodsusceptible areas using frequency ratio and maximum entropy models [J]. Geocarto International, 33(9): 927-941.

SMITH A, 2010. The wealth of nations: an inquiry into the nature and causes of the wealth of nations[M]. London: Harriman House Limited.

SONG W, CHEN B, ZHANG Y, 2014. Land-use change and socio-economic driving forces of rural settlement in China from 1996 to 2005 [J]. Chinese Geographical Science, 24(5): 511-524.

SONTER L J, BARRETT D J, SOARES-FILHO B S, et al, 2014. Global demand for steel drives extensive land-use change in Brazil's Iron Quadrangle [J]. Global Environmental Change-Human and Policy Dimensions, 26: 63-72.

STEIN E D, DOUGHTY C L, LOWE J, et al, 2020. Establishing targets for regional coastal wetland restoration planning using historical ecology and future scenario analysis: the past, present, future approach[J]. Estuaries Coasts, 43, 207-222.

STOCKER T F, QIN D, PLATTNER G-K, et al, 2013. Climate change 2013: the physical science basis. Intergovernmental Panel on Climate Change, Working Group I Contribution to the IPCC Fifth Assessment Report (AR5)[M]. New York: Cambridge Univ Press.

SUBEDI P, SUBEDI K, THAPA B, 2013. Application of a hybrid Cellular Automaton–Markov (CA-Markov) model in land-use change prediction: A case study of Saddle Creek Drainage Basin, Florida[J]. Appl Ecol Environ Sci, 1: 126-132.

SWETTE B, LAMBIN E F, 2021. Institutional changes drive land use transitions on rangelands: the case of grazing on public lands in the American West [J]. Global Environmental Change-Human and Policy Dimensions, 66(3): 102220.

TAO Y Y, WANG Q X, 2021. Quantitative recognition and characteristic analysis of production-living-ecological space evolution for five resource-based cities: Zululand, Xuzhou, Lota, Surf Coast and Ruhr [J]. Remote Sensing, 13(8): 1563.

TAYYEBI A, PIJANOWSKI B C, 2014. Modeling multiple land use changes using ANN, CART and MARS: comparing tradeoffs in goodness of fit and explanatory power of data mining tools[J]. International Journal of Applied Earth Observations & Geoinformation, 28: 102-116.

TRAINOR A M, MCDONALD R I, FARGIONE J, 2016. Energy sprawl is the largest driver of land use change in United States [J]. Plos One, 11(9): 0162269.

TURNER M G, 1989. Landscape ecology: the effect of pattern on process[J]. Annual Review of Ecology and Systematics, 20(1): 171-197.

WEHRMANN B, 2008. A practical guide to dealing with land disputes[EB/OL]. Deutsche Gesellschaft für Technische Zusammenarbeit (GTZ). Eschborn. http: //www. gtz. de/de/dokumente/gtz2008-enland-conflicts. pdf.

WEHRMANN B, PROMOTING L, GERMANY B W, 2006. Cadastre in itself won’t solve the problem: the role of institutional change and psychological motivations in land conflicts–cases from Africa[R].

WEI X, LIU Y L, YAO P, 2008. Study on driving forces of land use change based on simulated annealing genetic algorithm [J]. China Land Science, 22(7): 34-37.

WU Y, SHAN L, GUO Z, et al, 2017. Cultivated land protection policies in China facing 2030: dynamic balance system versus basic farmland zoning[J]. Habitat Int, 69: 126-138.

XIONG H, CHE S S, ZHANG J F, et al, 2008. Land-use change model based on support vector machine and parameter option [R].

XU G C, KANG M Y, LI Y F, 2010. Future land use simulation based on MLP-ANN and Markov chain: a case study in Xilingol League[J]. Ecology and Environmental Sciences, 19(10): 2386-2392.

YANG R, XU Q, LONG H L, 2016. Spatial distribution characteristics and optimized reconstruction analysis of China’s rural settlements during the process of rapid urbanization [J]. Journal of Rural Studies, 47: 413-424.

YOUNG A, MURAYA P, 1990. Soil changes under agroforestry (SCUAF): a predictive model[M]. ICRAF.

ZHAI R T, ZHANG C R, LI W D, et al, 2020. Evaluation of driving forces of land use and land cover change in New England area by a mixed method [J]. Isprs International Journal of Geo-Information, 9(6): 35042.

ZHANG X, DENG Z M, LI D, et al, 2014. Simulation of hydrological response to land use/cover change in Hanjiang Basin [J]. Resources and Environment in the Yangtze Basin, 23(10): 1449-1455.

ZHANG Y Z, HU Y F, ZHUANG D F, 2020. A highly integrated, expansible, and comprehensive analytical framework for urban ecological land: a case study in Guangzhou, China [J]. Journal of Cleaner Production, 268: 122360.

ZHANG H, XU E Q, ZHU H, 2017. Ecological-living-productive land classification system in China[J]. J Resour Ecol, 8: 121-128.

ZHOU G, PENG J, 2012. The evolution characteristics and influence effect of spatial conflict: a case study of Changsha-Zhuzhou-Xiangtan Urban Agglomeration[J]. Progress in Geography, 31(6): 717-723.

ZOU L, LIU Y, WANG J, et al, 2019. Land use conflict identification and sustainable development scenario simulation on China’s southeast coast [J]. J Clean Prod, 238(20): 117899.